OEUVRES
D'HISTOIRE NATURELLE
DE
GOETHE.

OEUVRES
D'HISTOIRE NATURELLE

DE

GOETHE

COMPRENANT

DIVERS MÉMOIRES D'ANATOMIE COMPARÉE,
DE BOTANIQUE ET DE GÉOLOGIE;

TRADUITS ET ANNOTÉS

Par Ch. Fr. MARTINS,

DOCTEUR EN MÉDECINE.

AVEC UN ATLAS IN-FOLIO

CONTENANT LES PLANCHES ORIGINALES DE L'AUTEUR,

ET ENRICHI

DE TROIS DESSINS ET D'UN TEXTE EXPLICATIF SUR LA MÉTAMORPHOSE DES PLANTES,

Par P. J. F. TURPIN,

MEMBRE DE L'INSTITUT.

———⚙———

PARIS,

AB. CHERBULIEZ ET Cᵉ, LIBRAIRES,

RUE SAINT-ANDRÉ-DES-ARTS, 68;

GENÈVE, | **LONDRES,**
MÊME MAISON, rue de la Cité. | J.-B. BAILLIÈRE, 219, Regent street.

1837.

PARIS. — IMPRIMERIE DE BOURGOGNE ET MARTINET,
rue Jacob 30.

PRÉFACE

Depuis long-temps le nom de Goethe était prononcé en France avec vénération ; on admirait en lui le plus grand poëte de l'Allemagne, le génie littéraire le plus extraordinaire, le plus flexible de notre époque ; mais on ignorait encore, il y a dix ans, que le grand littérateur était aussi un savant du premier ordre. On lut d'abord avec étonnement, presque avec défiance, son Essai sur la métamorphose des plantes, écrit prodigieux par la profondeur et l'unité des vues qu'il renferme ; plus tard, on soupçonna l'existence de certains mémoires anatomiques où l'idée d'un type animal, la loi du balancement des organes, et les preuves de la vanité des causes finales, se trouvent clairement formulées. On citait aussi des fragments sur la géologie, pleins d'idées neuves et fécondes; mais ces écrits étaient disséminés çà et là dans les recueils périodiques et les journaux du temps; il était difficile d'apercevoir le lien qui les unit, de saisir l'idée fondamentale qui les anime, savoir : la transformation des corps inorganiques et organisés, conséquence nécessaire des doctrines panthéistiques de l'auteur.

Nous avons pensé que le moment était venu de publier la traduction des mémoires scientifiques de Goethe. Ils soulèvent les plus hautes questions sur les méthodes en histoire naturelle, et sur la nature intime des êtres; ils touchent aux plus grands intérêts intellectuels de l'homme. Aux yeux du philosophe, c'est une religion nouvelle, celle de la nature, qui se révèle. Pour le naturaliste, c'est la méthode synthétique qui se montre avec toutes ses hardiesses, ses succès, son avenir et ses dangers. Pour le psychologiste, c'est l'étude non moins

curieuse d'une vaste intelligence, qui, ne perce-
vant d'abord les choses du monde extérieur
que par leur côté poétique, et les traduisant
sous les diverses formes dont l'homme dispose
pour exprimer sa pensée, savoir : le poëme,
la tragédie, la comédie, le roman, l'art plastique, vint ensuite à les envisager froidement
pour les connaître, les juger et analyser leurs
éléments pour en découvrir les rapports et
en prouver l'identité. C'est pourquoi nous
avons conservé religieusement les fragments
biographiques où l'auteur fait l'histoire de
ces études scientifiques qui, mêlées à des
travaux littéraires et administratifs, ont
rempli sa vie encyclopédique. Nous avions
d'abord le projet de compléter ces esquisses
en recherchant avec soin les traces du savant
dans la vie et les écrits du littérateur; nous
tenions à prouver que nul n'est grand poëte
qu'à la condition de savoir et de travailler
beaucoup; mais nous avons bientôt reconnu

que cette tâche était trop étendue pour être renfermée dans les bornes d'une préface.

L'histoire naturelle a été le sujet constant des méditations de Goethe, et les Mémoires que nous publions datent de presque toutes les époques de sa vie, depuis 1780 jusqu'en 1832, c'est-à-dire depuis l'âge de quarante ans jusqu'à sa mort. Peu de temps avant sa fin, il prit encore la plume pour faire connaître à l'Allemagne le débat qui s'était élevé entre Geoffroy-St-Hilaire et Cuvier, et ses dernières pages furent consacrées à l'histoire naturelle.

Nous avons eu soin de mettre une date en tête de chacun de ces différents morceaux, le plus souvent c'est celle de leur publication; cependant pour la Dissertation sur l'os inter-maxillaire, l'Introduction générale à l'anatomie comparée, les Leçons sur le même sujet, le Mémoire sur le Kammerberg, le Discours sur l'expérience considérée comme médiatrice entre le sujet et l'objet, c'est celle de leur achèvement que nous avons préférée. Nous avons cru devoir agir ainsi parce que les morceaux que nous venons de citer n'ont été publiés que plusieurs années, trente ans quelquefois, après avoir été écrits. Cette circonstance a une grande importance historique, surtout pour les mémoires anatomiques. Communiqués à Camper, à Loder, à Soemmering, à Blumenbach à de Humboldt, de 1786 à 1796, ils n'ont paru qu'en 1820; mais quand même les illustres savants que nous venons de citer n'en auraient pas parlé dans divers ouvrages, leur conception plus intelligible, leur style plus clair, plus français pour ainsi dire, suffirait pour démontrer qu'ils ne sont pas du temps qui vit naître ses derniers ouvrages. Pour l'historien de la science, il est intéressant de constater que les créateurs de l'anatomie philosophique en France ne pouvaient avoir aucune connaissance des travaux du poëte allemand, et que cette grande idée a été conçue en même temps et à la même époque chez les deux nations.

Nous avons cru devoir placer en tête de cet ouvrage le Discours sur l'expérience considérée comme médiatrice entre l'objet et le sujet, quoique les principes méthodologiques qu'il renferme, c'est-à-dire l'exposition des moyens propres à faire découvrir la vérité, soient plutôt applicables aux sciences physiques, en général, et en particulier à l'optique, qu'à l'histoire naturelle proprement dite : mais ces principes nous ont paru si admirables, que nous n'avons pu résister au désir de les faire connaître en France.

On peut voir, p. 310, que Goethe émet le vœu de voir publier par M. Turpin un ouvrage iconographique destiné à illustrer la métamorphose des plantes. M. Turpin a accepté ce legs glorieux, et il a bien voulu orner notre Atlas de trois planches et d'un texte explicatif très détaillé. La planche III, dont il avait déjà conçu l'idée depuis l'année

1804, est la réalisation de la métamorphose au moyen d'une plante, dont l'ensemble est idéal, tandis que toutes les parties qui la composent se retrouvent isolément sur divers végétaux. Les planches IV et V présentent des exemples de métamorphoses réelles prises dans la nature. Les autres planches ont été faites d'après les gravures originales de Goethe : ce sont les planches I et II qui accompagnent la Dissertation sur l'os inter-maxillaire, et les planches VI et VII qui font partie de ses Mémoires géologiques. Les figures sont la copie fidèle des dessins originaux, sauf l'exécution qui est infiniment plus parfaite. Les planches anatomiques, en particulier, ont été refaites par M. Jacob, en présence de préparations sèches qu'elles sont destinées à représenter.

Notre système de traduction a consisté surtout dans la reproduction fidèle de la pensée de l'auteur ; toutefois nous n'avons pas oublié que nous étions en présence d'un homme éminent dans l'art d'écrire, et souvent nous avons cru devoir nous modeler sur la phrase allemande, de peur de défigurer la pensée en changeant l'ordre et en altérant la signification littérale des mots. S'il en résulte çà et là quelque tournure tant soit peu bizarre et inusitée, si l'on peut à juste titre nous reprocher quelques germanismes, nous n'en aurons nul regret, car on ne saurait errer dans l'expression des idées quand on suit pas à pas un aussi grand écrivain.

Paris, 24 mai 1837.

INTRODUCTION.

Ταράσσει τοὺς ἀνθρώπους οὐ πράγματα,
Ἀλλὰ τὰ περὶ τῶν πραγμάτων δόγματα.

DE L'EXPÉRIENCE

CONSIDÉRÉE

COMME MÉDIATRICE

ENTRE

L'OBJET ET LE SUJET [1].

(1793.)

L'homme, dès qu'il aperçoit les objets qui l'entourent, les considère de prime-abord dans leurs rapports avec lui-même, et il a raison d'en agir ainsi; car toute sa destinée dépend du plaisir ou du déplaisir qu'ils lui causent, de l'attraction ou de la répulsion qu'ils exercent sur lui, de leur utilité ou de leurs dangers à son égard. Cette manière si naturelle d'envisager et d'apprécier les choses paraît aussi facile que nécessaire, et cependant elle expose l'homme à mille erreurs qui l'humilient, et remplissent sa vie d'amertume.

Celui qui, mu par un instinct puissant, veut connaître les objets en eux-mêmes et dans leurs rapports réciproques, entreprend une tâche encore plus difficile; car le terme de comparaison qu'il avait en considérant les objets par rapport à lui-même, lui manquera bientôt. Il n'a plus la pierre de touche du plaisir ou du déplaisir, de l'attraction ou de la répulsion, de l'utilité ou de l'inconvénient, ce sont des critères qui lui manquent désormais complétement. Impassible, élevé pour ainsi dire au-dessus de l'humanité, il doit s'efforcer de con-

---

(*) Ces deux mots sont empruntés à la philosophie de Kant. Le sujet, c'est le *moi pensant*; l'objet, c'est tout ce qui n'est pas moi, c'est le monde extérieur en général, et chacune des parties qui le composent en particulier.

naître ce qui est, et non ce qui lui convient. Le véritable
botaniste ne sera touché ni de la beauté ni de l'utilité
des plantes, il examinera leur structure et leurs rapports avec le reste du règne végétal. Semblable au soleil
qui les éclaire et les fait germer, il doit les contempler
toutes d'un œil impartial, les embrasser dans leur ensemble, et prendre ses termes de comparaison, les données de son jugement, non pas en lui-même, mais dans
le cercle des choses qu'il observe.

Du moment que nous considérons un objet en lui-
même, ou en rapport avec les autres, et qu'il ne nous
inspire ni désir ni antipathie, alors nous pouvons, à
l'aide d'une attention calme et soutenue, nous faire une
idée assez nette de l'objet en lui-même, de ses parties
et de ses rapports. Plus nous étendrons le champ de ces
considérations, plus nous rattacherons d'objets entre
eux, et plus aussi le génie d'observation dont nous
sommes doués grandira par l'exercice. Si dans nos actions nous savons faire tourner nos connaissances à
notre profit, nous mériterons d'être regardés comme
habiles et prudents. Pour tout homme bien organisé,
réfléchi naturellement, ou rendu tel par les circonstances, la prudence est chose facile; car, dans la
vie, chaque pas est une leçon. Mais appliquer cette sagacité à l'examen des phénomènes mystérieux de la nature, faire attention à chacun des pas qu'il fait dans un
monde où il se trouve pour ainsi dire abandonné à lui-
même, se tenir en garde contre toute précipitation; ne
pas perdre de vue le but qu'il veut atteindre, sans toutefois laisser passer inaperçue aucune circonstance favorable ou défavorable, s'observer incessamment lui-
même, précisément parce qu'il n'a personne pour
contrôler ses actions, et se tenir constamment en garde
contre ses propres résultats : telles sont les conditions
que doit réunir un observateur accompli, et l'on voit

combien il est difficile de les remplir soi-même ou de les exiger des autres. Toutefois, ces difficultés, ou pour parler plus exactement, cette impossibilité supposée, ne doivent pas nous empêcher de faire tous nos efforts pour aller aussi loin que nous pourrons. Nous nous rappellerons par quels moyens les hommes d'élite ont agrandi le champ des sciences; nous éviterons les voies trompeuses sur lesquelles ils se sont égarés, en entraînant à leur suite, pendant plusieurs siècles souvent, un nombre immense d'imitateurs, jusqu'à ce que des expériences subséquentes aient ramené les observateurs dans la bonne route.

Personne ne sera tenté de nier que l'expérience n'exerce et ne doive exercer la plus grande influence dans tout ce que l'homme entreprend, et en particulier dans l'histoire naturelle, dont il est ici question d'une manière plus spéciale; de même on ne saurait refuser à l'intelligence qui saisit, compare, coordonne et perfectionne l'expérience, une force indépendante et créatrice, en quelque sorte. Mais quelle est la meilleure méthode d'expérimentation? comment utiliser ces essais, et augmenter nos forces en les employant? Voilà ce qui est, et doit être presque universellement ignoré.

Du moment où l'attention d'un homme doué de sens sains et pénétrants est attirée sur certains objets, dès lors il est porté à observer, et propre à le faire avec succès. C'est une remarque que j'ai été souvent à même de constater depuis que je m'occupe avec ardeur d'optique et de chromatique. J'ai l'habitude, comme c'est l'ordinaire, de m'entretenir du sujet qui me captive dans le moment avec des personnes étrangères à cette science. Dès que leur attention est éveillée, elles aperçoivent des phénomènes qui m'étaient inconnus, et que j'avais laissé passer inaperçus, réforment ainsi des convictions prématurées, et me mettent à même d'avancer plus rapidement, et de sortir du cercle étroit dans lequel des recherches pénibles nous retiennent souvent emprisonnés.

Ce qui est vrai de la plupart des entreprises humaines l'est aussi de celles-ci : les efforts de plusieurs, dirigés vers le même but, peuvent seuls amener de grands résultats. Il est évident que la jalousie, qui nous porte à enlever aux autres l'honneur d'une découverte, ainsi que le désir immodéré de conduire à bien et de perfectionner seuls et sans secours étrangers une découverte que nous avons faite, sont de grandes entraves que l'observateur s'impose à lui-même.

Je me suis trop bien trouvé de la méthode qui consiste à travailler avec plusieurs collaborateurs, pour vouloir y renoncer. Je sais au juste à qui je suis redevable de telle ou telle découverte, et ce sera un plaisir pour moi de le faire connaître dans la suite.

Si des hommes ordinaires, mais attentifs, peuvent rendre de si grands services, que n'est-on pas en droit d'attendre de la réunion de plusieurs hommes instruits. Une science est déjà par elle-même une si grande masse, qu'elle peut porter plusieurs hommes, quoiqu'un seul soit incapable d'en supporter le poids. Les sciences sont semblables à ces eaux courantes, mais emprisonnées dans un bassin, qui ne peuvent dépasser un certain niveau. C'est le temps, et non pas les hommes, qui fait les plus belles découvertes; et les grandes choses ont été accomplies à la même époque par deux ou plusieurs penseurs à la fois. Si nous avons d'immenses obligations à la société et à nos amis, nous devons encore plus au monde et au temps, et nous ne saurions assez reconnaître combien les secours, les avertissements, les communications réciproques et la contradiction, sont nécessaires pour nous maintenir et nous faire avancer dans la bonne voie.

Dans les sciences, il faut tenir une conduite contraire à celle des artistes. Ceux-ci ont raison de ne pas laisser voir leurs ouvrages avant qu'ils ne soient terminés, ils pourraient difficilement mettre à profit les conseils qui leur seraient donnés, ou s'aider des secours qui leur seraient offerts. L'œuvre terminée, ils doivent prendre à cœur l'éloge et le blâme, en méditer les causes pour les combiner avec leurs observations personnelles, et se préparer, se former avant d'aborder une œuvre nouvelle. Dans les sciences, au contraire, il est utile de communiquer au public une idée naissante, une expérience nouvelle à mesure qu'on les rencontre, et de n'élever l'édifice scientifique que lorsque le plan et les matériaux ont été universellement connus, appréciés et jugés.

Répéter à dessein les observations faites avant nous, ou que d'autres font simultanément, reproduire des phénomènes engendrés artificiellement ou par hasard, c'est faire ce qu'on appelle une expérience.

Le mérite d'une expérience simple ou compliquée, c'est de pouvoir être répétée chaque fois qu'on réunira les conditions essentielles au moyen d'un appareil connu, manié suivant certaines règles, avec l'habileté nécessaire. On a raison d'admirer l'esprit humain en considérant quelles sont les combinaisons qu'il a fallu pour atteindre ce résultat, quelles machines ont été imaginées et sont encore inventées tous les jours dans le but de prouver une vérité.

Quelle que soit la valeur d'une expérience isolée, elle n'acquiert toute son importance que lorsqu'elle est réunie et rattachée à d'autres essais. Mais pour lier deux expériences entre elles il faut une attention et une rigueur que peu d'observateurs savent s'imposer. Deux phénomènes peuvent présenter de la ressemblance sans être aussi analogues qu'ils le paraissent.

Deux expériences semblent être, au premier abord, la conséquence l'une de l'autre, et il se trouve qu'une longue série de faits intermédiaires suffit à peine pour les rattacher l'une à l'autre.

On ne saurait donc se tenir assez en garde contre les conséquences prématurées que l'on tire si souvent des expériences; car c'est en passant de l'observation au jugement, de la connaissance d'un fait à son application, que l'homme se trouve à l'entrée d'un défilé où l'attendent tous ses ennemis intérieurs, l'imagination, l'impatience, la précipitation, l'amour-propre, l'entêtement, la forme des idées, les opinions préconçues, la paresse, la légèreté, l'amour du changement, et mille autres encore dont les noms m'échappent. Ils sont tous là, placés en embuscade, et surprennent également l'homme de la vie pratique et l'observateur calme et tranquille qui semble à l'abri de toute passion.

Pour faire sentir l'imminence du danger, et fixer l'attention du lecteur, je ne craindrais pas de hasarder un paradoxe, et de soutenir qu'une expérience, ou même plusieurs expériences mises en rapport, ne prouvent absolument rien, et qu'il est on ne peut plus dangereux de vouloir confirmer par l'observation immédiate une proposition quelconque. Il y a plus : l'ignorance des inconvénients et de l'insuffisance de cette méthode a été la cause des plus grandes erreurs. Je vais m'expliquer plus clairement, afin de me laver du soupçon d'avoir voulu seulement viser à l'originalité.

L'observation que vous faites, l'expérience qui la confirme, ne sont pour vous qu'une notion isolée. En reproduisant plusieurs fois cette notion isolée, vous la transformez en certitude. Deux observations sur le même sujet arrivent à votre connaissance; elles peuvent être étroitement unies entre elles, mais le paraître encore plus qu'elles ne le sont réellement. Aussi est-on ordinairement porté à juger leur connexion plus intime qu'elle ne l'est en effet. Ceci est conforme à la nature de l'homme; l'histoire de l'esprit humain en fournit des exemples par milliers, et je sais par expérience que souvent j'ai commis des fautes de ce genre.

Ce défaut a beaucoup de rapport avec un autre, dont il est le produit. L'homme se complaît dans la représentation d'une chose plus que dans la chose elle-même; ou, pour parler plus exactement, l'homme ne se complaît dans une chose, qu'en tant qu'il se la représente, qu'elle cadre avec sa manière de voir; mais il a beau élever son idée au-dessus de celles du vulgaire, il a beau l'épurer, elle n'est jamais qu'un essai infructueux pour établir entre plusieurs objets des relations saisissables, il est vrai, mais qui, à proprement parler, n'existent pas entre eux. De là cette tendance aux hypothèses, aux théories, aux terminologies, aux systèmes, que nous ne saurions blâmer, puisqu'elle est une conséquence nécessaire de notre organisation.

S'il est vrai que, d'une part, une observation, une expérience, doivent toujours être considérées comme isolées, et que, d'autre part, l'esprit humain tend à rapprocher avec une force irrésistible tous les faits extérieurs qui arrivent à sa connaissance, on comprendra aisément le danger qu'il peut y avoir à lier une expérience isolée avec une idée arrêtée, et à vouloir établir par des expériences isolées un rapport qui, loin d'être purement matériel, est le produit anticipé de la force créatrice de l'intelligence. Des travaux de cette nature engendrent le plus souvent des théories et des systèmes qui font le plus grand honneur à la sagacité de leurs auteurs. Adoptées avec enthousiasme, leur règne se prolonge souvent trop long-temps, et elles arrêtent ou entravent les progrès de l'esprit humain, qu'elles eussent favorisés sous d'autres rapports.

Ajoutons qu'une bonne tête fait preuve d'une habileté d'autant plus grande, que les données sont en plus petit nombre. Elle les domine alors, n'en choisit que quelques unes qui lui plaisent, sait disposer les autres de manière à ce qu'elles ne semblent pas contradictoires, et embrouille, enlace tellement celles qui sont décidément contraires, qu'elle finit par les mettre de côté. Le tout n'est plus alors une république où chaque citoyen agit en liberté, mais c'est une cour où règne le bon plaisir d'un despote.

Un homme doué d'un tel mérite ne saurait manquer d'élèves et d'admirateurs, auxquels l'histoire apprend à connaître et à vanter cet ingénieux système; ils se pénètrent autant que possible des idées du maître, et souvent une doctrine devient tellement dominante, que l'on passe pour audacieux et téméraire si l'on ose la mettre en doute. Après plusieurs siècles écoulés, le temps commence enfin à miner l'idole par sa base, et à soumettre les faits au libre examen de la raison humaine, qui ne se laisse plus imposer une autorité usurpée; et alors on répète, à propos du fondateur de la secte déchue, ce qu'un homme d'esprit disait d'un grand naturaliste : C'eût été un grand génie s'il eût fait moins de découvertes.

Ce n'est pas assez d'avoir aperçu le danger et de l'avoir signalé. Il est juste que je fasse connaître mon opinion et que je signale les précautions à l'aide desquelles j'ai pu me garantir de ces écueils, que d'autres ont su éviter avant moi.

J'ai déjà dit auparavant qu'il était dangereux de faire d'une expérience la démonstration *immédiate* d'une hypothèse, et j'ai fait voir que je regardais comme très utile d'en faire un usage *médiat*. Comme tout repose sur ce point de doctrine, il est nécessaire de s'exprimer clairement.

Tout phénomène dans la nature est lié à l'ensemble; et, quoique nos observations nous *semblent* isolées, quoique les expériences ne soient pour nous que des faits individuels, il n'en résulte pas qu'elles le *soient* réellement; il s'agit seulement de savoir comment nous trouverons le lien qui unit ces faits ou ces événements entre eux.

Nous avons vu plus haut que les premiers qui tombent dans l'erreur sont ceux qui cherchent à faire cadrer immédiatement un fait individuel avec leurs opinions ou leur manière de voir. Nous trouverons au contraire que ceux qui savent étudier une observation, une expérience sous tous les points de vue, la poursuivre dans toutes ses modifications et la retourner dans tous les sens, arrivent aux résultats les plus féconds.

Tout dans la nature, mais principalement les forces et les éléments généraux sont soumis à une action et à une réaction continuelles. L'on peut dire d'un phénomène quelconque qu'il est en rapport avec une foule d'autres, semblable à un point lumineux et libre dans l'espace, qui rayonne dans tous les sens. Ainsi donc, l'expérience une fois faite, l'observation consignée, nous ne saurions nous enquérir avec trop de soin de ce qui se trouve en contact *immédiat* avec elle, de ce qui en résulte *prochainement*; cela est plus important que de savoir quels sont les faits qui ont du rapport avec le nôtre. Il est donc du devoir de tout naturaliste de *varier ses expériences isolées*. C'est le contraire de ce que fait un écrivain qui veut intéresser. Celui-ci ennuiera son lecteur s'il ne lui donne rien à deviner, celui-là doit travailler sans relâche comme s'il voulait ne laisser rien à faire à ses successeurs. La disproportion de notre intelligence avec la nature des choses l'avertira assez tôt que nul homme n'a la capacité d'en finir avec un sujet quel qu'il soit.

Dans les deux premiers chapitres de mon *Optique*, j'ai tâché de former une série d'expériences congénères, qui se touchent immédiatement, et qui, lorsqu'on les considère dans leur ensemble, ne forment, à proprement parler, qu'une seule expérience, et ne sont qu'une seule observation, présentée sous mille points de vue différents.

Une observation qui en renferme ainsi plusieurs est évidemment d'un *ordre plus relevé*. Elle est l'analogue de la formule algébrique qui représente des milliers de calculs arithmétiques isolés. Arriver à ces expériences d'un ordre relevé, telle est la haute mission d'un naturaliste, et l'exemple des hommes les plus remarquables dans les sciences est là pour le prouver.

Cette méthode prudente, qui consiste à aller de proche en proche, ou plutôt à tirer des conséquences les unes des autres, nous vient des mathématiciens; et, quoique nous ne fassions pas usage de calculs, nous devons toujours procéder comme si nous avions à rendre compte de nos travaux à un géomètre sévère et rigoureux. La méthode mathématique, qui procède sagement et nettement, fait voir à l'instant même si l'on passe des intermédiaires dans un raisonnement. Ses preuves ne sont que des développements circonstanciés, destinés à montrer que les éléments de l'ensemble qu'elle présente existaient déjà et que l'esprit humain les ayant embrassés dans toute leur étendue, les avait jugés exacts et incontestables sous tous les points de vue. Aussi les démonstrations mathématiques sont-elles plutôt des *exposés*, des *récapitulations*, que des *arguments*.

Qu'il me soit permis, puisque j'ai établi cette différence, de revenir un peu sur mes pas.

On voit combien la démonstration mathématique, qui, avec une série d'éléments, produit mille combinaisons, diffère du genre de démonstration qu'un orateur habile sait déduire de ses arguments. Des arguments peuvent avoir des relations très partielles; mais un orateur ingénieux et doué d'imagination les force à converger vers un point commun, et joue son auditoire avec des apparences de bien et de mal, de faux et de vrai. De même, pour soutenir une théorie, on peut rapprocher des expériences isolées, et en tirer une espèce de démonstration plus ou moins fallacieuse.

Mais celui qui procède consciencieusement vis-à-vis de lui-même et des autres, tache d'élaborer soigneusement les expériences isolées, afin d'arriver aux observations d'un ordre plus élevé. Celles-ci seront formulées en peu de mots, coordonnées ensemble à mesure qu'elles se développent, et groupées de façon à former, comme des propositions mathématiques, un édifice inébranlable dans ses parties et dans son ensemble.

Les *éléments* de ces observations d'un ordre plus relevé consistent en un grand nombre d'expériences isolées, que chacun peut examiner et juger ; pour s'assurer ainsi que la formule générale est bien l'expression de tous les cas individuels ; car ici on ne saurait procéder arbitrairement.

Dans l'autre méthode au contraire, qui consiste à soutenir son opinion par des *expériences isolées*, qu'on transforme en *arguments*, on ne fait le plus souvent que *surprendre* un jugement, sans amener la conviction. Mais, si vous avez réuni une masse de ces observations d'un ordre plus relevé dont nous avons déjà parlé, alors on aura beau les attaquer par le raisonnement, l'imagination, la plaisanterie, on ne fera qu'affermir l'édifice loin de l'ébranler. Ce premier travail ne saurait être accompli avec assez de scrupule, de soin, de rigueur, de pédantisme même; car il doit servir au temps présent et à la postérité. On coordonnera ces matériaux en série, sans les disposer d'une manière

systématique; chacun alors peut les grouper à sa manière pour en former un tout plus ou moins abordable
et facile à l'intelligence. En procédant ainsi, on séparera
ce qui doit être séparé et l'on accroîtra plus vite et plus
fructueusement le trésor de nos observations, que s'il
fallait laisser de côté les expériences subséquentes,
comme on néglige des pierres apportées auprès d'une
construction achevée et dont l'architecte ne saurait
faire usage.

L'assentiment des hommes les plus distingués, et leur
exemple, me font espérer que je suis dans la bonne
voie; je souhaite aussi que mes amis, qui me demandent
parfois quel but je me propose dans mes expériences
sur l'optique, soient satisfaits de cette déclaration.

Mon intention est de rassembler toutes les observations faites dans cette science, de répéter et de varier
autant que possible toutes les expériences, de les rendre
assez faciles pour qu'elles soient à la portée du plus
grand nombre; puis de formuler des propositions qui
résumeront les observations du second degré, et de les
rattacher enfin à quelque principe général. Si parfois
l'esprit ou l'imagination, toujours prompts et impatients,
me font devancer l'observation, alors la méthode elle-
même m'indique dans quelle direction se trouve le point
auquel je dois les ramener.

BUT DE L'AUTEUR.
(1807.)

L'homme qui veut étudier les êtres en général, et ceux en particulier qui sont organisés, dans l'intention de déterminer leurs rapports et ceux de leurs actions réciproques, est presque toujours tenté de croire que c'est par l'analyse de leurs parties qu'il atteindra ce but. Et en effet l'analyse peut nous mener fort loin. Il est inutile de rappeler ici tous les services que l'anatomie et la chimie ont rendus à la science, et combien elles ont contribué à faire comprendre la nature dans son ensemble et dans ses détails.

Mais ces travaux analytiques, toujours continués, ont aussi leurs inconvénients. On sépare les êtres vivants en éléments, mais on ne peut les reconstruire ni les animer; ceci est vrai de beaucoup de corps inorganiques, et à plus forte raison des corps organisés.

Aussi les savants ont-ils senti de tout temps le besoin de considérer les végétaux et les animaux comme des organismes vivants; d'embrasser l'ensemble de leurs parties extérieures qui sont visibles et tangibles, pour en déduire leur structure intérieure, et dominer pour ainsi dire le tout par l'intuition. Il est inutile de faire voir en détail combien cette tendance scientifique est en harmonie avec l'instinct artistique et le talent d'imitation.

L'histoire de l'art, du savoir et de la science, nous a conservé plus d'un essai entrepris pour fonder et perfectionner cette doctrine que j'appellerai *Morphologie*. Nous verrons dans la partie historique sous combien de formes diverses ces essais ont été tentés.

L'Allemand, pour exprimer l'ensemble d'un être existant, se sert du mot forme (*Gestalt*); en employant ce

mot, il fait abstraction de la mobilité des parties, il
admet que le tout qui résulte de l'assemblage de celles
qui se conviennent, porte un caractère invariable et
absolu.

Mais, si nous examinons toutes les formes, et en particulier les formes organiques, nous trouvons bientôt
qu'il n'y a rien de fixe, d'immobile, ni d'absolu, mais
que toutes sont entraînées par un mouvement continuel; voilà pourquoi notre langue a le mot formation
(*Bildung*), qui se dit aussi bien de ce qui a été déjà produit que de ce qui le sera par la suite.

Ainsi donc, si nous voulons créer une Morphologie,
nous ne devons point parler de forme; et si nous em-
ployons ce mot, il ne sera pour nous que le représentant
d'une notion, d'une idée, ou d'un phénomène réalisé
et existant seulement pour le moment.

Ce qui vient d'être formé se transforme à l'instant, et
pour avoir une idée vivante et vraie de la nature, nous
devons la considérer comme toujours mobile et chan-
geante, en prenant pour exemple la manière dont elle
procède avec nous-mêmes.

Si, à l'aide du scalpel nous séparons un corps en ses
différentes parties, et celles-ci de nouveau en leurs parties composantes, nous arrivons enfin aux éléments
qu'on a désignés sous le nom de parties similaires. Ce
n'est pas de celles-ci qu'il sera question ici; nous voulons
au contraire attirer l'attention sur une loi plus élevée
de l'organisation que nous formulons de la manière
suivante :

Tout être vivant n'est pas une unité, mais une plura-
lité, même alors qu'il nous apparaît sous la forme d'un
individu, il est une réunion d'êtres vivants et existants
par eux-mêmes, identiques au fond, mais qui peuvent
en apparence être identiques ou semblables, différents
ou dissemblables. Tantôt ces êtres sont réunis dès l'ori-

gine, tantôt ils se rencontrent et se réunissent; ils se séparent, se recherchent, et déterminent ainsi une reproduction à la fois infinie et variée.

Plus l'être est imparfait, plus les parties sont semblables, et reproduisent l'image de l'ensemble. Plus l'être devient parfait et plus les parties sont dissemblables. Dans le premier cas, le tout ressemble à la partie; dans le second, c'est l'inverse; plus les parties sont semblables, moins elles se subordonnent les unes aux autres : la subordination des organes indique une créature d'un ordre élevé.

Comme les maximes générales ont toujours quelque chose d'obscur pour celui qui ne sait pas les expliquer à l'instant même en les appuyant par des exemples, nous allons en donner quelques uns, car tout notre travail ne roule que sur le développement de ces idées et de quelques autres encore.

Qu'une herbe et même un arbre qui se présentent à nous comme des individus, soient composés de parties semblables entre elles et au tout, c'est ce que personne ne sera tenté de nier. Que de plantes peuvent se propager par boutures. Le bourgeon de la dernière variété d'un arbre à fruit pousse un rameau qui porte un certain nombre de bourgeons identiques; la propagation par graine se fait de la même manière; elle est le développement d'un nombre infini d'individus semblables, sortis du sein de la même plante.

On voit que le mystère de la propagation par semences est déjà contenu dans cette formule. Et, si on réfléchit, si on observe bien, on reconnaîtra que la graine elle-même qui, au premier abord, nous semble une unité indivisible, n'est en réalité qu'un assemblage d'êtres semblables et identiques. On regarde ordinairement la fève comme propre à donner une idée juste de la germination; prenez-la avant qu'elle ait germé, lors-

2

qu'elle est encore entourée de son périsperme, vous trouverez, après l'avoir dépouillée de cette enveloppe, d'abord deux cotylédons que l'on compare à tort au placenta; car ce sont de véritables feuilles, tuméfiées, il est vrai, remplies de fécule, mais qui verdissent à l'air : puis on observe la plumule qui se compose elle-même de deux feuilles développées et susceptibles de se développer encore; si vous réfléchissez que derrière chaque pétiole il existe un bourgeon, sinon en réalité du moins en possibilité : alors vous reconnaîtrez dans la graine qui nous paraît simple au premier abord, une réunion d'individualités que l'idée suppose identiques et dont l'observation démontre l'analogie.

Ce qui est identique selon l'esprit, est aux yeux de l'observation quelquefois identique, d'autres fois semblable, souvent enfin tout-à-fait différent et dissemblable, c'est en cela que consiste la vie accidentée de la nature telle que nous voulons la présenter dans ce livre.

Citons encore un exemple pris dans le dernier degré de l'échelle animale. Il est des infusoires qui présentent une forme très simple, lorsque nous les voyons nager dans l'eau; dès que celle-ci les laisse à sec, ils crèvent et se résolvent en une multitude de petits granules; cette résolution est probablement un phénomène naturel qui aurait lieu tout aussi bien dans l'eau, et qui indique une multiplication indéfinie. J'en ai dit assez sur ce sujet pour le moment, puisque ce point de vue doit se reproduire dans tout le cours de cet ouvrage.

Lorsqu'on observe des plantes et des animaux inférieurs, on peut à peine les distinguer. Un point vital immobile, ou doué de mouvements souvent à peine sensibles, voilà tout ce que nous apercevons. Je n'oserais affirmer que ce point peut devenir l'un ou l'autre suivant les circonstances; plante sous l'influence de la lumière, animal par celle de l'obscurité; quoique l'observation et l'analogie semblent l'indiquer. Mais ce qu'on peut dire, c'est que les êtres issus de ce principe intermédiaire entre les deux règnes, se perfectionnent suivant deux directions contraires, la plante devient un arbre durable et résistant, l'animal s'élève dans l'homme au plus haut point de liberté et de mobilité.

La gemmation et la prolification sont deux modes principaux de l'organisme qu'on peut déduire de la coexistence de plusieurs êtres identiques et semblables dont ces deux modes ne sont que l'expression ; nous les poursuivrons à travers tout le règne organisé, et ils nous serviront à classer et à caractériser plus d'un phénomène.

La considération du type végétal nous amène à lui reconnaître une extrémité supérieure et une extrémité inférieure; la racine est en bas, elle se dirige vers la terre, car elle est du domaine de l'obscurité et de l'humidité; la tige s'élève en sens inverse vers le ciel cherchant la lumière et l'air.

La considération de cette structure merveilleuse et de son développement, nous conduit à reconnaître un autre principe fondamental. C'est que la vie ne saurait agir à la surface et y manifester sa force productrice. La force vitale a besoin d'une enveloppe qui la protége contre l'action trop énergique des éléments extérieurs, de l'air, de l'eau, de la lumière, afin qu'elle puisse accomplir une tâche déterminée. Que cette enveloppe se montre sous la forme d'une écorce, d'une peau, d'une coquille, peu importe, tout ce qui a vie, tout ce qui agit comme doué de vie, est muni d'une enveloppe; aussi la surface extérieure appartient-elle de bonne heure à la mort, à la destruction. L'écorce des arbres, la peau des insectes, les poils et les plumes des oiseaux, l'épiderme de l'homme, sont des téguments qui se mortifient, se séparent, se détruisent sans cesse, mais derrière eux se forment d'autres enveloppes sous lesquelles la vie, siégeant à une profondeur variable, tisse sa trame merveilleuse.

———

ANATOMIE COMPARÉE.

Nihil est enim quod ante natura extremum invenerit aut doc-
trina primum : sed rerum principia ab ingenio profecta sunt, at
exitus disciplinâ comparantur.

INTRODUCTION GÉNÉRALE

A

L'ANATOMIE COMPARÉE,

BASÉE SUR L'OSTÉOLOGIE.

(JANVIER 1795.)

I.

DE L'UTILITÉ DE L'ANATOMIE COMPARÉE ET DES OBSTACLES QUI S'OPPOSENT A SES PROGRÈS.

L'histoire naturelle se fonde, en général, sur la comparaison des objets.

Les caractères extérieurs sont essentiels, mais non pas suffisants pour différencier ou réunir les êtres organisés.

L'anatomie est aux corps organisés ce que la chimie est aux substances inorganiques.

L'anatomie comparée fournit matière aux considérations les plus variées, et nous force à examiner les êtres organisés sous une foule de points de vue.

La zootomie doit toujours marcher de front avec l'étude de l'homme.

La structure et la physiologie du corps humain ont été singulièrement avancées par les découvertes qu'on a faites sur les animaux.

La nature a doué les animaux de qualités diverses : leur destination n'est pas la même, et chacun d'eux présente un caractère tranché.

Leur organisation est simple, réduite au stricte né

cessaire, quoique leur corps soit souvent d'un volume
exagéré.

L'homme nous présente sous un petit volume une
structure compliquée; ses organes importants occupent
peu d'espace, et leurs divisions sont plus nombreuses;
ceux qui sont distincts sont rattachés ensemble par des
anastomoses.

Dans l'animal, l'animalité avec tous ses besoins et
ses rapports immédiats est évidente aux yeux de l'observateur.

Dans l'homme, l'animalité semble appelée à de plus
hautes destinées, et reste dans l'ombre pour les yeux
du corps comme pour ceux de l'esprit.

Les obstacles qui s'opposent aux progrès de l'anatomie comparée sont nombreux; c'est une science sans
bornes, et l'esprit se lasse d'étudier empiriquement un
sujet aussi vaste et aussi varié. Jusqu'ici les observations sont restées isolées comme on les avait faites.

On ne pouvait s'entendre sur la terminologie; les
savants, les écuyers, les chasseurs, les bouchers, etc.,
se servaient de dénominations différentes.

Personne ne croyait à la possibilité d'un point de
ralliement autour duquel on aurait groupé ces ob·
jets, ou d'un point de vue commun sous lequel on aurait pu les envisager.

Dans cette science, comme dans les autres, les explications n'avaient pas été soumises à une critique
suffisamment éclairée. Tantôt on s'attachait servilement au fait matériel, tantôt on s'éloignait de plus en
plus de l'idée vraie d'un être vivant en ayant recours
aux causes finales. Les idées religieuses étaient un
obstacle du même genre, parce que l'on voulait que
chaque chose tournât à la plus grande gloire de Dieu.
On se perdait en spéculations vides de sens sur l'âme
des animaux, etc.

Il faut déjà un travail immense pour étudier l'anatomie de l'homme jusque dans ses plus petits détails; d'ailleurs cette étude rentrait dans celle de la médecine, et peu de savants s'y livraient exclusivement. Un plus petit nombre encore avaient assez d'ardeur, de temps, de fortune et de moyens matériels pour entreprendre des travaux importants et suivis en anatomie comparée.

II.

DE LA NÉCESSITÉ D'ÉTABLIR UN TYPE POUR FACILITER L'ÉTUDE DE L'ANATOMIE COMPARÉE.

L'analogie des animaux entre eux et des animaux avec l'homme est d'une évidence telle, qu'elle a été universellement reconnue; mais dans certains cas particuliers il est difficile de la saisir, et souvent on l'a méconnue et même niée formellement. Aussi serait-il difficile de concilier les opinions souvent divergentes des observateurs; car on n'a pas de règle fixe (*Norm*) pour estimer les différentes parties, ni une série de principes pour le guider dans ce labyrinthe.

On comparait les animaux avec l'homme et les animaux entre eux, et, après beaucoup de labeur, on n'avait que des résultats partiels, qui, multipliés indéfiniment, mettaient l'observateur dans l'impossibilité absolue d'embrasser l'ensemble des choses. Dans Buffon on trouve de nombreux exemples à l'appui de cette assertion, dont les Essais de Josephi (*), et de plusieurs autres, sont venus confirmer la vérité; car il aurait fallu comparer chaque animal avec tous les autres, et tous les animaux entre eux. On voit que cette voie n'aurait jamais conduit à une solution satisfaisante(1).

(*) *Matériaux pour servir à l'Anatomie des Mammifères*, par le docteur W. Josephi, professeur à l'université de Rostock, 1792.

Je propose donc d'établir un type anatomique, un modèle universel contenant, autant que possible, les os de tous les animaux, pour servir de règle en les décrivant d'après un ordre établi d'avance. Ce type devrait être établi, en ayant égard, *autant que possible*, aux fonctions physiologiques. L'idée d'un type universel emporte nécessairement avec elle une autre idée ; savoir, celle de la non-existence de ce type de comparaison comme être vivant, car la partie ne peut être l'image du tout.

L'homme, dont l'organisation est si parfaite, ne saurait, à cause de cette perfection même, servir de point de comparaison aux animaux inférieurs. Il faut au contraire procéder de la manière suivante :

L'observation nous apprend quelles sont les parties communes à tous les animaux, et en quoi ces parties diffèrent entre elles ; l'esprit doit embrasser cet ensemble, et en déduire par abstraction un type général dont la création lui appartienne. Après avoir établi ce type, on peut le considérer comme provisoire, et l'essayer au moyen des méthodes de comparaison ordinaires. En effet, on a toujours comparé les animaux entre eux, les animaux avec l'homme, les races humaines entre elles, les deux sexes, les extrémités supérieures avec les extrémités inférieures, ou bien des organes secondaires entre eux ; par exemple, une vertèbre avec une autre.

Le type une fois construit, ces comparaisons toujours possibles n'en seront que plus logiques, et exerceront une influence heureuse sur l'ensemble de la science, en servant de contrôle aux observations déjà faites, et en leur assignant leur véritable place.

Le type existant, on procède par voie de double comparaison. D'abord on décrit des espèces isolées d'après le type ; cela fait, on n'a plus besoin de comparer un

animal à un autre, il suffit de mettre les deux descriptions en regard pour que le parallèle s'établisse de lui-
même. On peut encore suivre les modifications d'un
même organe dans les principaux genres, étude des plus
fertiles en conséquences importantes. La plus scrupu-
leuse exactitude est indispensable dans ces monogra-
phies, et pour celle de ce dernier genre, il serait nécessaire que plusieurs observateurs missent leurs travaux
en commun. Tous s'entendraient pour suivre un ordre
établi, et un tableau synoptique faciliterait la partie
pour ainsi dire mécanique du travail; alors l'étude approfondie des plus insignifiants organes, profiterait à
tout le monde. Dans l'état actuel des choses, chacun
est obligé de recommencer les choses *ab ovo*.

III.

DU TYPE EN GÉNÉRAL.

Dans tout ce qui précède, nous n'avons guère parlé
que de l'anatomie des mammifères, et des moyens de la
faire avancer; mais il faut, si nous voulons établir un
type animal, porter nos regards plus loin dans le monde
organisé, car sans cela nous ne pourrions pas même
établir le type général des mammifères ; et d'ailleurs si
nous voulons en déduire plus tard, par des modifications rétrogrades, la forme des animaux inférieurs, il
faut bien avoir en vue la nature tout entière.

Tous les êtres qui présentent un certain degré de développement sont divisés en trois parties : voyez les insectes; leur corps présente trois sections qui exercent
des fonctions différentes, mais réagissent les unes sur
les autres parce qu'elles sont liées entre elles, et représentent un organisme placé assez haut dans l'échelle
des êtres. Ces trois parties sont : la tête, le thorax et

l'abdomen; les organes appendiculaires paraissent disposés sur elles d'une manière variée.

La tête occupe la partie antérieure : c'est le point de concours des organes des sens; le cerveau, formé par la réunion de plusieurs ganglions nerveux, règle et concentre ces moteurs tout-puissants. La partie moyenne, le thorax, contient les organes de la vie intérieure (*innern lebensantriebes*) qui agissent sans cesse de dedans en dehors; ceux de la vie végétative (*innern lebensanstosses*) sont moins développés parce que, dans ces animaux, chaque section est évidemment douée d'une vie qui lui est propre. La partie postérieure ou l'abdomen est occupé par les organes de la nutrition, de la reproduction, et de la sécrétion des liquides peu élaborés.

La séparation des trois parties ou leur réunion par des tubes filiformes, est l'indice d'une organisation très compliquée; aussi la métamorphose de la chenille en insecte parfait consiste-t-elle principalement dans la séparation successive des systèmes qui, renfermés dans la chenille sous une enveloppe commune, étaient inactifs et nullement accusés au dehors; mais lorsque le développement est achevé, lorsque les fonctions s'accomplissent parfaitement chacune dans leur sphère, alors l'être est véritablement vivant et actif, car la destination diverse, les sécrétions variées de ces systèmes organiques, les rendent enfin capables de se reproduire.

Dans les animaux parfaits, la tête est séparée du thorax d'une manière plus ou moins apparente; mais la seconde section est réunie à la dernière par la colonne vertébrale et une enveloppe commune; l'anatomie nous fait voir qu'il existe de plus un diaphragme entre elles.

La tête est munie d'organes appendiculaires nécessaires à la préhension des aliments; ce sont tantôt des pinces séparées, tantôt une paire de mâchoires plus ou moins parfaitement soudées. La partie moyenne porte, dans les animaux inférieurs, un grand nombre d'organes accessoires tels que des pattes, des ailes et des élytres; dans les animaux plus parfaits des bras ou des membres antérieurs, la partie postérieure est privée d'organes appendiculaires dans les insectes, mais dans les animaux supérieurs où les deux systèmes sont rapprochés et confondus, les derniers appendices appelés jambes, se trouvent à la partie postérieure de la dernière brisure; cette disposition s'observe dans tous les mammifères : tout-à-fait en arrière on observe aussi un prolongement, la queue, indice évident qu'un système organique pourrait se continuer pour ainsi dire à l'infini.

IV.

APPLICATION DU TYPE GÉNÉRAL A DES ÊTRES INDIVIDUELS.

Les organes d'un animal, leurs rapports entre eux, leurs propriétés spéciales, déterminent ses conditions d'existence. De là, les mœurs tranchées mais invariablement limitées des genres et des espèces.

En considérant avec la notion d'un type, ne fût-il qu'ébauché, les animaux supérieurs appelés mammifères, on trouve que la nature est circonscrite dans son pouvoir créateur, quoique les variétés de formes soient à l'infini à cause du grand nombre des parties et de leur extrême modificabilité.

Si nous examinons attentivement un animal, nous verrons que la diversité de formes qui le caractérise, provient uniquement de ce que l'une de ses parties devient prédominante sur l'autre. Ainsi, dans la giraffe, le cou et les extrémités sont favorisés aux dépens du corps, tandis que le contraire a lieu dans la taupe. Il existe donc une loi en vertu de laquelle une partie ne saurait augmenter de volume qu'aux dépens d'une autre, *et vice versâ*. Telles sont les barrières dans l'enceinte desquelles la force plastique se joue de la manière la plus bizarre et la plus arbitraire sans pouvoir jamais les dépasser; cette force plastique règne en souveraine dans ces limites, peu étendues, mais suffisantes à son développement. Le total général au budget de la nature est fixé; mais elle est libre d'affecter les sommes partielles à telle dépense qu'il lui plaît. Pour dépenser d'un côté, elle est forcée d'économiser de l'autre, c'est pourquoi la nature ne peut jamais ni s'endetter ni faire faillite (2).

Essayons de nous guider, au moyen de ce fil conducteur, dans le labyrinthe de l'organisation animale, et nous verrons qu'il nous conduira jusqu'aux êtres organisés les plus amorphes. Appliquons-le d'abord à la forme, en manière d'essai, pour nous en servir plus tard dans l'étude des fonctions.

L'animal, pris isolément, est à nos yeux un petit monde, qui existe par lui-même et pour lui-même. Chaque être renferme en lui la raison de son existence; toutes les parties réagissant les unes sur les autres, il résulte de cette action réciproque que le cercle de la vie se renouvelle sans cesse; aussi chaque animal est-il physiologiquement parfait.

Aucun organe considéré en se plaçant au centre de l'animal, n'est inutile, ou bien, comme on se l'imagine souvent, le produit accidentel de la force plastique; à l'extérieur, certaines parties peuvent paraître superflues parce qu'elles ne sont en rapport qu'avec l'organisation intérieure, et que la nature s'est peu inquiétée de les mettre en harmonie avec les parties périsphériques. Désormais on ne se demandera plus à propos de ces parties, les canines du *Sus babirussa*(*), par exemple, à

(*) Voy. pl. I, fig. 3.

quoi servent-elles? mais d'où proviennent-elles? On ne soutiendra plus que le taureau a des cornes pour pousser, mais on recherchera pourquoi il a les cornes dont il se sert pour pousser. Le type que nous allons construire et analyser dans tous ses détails, est invariable dans son ensemble, et les classes supérieures des animaux, les mammifères, par exemple, montrent, malgré la diversité de leurs formes, un accord parfait dans leurs différentes parties.

Mais tout en nous attachant constamment à ce qui est constant, nous devons faire varier nos idées quand il s'agit d'organes variables, afin de pouvoir suivre habilement le type dans toutes ses métamorphoses, et ne jamais laisser échapper ce protée toujours changeant.

Si l'on demande quelles sont les circonstances qui déterminent une destination si variable, nous répondrons que les modificateurs ambians agissent sur l'organisme, qui s'accommode à leur influence. De là sa perfection intérieure, et l'harmonie que présente l'extérieur avec le monde objectif.

Pour rendre palpable en quelque sorte l'idée de la balance parfaite qui existe entre les additions et les soustractions de la nature, nous rapporterons quelques exemples. Les serpents occupent une place très élevée parmi les êtres organisés; ils ont une tête distincte, munie d'un organe appendiculaire parfait, c'est-à-dire d'une mâchoire réunie sur la ligne médiane; mais leur corps se prolonge pour ainsi dire à l'infini, parce qu'il n'y a ni matière, ni force employée pour les organes accessoires. Du moment que ceux-ci apparaissent dans le lézard, qui n'a que des jambes et des bras très courts, ce prolongement indéfini du tronc s'arrête, et le corps se raccourcit. Le développement des membres postérieurs de la grenouille réduit son corps à une longueur proportionelle très petite, et celui du crapaud difforme s'élargit en vertu de la même loi.

Il s'agit de savoir maintenant jusqu'à quel point on peut poursuivre ce principe à travers toute la série des classes, des genres et des espèces, afin de s'assurer de sa généralité, et de l'appliquer ensuite à l'étude exacte et minutieuse des détails.

Mais d'abord il faudrait déterminer comment les différentes forces élémentaires de la nature agissent sur le type, et jusqu'à quel point il s'accommode pour ainsi dire aux circonstances extérieures.

L'eau gonfle les corps qu'elle touche, qu'elle entoure, ou dans lesquels elle pénètre; ainsi le tronc du poisson et en particulier sa chair sont tuméfiés, parce qu'il vit dans cet élément. Aussi, d'après les lois du type organique, les extrémités ou les organes appendiculaires sont-ils forcés de se contracter en même temps que le corps se dilate; sans parler des modifications que doivent subir par la suite les autres organes.

L'air dessèche, puisqu'il s'empare de l'eau, et le type qui s'y développe doit être d'autant plus sec, que l'air ambiant est lui-même plus sec et plus pur; nous aurons alors un oiseau plus ou moins maigre, et il reste à la force plastique assez de substance et de force pour recouvrir le squelette de muscles vigoureux, et donner aux organes appendiculaires un vaste développement; ce qui, dans le poisson, est employé pour la chair, reste ici pour les plumes. C'est ainsi que l'aigle est formé par l'air pour l'air, par les montagnes pour les montagnes. Le cygne, le canard, qui sont des espèces d'amphibies, trahissent leur affinité pour l'eau déjà par leur forme. C'est un sujet digne de méditation de voir combien la cigogne, le héron, montrent tout à la fois leur double vocation pour les deux éléments.

L'influence du climat, de la hauteur, de la chaleur

et du froid, jointe à celle de l'eau et de l'air, est très puissante sur la formation des mammifères. La chaleur et l'humidité enflent les corps et produisent dans les limites mêmes du type les monstres les plus inexplicables en apparence, tandis que la chaleur et la sécheresse engendrent les êtres les plus parfaits, les plus accomplis, quoiqu'ils soient fort différents de l'homme; tels sont les lions et les tigres. On peut même dire qu'un climat chaud suffit pour communiquer quelque chose d'humain aux organisations imparfaites, témoin les singes et les perroquets.

Le type est comparable avec lui-même dans ses diverses parties, l'on peut comparer les parties molles aux parties dures; ainsi, par exemple, les organes de la nutrition et de la génération paraissent nécessiter une plus grande dépense de force que ceux du mouvement et du sentiment. Le cœur et le poumon sont fixés dans une cage osseuse, tandis que l'estomac, les intestins et la matrice flottent dans une enveloppe de parties molles. On voit clairement l'indication d'une colonne sternale opposée à la colonne vertébrale; mais le sternum, qui est antérieur chez l'homme et inférieur dans les animaux, est faible et court comparé à la colonne épinière. Les vertèbres sont allongées, minces et aplaties, et tandis que la colonne vertébrale porte des côtes vraies ou fausses, la colonne sternale n'est en rapport qu'avec des cartilages. Elle semble donc avoir sacrifié une partie de sa solidité aux organes splanchniques supérieurs, et disparaître en face des viscères abdominaux, de même que la colonne vertébrale immole les fausses côtes des vertèbres lombaires au développement des viscères voisins, dont l'importance est si grande.

Si nous appliquons cette loi à des phénomènes analogues, nous verrons qu'elle en expliquera plusieurs

3

d'une manière satisfaisante. La matrice est l'organe capital chez la femelle, qui n'existe que pour lui. Elle occupe une place considérable au milieu des intestins, et a les propriétés d'extension, de contraction et d'attraction les plus énergiques. Aussi la force plastique semble-t-elle, dans les animaux supérieurs, avoir tout dépensé pour cet organe, de façon qu'elle est obligée de procéder avec parcimonie quand il s'agit des autres. C'est ainsi que je m'explique la beauté moins parfaite des femelles dans les animaux; les ovaires avaient tant absorbé de substance, qu'il ne restait plus rien pour l'apparence extérieure. Dans la suite de ce travail nous rencontrerons beaucoup de ces faits, que nous ne faisons qu'indiquer ici d'une manière générale.

Enfin, de proche en proche, nous nous élevons jusqu'à l'homme, et il s'agit de savoir s'il est sur le degré le plus élevé de l'échelle animale, et à quelle époque il s'y est trouvé placé. Espérons que notre fil conducteur ne nous abandonnera pas dans ce labyrinthe, et qu'il nous dévoilera les motifs des déviations et des perfections de la forme humaine (3).

V.

DU TYPE OSTÉOLOGIQUE EN PARTICULIER.

On ne pourra décider si toutes ces idées s'appliquent à l'étude de l'anatomie qu'après avoir considéré d'abord isolément les différents organes des animaux pour les comparer ensuite entre eux. C'est aussi à l'expérience qu'il appartient de prononcer sur la méthode suivant laquelle nous disposons ces parties.

Le squelette est évidemment la charpente qui détermine la forme des animaux. Sa connaissance facilite celle de toutes les autres parties; il y aurait sans doute ici bien des points à discuter, il faudrait se demander comment on a étudié jusqu'à présent l'ostéologie humaine; nous aurions aussi quelque chose à dire sur les *partes proprias et improprias*, mais nous nous bornerons pour cette fois à de laconiques aphorismes.

Nous soutiendrons d'abord, sans crainte d'être démentis, que les divisions du squelette humain sont purement arbitraires. Dans leurs descriptions les auteurs ne sont pas d'accord sur le nombre des os qui composent chaque région, et chacun d'eux les a décrits et classés à sa manière.

Il faudrait établir ensuite jusqu'à quel point les travaux multipliés des anatomistes ont avancé l'ostéologie générale des mammifères. Le jugement de Camper sur les principaux écrits d'ostéologie comparée, faciliterait singulièrement ces recherches.

En général, on acquerra la conviction que l'absence d'un type et de ses divisions a jeté la plus grande confusion dans l'ostéologie comparée. Coiter, Duverney, Daubenton et d'autres, ont souvent pris un organe pour un autre; erreur inévitable dans toutes les sciences et très pardonnable dans celle-ci.

Des idées rétrécies avaient jeté de profondes racines; on ne voulait pas que l'homme eût un os intermaxillaire supérieur, afin d'avoir un caractère différentiel de plus entre lui et le singe. On ne s'apercevait point qu'en niant d'une manière indirecte l'existence d'un type, on descendait du point de vue élevé ou l'on aurait pu se placer. On prétendit aussi pendant quelque temps que la défense de l'éléphant était implantée dans l'intermaxillaire, tandis qu'elle appartient invariablement à la mâchoire supérieure. Un observateur attentif verra très bien qu'une lamelle qui se détache de l'os maxillaire contourne cette énorme canine, et que tout est disposé suivant la règle invariable établie par la nature.

Nous avons dit que l'homme ne pouvait être le type de l'animal, ni l'animal celui de l'homme; il s'agit donc de construire cet intermédiaire que nous établissons entre eux et de motiver peu à peu notre manière de procéder.

Il est d'abord indispensable de rechercher et de noter tous les os qui peuvent s'offrir à nous; nous y arriverons en examinant les espèces d'animaux les plus diverses, d'abord à l'état de fœtus, puis dans leurs développements successifs.

Considérons le quadrupède comme il se présente à nous, la tête en avant; commençons par construire le crâne, puis les autres parties. Nous donnerons à fur et à mesure les motifs, les considérations, les observations qui nous ont dirigé; ou bien nous les laisserons deviner à la sagacité du lecteur pour les développer par la suite. Passons donc immédiatement à l'établissement du type en général.

VI.

COMPOSITION ET DIVISIONS DU TYPE OSTÉOLOGIQUE.

A. La tête.

  a. Ossa intermaxillaria.
  b. Ossa maxillæ superioris.
  c. Ossa palatina.

Ces os peuvent se comparer entre eux sous plus d'un point de vue; ils constituent le squelette de la face de la partie antérieure de la tête, et de la voûte palatine. On observe une certaine analogie dans leurs formes; ce sont les premiers os qui se présentent à l'observateur lorsqu'il examine un quadrupède d'avant en arrière; de plus, les os maxillaires et intermaxillaires dévoilent à eux seuls les mœurs de l'animal, puisque leur configuration détermine la nature de ses aliments.

d. Ossa zygomatica.
e. Ossa lacrymalia.

Ils sont placés sur les précédents, achèvent la face et complètent le bord inférieur de la cavité orbitaire.

f. Ossa nasi.
g. Ossa frontis.

Ces os forment un toit qui recouvre les autres, ainsi que la voûte de la cavité orbitaire; ils entourent les fosses nasales, et protégent les lobes cérébraux antérieurs.

h. Os sphenoideum anterius.

En arrière et en bas, il est la clef de tout l'édifice que nous venons de construire; c'est sur lui que repose la base des lobes antérieurs du cerveau, et il donne issue à plusieurs nerfs importants. Dans l'homme, le corps de cet os est toujours intimement soudé avec le corps du sphénoïde postérieur.

i. Os ethmoideum,
k. Conchæ,
l. Vomer,

sont les organes spéciaux de l'odorat.

m. Os sphenoideum posterius.

Il s'accole au sphénoïde antérieur. On voit que la base du crâne est presque complétée.

n. Ossa temporum,

sont les parois du crâne, et se soudent antérieurement avec les ailes du sphénoïde.

o. Ossa bregmatis, sive parietalia,

forment la partie supérieure de la voûte.

p. Basis ossis occipitis,

est l'analogue des sphénoïdaux.

q. Ossa lateralia,

. constitúent des parois , comme les temporaux.

r. Os lambdoideum.

Il complète la boîte osseuse du crâne et peut être assimilé aux pariétaux.

s. Ossa petrosa.

Ces os renferment les organes de l'audition , et s'enchassent dans l'espace vide laissé par les autres os.

Ici se termine l'énumération des parties osseuses qui forment le crâne et dont aucune n'est mobile.

t. Ossicula auris.

Si je voulais développer ce sujet, je ferais voir que ces divisions existent réellement, et qu'il y a même des subdivisions ; j'insisterais sur les proportions relatives des os, leurs rapports mutuels et leur influence réciproque, ainsi que celle des organes internes et externes ; c'est ainsi que, tout en construisant le type, je prouverais sa réalité par des exemples.

B. LE TRONC.

I. *Spina dorsalis.*

a. Vertebræ colli.

Le voisinage de la tête agit sur les vertèbres du cou, surtout sur les premières.

b. Dorsi.

Elles portent des côtes, et sont plus petites que celles des

c. Lumborum,

qui sont libres, tandis que celles du

d. Pelvis,

sont modifiées par leur enclavement dans le bassin.

e. Caudæ.

Leur nombre est variable.
Costæ.
veræ.
spuriæ.

II. *Spina pectoralis,*
    Sternum,
    Cartilagines.

La comparaison de la colonne vertébrale et du sternum, des côtes et des cartilages, donne lieu à des considérations intéressantes.

C. ORGANES APPENDICULAIRES.

1. *Maxilla inferior.*
2. *Brachia,*
    affixa sursum vel retrorsum.
    Scapula,
    deorsum vel antrorsum.
    Clavicula.
    Humerus.
    Ulna, radius.
    Carpus.
    Metacarpus.
    Digiti.

Formes, proportions, nombres.

3. *Pedes,*
    affixi sursum vel adversum.

Ossa ilium.
Ossa ischii,
    deorsum vel antrorsum.
Ossa pubis.
Femur, patella.
Tibia, fibula.
Tarsus.
Metatarsus.
Digiti.
Ossa interiora:
  Os hyoïdes.
  Cartilagines, plus vel minùs ossificatæ.

VII.

DE LA MÉTHODE SUIVANT LAQUELLE IL FAUT DÉCRIRE LES OS ISOLÉS.

Réponse à deux questions.

1° Trouvons-nous dans tous les animaux les os que nous avons signalés dans le type?

2° Comment reconnaître leur identité?

Difficultés.

L'ostéogénie varie,
a. par extension ou resserrement,
b. par la soudure des os,
c. dans les limites de chaque os,
d. dans leur nombre,
e. dans leur grandeur,
f. dans leur forme, qui est

    simple ou composée,
    ramassée ou développée,
    strictement suffisante ou exubérante,
    parfaite, mais isolée, ou soudée et atrophiée.

Avantages.

L'ostéogénie est constante,

a. en ce qu'un même os est toujours à la même place,
b. en ce qu'il a toujours la même destination.

La première question peut donc se résoudre affirmativement, en tenant compte des difficultés et des conditions énoncées ci-dessus.

La seconde question est susceptible de solution, si nous savons user de nos avantages. Aussi faut-il procéder de la manière suivante:

1° Chercher chaque os à la place qu'il doit occuper.

2° Sa position nous apprendra quelle est sa destination.

3° Déterminer la forme qu'il peut et doit avoir en général pour remplir cette destination.

4° Déduire les déviations de forme possibles de l'observation et de l'idée que nous avons conçue.

5° Présenter pour chaque os le tableau synoptique de ces déviations, rangées suivant un ordre qui sera toujours le même.

C'est ainsi qu'après avoir retrouvé les os qui se dérobent à notre vue, nous pourrons établir la loi qui préside à leur variation de forme, et faciliter leur examen comparatif.

A. Développement et délimitation du système osseux en général.

Nous venons de tracer l'esquisse du type ostéologique, et de déterminer l'ordre suivant lequel nous allons examiner les parties dont il se compose. Mais avant de passer aux détails, avant de nous prononcer sur la destination de chacun des os en particulier, nous ne nous dissimulerons pas les obstacles qui nous attendent.

La construction d'un type normal, que nous ne perdrons jamais de vue en décrivant ou appréciant les os des mammifères, suppose nécessairement que la nature est conséquente avec elle-même, et que dans les cas particuliers elle procède suivant certaines règles préétablies. Cette vérité est incontestable; car un coup d'œil rapide jeté sur le règne animal nous a convaincu qu'il existe un dessin primitif qu'on retrouve dans toutes ces formes si diverses.

Mais la nature n'aurait pas pu les diversifier ainsi à l'infini, si elle n'avait pas un espace suffisant dans lequel elle puisse se jouer, pour ainsi dire, sans sortir des limites de la loi. Il s'agit donc de déterminer, avant tout, en quoi la nature se montre variable dans la formation des os, et en quoi elle est constante; ceci une fois bien établi, nous pourrons tracer les caractères généraux auxquels nous reconnaîtrons un os dans toute la série animale.

La nature varie dans l'extension qu'elle donne au système osseux et dans les limites qu'elle lui assigne.

On ne peut pas considérer le système osseux isolément, car il fait partie d'un système organique complet. Il est en connexion avec les parties molles ou presque molles, telles que les cartilages, par exemple. Les autres tissus ont plus ou moins d'affinité avec ce système, et quelques uns même peuvent se solidifier. Ceci devient évident par l'étude de l'ostéogénie, qui fait voir que dans le fœtus ou l'animal qui vient de naître, on aperçoit d'abord des membranes, puis des cartilages, puis enfin des os. Chez les vieillards, certains organes, qui n'appartiennent pas au squelette, s'ossifient, et il en résulte une espèce d'extension du système osseux.

La nature s'est, pour ainsi dire, réservé la même licence dans la formation de certains animaux ; elle dépose des masses osseuses là, où chez les autres il n'existe
que des tendons et des muscles. Ainsi, dans quelques
mammifères, le cheval et le chien, par exemple, la
portion cartilagineuse de l'apophyse styloïde du temporal est en connexion avec un os qui ressemble à
une petite côte, et dont la signification est encore à
déterminer. L'ours, les chauves-souris, ont un os qui
occupe le milieu du membre viril. On pourrait citer
beaucoup de faits analogues.

Quelquefois la nature semble aussi imposer au système osseux des limites plus étroites ; ainsi la clavicule
manque chez beaucoup d'animaux (4). A cette occasion,
l'esprit a peine à suffire au nombre immense de considérations dont il est accablé, et qu'il serait hors de
propos de rappeler ici. On se demanderait pourquoi
l'ossification est arrêtée par certaines limites fixes qu'elle
ne dépasse jamais, comme on le voit dans les os,
les cartilages et les membranes du larynx. C'est avec
intérêt que nous examinerons par la suite ces animaux
où la nature a jeté des masses osseuses à la périphérie, comme dans certains poissons et certains amphibies, dans les tortues, par exemple, où les parties
molles de l'extérieur deviennent dures et osseuses.

Mais nous ne devons pas abandonner notre sujet
dans ce moment, ni oublier que les parties liquides,
molles et dures de l'économie doivent être considérées
comme un seul tout, et que la nature peut à son gré
les modifier dans un sens ou dans l'autre.

B. Différences dans les soudures.

Si l'on cherche à retrouver dans les différents animaux tous les os dont nous avons parlé, on voit qu'ils
sont quelquefois réunis, d'autres fois séparés ; ces dif-

férences s'observent, non seulement de genre à genre, mais encore d'espèce à espèce, d'individu à individu, et même dans les différents âges d'un même individu. On ne s'est pas encore rendu compte de toutes ces différences. Ce sujet n'ayant pas été, que je sache, suffisamment approfondi, il en est résulté que les descriptions du corps humain ne s'accordent pas. Ces différences sont peu importantes et peu préjudiciables, à cause de l'étroitesse du cadre; mais si nous voulons appliquer nos études ostéologiques à tous les mammifères, les étendre ensuite aux autres classes, telles que les oiseaux et les reptiles, et même les suivre dans toute la série animale; alors il nous faut procéder autrement, et, comme dit le proverbe, bien distinguer pour bien enseigner.

Il est généralement connu que l'on trouve un plus grand nombre d'os chez l'enfant nouveau-né que chez l'adulte, et que celui-ci en présente plus aussi que le vieillard. Si l'habitude ne nous avait familiarisés avec une méthode vicieuse, nous serions étonnés de voir quel empirisme aveugle a jusqu'ici présidé à la description des os du squelette humain en général, et de la tête en particulier. On choisit une tête dont l'âge n'est pas déterminé, on disjoint ses os par des moyens mécaniques; et tout ce qui peut se séparer ainsi est considéré comme une des parties dont la réunion constitue l'ensemble céphalique. Tandis que dans les autres systèmes, tels que le musculaire, le nerveux, le vasculaire, on poursuivait les organes dans leurs dernières subdivisions, on s'est contenté pour les os d'un coup d'œil superficiel. Quoi de plus contraire au bon sens et à la connaissance que nous avons des usages de l'os temporal et de l'os pétreux, que de les décrire ensemble! Et cependant cela se fait encore tous les jours; tandis que l'ostéologie comparée prouve que non seulement on doit décrire l'os pétreux séparément, si l'on veut se faire une idée juste de l'organe de l'ouïe, mais encore que l'os temporal doit être considéré comme composé de deux portions distinctes.

Ces soudures des os, comme nous le verrons par la suite, ne sont pas le produit du hasard, car le hasard n'a aucune part à la formation des êtres organisés ; elles sont au contraire soumises à des lois, difficiles, il est vrai, à découvrir, plus difficiles encore à appliquer. Le type nous ayant fait connaître tous les os, il nous reste à indiquer, dans la description des squelettes de chaque genre, de chaque espèce et de chaque individu, toutes les soudures que nous trouverons visibles ou effacées. Nous reconnaîtrons ainsi les parties qui doivent être isolées quand même elles seraient confondues avec celles qui les avoisinent. Le règne animal se présentera à nous sous la forme d'une grande image, et nous ne dirons pas que tel organe manque dans telle espèce ou dans tel individu, parce que nous n'aurons pas su l'y découvrir. Nous apprendrons à voir avec les yeux de l'esprit, sans lesquels on tâtonne en aveugle dans les sciences naturelles comme dans les autres.

De même que chez les fœtus l'occipital se compose de plusieurs portions dont la disposition rend compte de la forme de l'os arrivé à l'état parfait ; de même, l'observation de subdivisions osseuses qui existent dans plusieurs animaux, explique les formes, souvent bizarres, difficiles à comprendre, et impossibles à décrire, que l'on trouve chez l'homme et chez d'autres animaux. Il y a plus : nous descendrons souvent jusqu'aux reptiles, aux poissons, aux mollusques même, pour expliquer l'organisation très compliquée des mammifères, et trouver des solutions à nos doutes. La mâchoire inférieure sera une preuve bien frappante de cette vérité.

C. Différences dans les limites.

Une autre circonstance assez rare peut ajouter des difficultés à la recherche et à la détermination des os ; quelquefois, en effet, leurs limites ne sont pas les mêmes, et ils semblent avoir des connexions avec des os qui n'ont ordinairement aucun rapport avec eux. C'est ainsi que, dans le genre chat, l'apophyse latérale de l'intermaxillaire va s'articuler avec le coronal, et sépare complétement la mâchoire supérieure de l'os nasal ; dans le bœuf, la mâchoire supérieure est séparée du nasal par l'os lacrymal ; chez le singe les pariétaux se soudent avec le sphénoïde et éloignent le coronal des temporaux (5).

Ces cas seront examinés avec détail, car ils peuvent n'être qu'apparents, comme nous le ferons voir dans la description des os en particulier.

D. Différences dans le nombre.

Le nombre des parties qui terminent les membres étant variable, il s'ensuit que celui des os qui les composent doit l'être aussi. Ainsi, le nombre des os du carpe et du tarse, du métacarpe et du métatarse, comme celui des phalanges, n'est pas toujours le même ; lorsque les uns diminuent en nombre, les autres sont soumis à la même loi.

On voit aussi le nombre des vertèbres du dos, des lombes, du bassin et de la queue, celui des côtes, des pièces du sternum, des dents, aller en augmentant ou en diminuant ; cette dernière circonstance paraît même avoir une grande influence sur la structure des autres parties du corps.

Mais ces variations de nombre nous embarrasseront peu, ce sont les plus faciles à constater et celles qui doivent le moins nous surprendre.

E. Différences de grandeur.

La taille des animaux étant très diverse, leurs parties osseuses doivent offrir les mêmes différences. Celles-ci peuvent être appréciées par des mesures exactes, et plusieurs anatomistes, entre autres Daubenton, en ont fait beaucoup. Si la forme ne variait pas en même temps que les proportions, le parallèle serait facile à établir entre le fémur, par exemple, d'un petit animal et celui d'un grand mammifère.

A cette occasion je poserai une question, dont la solution définitive intéresse l'histoire naturelle en général. Je demanderai si la grandeur a une influence sur la forme, et jusqu'à quel point cette influence est puissante?

Nous savons que les animaux très grands sont en général disgracieux, soit que la masse domine la forme, ou bien que les proportions des membres comparés entre eux ne soient pas heureuses.

Il semble au premier coup d'œil qu'un lion de vingt pieds de haut pourrait tout aussi bien exister qu'un éléphant de la même taille, et que cet animal, s'il était bien proportionné, serait aussi agile que les lions ordinaires. Mais l'observation démontre que les mammifères, parfaitement développés, ne dépassent pas un certain volume; à mesure que la masse va en augmentant, la forme s'appauvrit et la difformité commence. On a même cru remarquer, parmi les hommes, que ceux qui sont trop grands, sont moins intelligents que ceux d'une petite taille. On a dit aussi qu'une figure grossie par un miroir concave n'avait plus de physionomie. Il semble, en effet, que la masse seule soit accrue et non point en même temps la puissance de l'esprit qui la vivifie.

F. Différences de forme.

Nous abordons maintenant la plus grande de toutes
les difficultés, elle résulte de ce que les animaux dissemblables ont aussi des os dont la forme diffère. Aussi
l'observateur est-il souvent embarrassé, soit qu'il examine un squelette dans son ensemble, ou des parties
osseuses isolées. Si celles-ci n'ont pas leurs connexions
habituelles, il ne sait comment les nommer, et s'il les
a déterminées, il ne sait comment les décrire, comment
les comparer, parce qu'il lui manque un troisième terme
de comparaison. Qui prendrait, en effet, le bras de la
taupe et celui du lièvre pour des parties analogues?
La forme d'un organe peut varier de différentes manières; notons d'abord les principales.

L'os peut être simple, et même seulement à l'état
rudimentaire dans un animal, tandis que dans un autre
il se trouvera complétement développé et aussi parfait
que possible. Ainsi l'intermaxillaire de la biche diffère
tellement de celui du lion, qu'il semble, au premier
coup d'œil, qu'on ne puisse nullement les comparer
entre eux.

Un os peut être développé sous un certain point de
vue, tandis que les organes voisins, en le comprimant
de tous les côtés, le rendent difforme et méconnaissable.
Ex. les pariétaux, dans les mammifères pourvus de
cornes ou de bois, comparés à ceux de l'homme; l'intermaxillaire du morse mis en parallèle avec celui d'un
animal carnassier.

Un os qui remplit tout juste sa destination a constamment une forme plus arrêtée, plus facile à saisir que
celui qui semble avoir plus de masse que cela n'est stric-
tement nécessaire. Ce dernier se trouve, par conséquent,
singulièrement modifié dans sa forme, et pour ainsi dire
boursouflé. Ainsi les os plats renferment, dans le bœuf

et le cochon, des sinus qui les rendent méconnaissables, tandis qu'ils sont très bien dessinés et parfaitement caractérisés dans le genre chat.

Une autre circonstance dérobe quelquefois entièrement un os à nos yeux : c'est quand il est soudé avec un autre : celui-ci attire à lui une plus grande quantité de matière osseuse que la nature ne lui en a dévolu, et il en résulte que celui auquel il se trouve uni est tellement appauvri qu'il disparaît presque tout-à-fait. Dans la baleine, les sept vertèbres cervicales sont tellement confondues, qu'on ne croit avoir sous les yeux qu'un atlas muni d'un appendice.

Ce qui est constant, c'est la place qu'un os occupe dans l'économie et le rôle qu'il y joue; aussi dans nos études ostéologiques chercherons-nous toujours chaque os en son lieu ; nous le trouverons toujours, mais souvent repoussé dans un sens ou dans l'autre, comprimé, atrophié, et quelquefois aussi hypertrophié. Par la place qu'il occupe nous devinerons ses usages, lesquels doivent déterminer une forme primitive dont il ne s'éloigne jamais que dans certaines limites fixées d'avance.

Les déviations de formes possibles se déduisent, soit par le raisonnement, soit par l'expérience; elles devront être présentées dans un tableau synoptique, en procédant du simple au composé, de l'état rudimentaire à l'état parfait, *et vice versâ*, suivant que l'une ou l'autre méthode paraîtra plus claire.

Il est facile de voir combien la monographie complète d'un os suivi dans toute la classe des mammifères serait utile, combien elle faciliterait la construction du type idéal.

Cherchons maintenant s'il n'existe pas un point central autour duquel nous puissions réunir dans un

4

cercle commun les observations faites ou à faire, afin
de les embrasser d'un seul coup-d'œil.

VIII.

DE L'ORDRE QU'ON DOIT SUIVRE DANS L'ÉTUDE DU SQUELETTE,
ET DES OBSERVATIONS A FAIRE SUR CHAQUE PARTIE.

Avant d'aborder ce sujet, l'observateur doit avoir
sous les yeux un tableau général des remarques à faire
et de la méthode à suivre; en effet, dans la description dont nous allons donner le modèle, rien de ce
qui est commun à tous les animaux ne doit trouver
place; il y sera question seulement des caractères qui
les différencient. Dans la description générale des os
de la tête, par exemple, on a déjà dit quels étaient
ceux qui se trouvent rapprochés et quelle est la nature
de leurs connexions. Dans la description particulière,
on ne parlera de ces connexions que dans le cas où
elles se trouveraient changées.

Ainsi, l'observateur fera bien d'indiquer si tel os de
la tête présente ou non des sinus, et d'ajouter cette
circonstance dans la description générale. Nous en examinerons plusieurs dans le cours de nos études.

CAPUT.

OS INTERMAXILLARE.

Pars horizontalis seu palatina.
Pars lateralis seu facialis.
Margo anterior.

N. B. Il sera bon de donner un aperçu général sur
la configuration de cet os et de tous ceux qui sont sujets à varier de forme, avant d'entrer dans le détail de
leurs parties; l'intelligence de ces détails n'en sera que
plus facile.

Dentes :

    pointues;
    mousses;
    plates;
    plates et couronnées.

Canales incisivi.

Indiquer si l'intervalle qui sépare les deux moitiés symétriques de l'intermaxillaire est considérable.

MAXILLA SUPERIOR.

Pars palatina seu horizontalis.
Pars lateralis seu perpendicularis.
Margo seu pars alveolaris.
Dentes.

    Canines :

        proportionnellement grandes ou petites.
        pointues.
        mousses.
        recourbées.
        dirigées en haut ou en bas.

    Molaires :

        simples et pointues.
        couronnées et larges.
        avec des couronnes dont les feuillets internes ont la même direction que les externes.
        dont les feuillets sont formés de lames très contournées.
        dont les lames contournées sont très serrées.
        tricuspidées.
        plates.

Foramen infraorbitale.

    simple trou;

Canal plus ou moins long dont l'orifice externe
est visible à la face, et quelquefois double.

OS PALATINUM.

Pars horizontalis seu palatina.
Pars lateralis.
Pars posterior.
Processus hamatus.
Canalis palatinus.

Si l'on veut donner des mesures comparatives,
il faut mesurer chacun de ces os dont la réunion
forme la voûte palatine et comparer leur largeur,
leur longueur et leur hauteur relatives aux dimensions de l'ensemble.

OS ZYGOMATICUM.

Sa forme plus ou moins comprimée.
Ses rapports avec les os voisins ne sont pas toujours
les mêmes; il renferme quelquefois des sinus. — Indiquer leurs communications.

OS LACRYMALE.

Pars facialis.
Pars orbitalis.
Canalis.

OS NASI.

Longueur et largeur. — Noter s'il a la forme d'un
quadrilatère allongé ou une autre configuration;—Indiquer ses connexions qui ne sont pas toujours les mêmes.
La membrane qui ferme la grande fontanelle l'unit
au coronal.

OS FRONTIS.

Les deux tables de l'os seront décrites avec soin à
cause des sinus qui les séparent. La table externe, plane

ou convexe, forme la partie externe et supérieure du
front. La table interne se sépare de l'externe pour
s'unir à l'ethmoïde: de là l'existence des sinus frontaux.
On parlera des apophyses et des autres sinus qui communiquent avec les premiers.

Les cornes sont des prolongements des sinus, et tantôt droites, tantôt courbées. Il y a des cornes qui ne
sont pas creuses et ne reposent pas sur les sinus.

Le *processus zygomaticus* est osseux ou fibreux.

Faire voir comment le voisinage du globe oculaire
agit sur la forme du cerveau et comprime ou élargit
l'ethmoïde.

OS ETHMOIDEUM.

Comprimé;
développé.

Noter sa largeur proportionnelle comparée à celle
de la base du crâne.

Disposition des lamelles de l'ethmoïde.

VOMER.

CONCHÆ.

Simples, contournées, ou excessivement contournées.

OS SPHENOIDEUM ANTERIUS.

Corpus.

Les sinus sont remarquables comparés à ceux
de l'ethmoïde.

Alæ.

Observer si elles ne sont pas séparées comme
dans le fœtus humain.

OS SPHENOIDEUM POSTERIUS.

Corpus.
Alæ.
Sinuositates.

Comparaison des deux os et de leurs ailes; insister sur leur développement relatif.

OS TEMPORUM.

Forme de la partie écailleuse.

Processus zygomaticus plus ou moins long; — Courbure remarquable de cet os.

OS BREGMATIS.

Ses différentes formes; sa grandeur comparée à celle du coronal.

OS OCCIPITIS.

Basis.

Doit être comparée avec celle des deux sphénoïdes et de l'os ethmoïde.
Partes laterales.
Processus styloïdei.

Quelquefois droits, d'autres fois courbes.
Pars lambdoïdea.

BULLA.

Collum.

La *bulla sive marsupium* prend quelquefois la forme d'une apophyse mastoïde, mais ces parties ne doivent pas être confondues entre elles.

OS PETROSUM.

La partie externe est souvent spongieuse, quelquefois creusée par des sinus; elle s'intercale entre le temporal et l'occipital.

La portion interne renferme le nerf de l'ouïe, le limaçon, etc.; c'est un os dur et éburné.

Ossicula auris.

TRUNCUS.

VERTEBRÆ COLLI.

Il faut noter leur longueur, leur largeur et leur hauteur.

Atlas.

Il est surtout développé en largeur; ce qui indique son affinité avec les os du crâne.

Axis seu epistropheus.

. La forme de ses parties latérales et de ses apophyses épineuses est très remarquable.

Vertebra tertia,

S'éloigne de cette forme.

Vertebra quinta,

S'en éloigne encore davantage.

Vertebra sexta.

Elle porte les apophyses transverses dont l'apparition n'était qu'indiquée dans les vertèbres précédentes.

Vertebra septima.

Elle est munie d'un appendice latéral et présente des facettes articulaires pour recevoir la première côte.

VERTEBRÆ DORSI.

Leur nombre.

Je ne suis pas encore bien fixé sur ce qu'il faut surtout observer en elles et en quoi elles diffèrent.

Indiquer la longueur et la direction des apophyses épineuses.

VERTEBRÆ LUMBORUM.

Leur nombre.

ANATOMIE

Indiquer la forme et la direction des apophyses épineuses et transverses.

Insister avec détail sur la modification normale qu'elles éprouvent.

*N.*ªB. Nous conserverons l'ancienne division qui appelle *vertebræ dorsi* celles qui portent des côtes, *vertebræ lumborum* celles qui en sont dépourvues. Mais dans les animaux il existe une autre division. Le dos offre un point médian à partir duquel les apophyses épineuses s'inclinent en arrière, les apophyses transverses en avant. Ce point correspond ordinairement à la troisième fausse côte.

Il faut donc compter les vertèbres jusqu'à ce point médian, et de là jusqu'au coccyx, et noter toutes les circonstances remarquables.

VERTEBRÆ PELVIS.

Observer leur soudure, qui est plus ou moins complète.

Les compter.

VERTEBRÆ CAUDÆ.

Leur nombre.

Leur forme.

Elles ont souvent des apophyses latérales aliformes qui vont en diminuant jusqu'au point où la vertèbre prend la forme d'une phalange.

COSTÆ.

Veræ.

Leur nombre.

Leur longueur et leur force.

Leur courbure qui est plus ou moins prononcée.

Il faut mesurer l'angle qu'elles forment à leur courbure supérieure ; en effet, leur col va toujours en se raccourcissant, tandis que la tubérosité devient plus grosse et se rapproche de la forme d'une petite tête articulaire.

Spuriæ.

Mêmes observations.

STERNUM.

Vertebræ sterni.

Leur nombre.
Elles ont une forme analogue à celle des phalanges.
Leur aplatissement.

La forme du *sternum* en général, s'il est court ou allongé, si les vertèbres sont toutes semblables, ou si elles vont en se modifiant d'avant en arrière.

Indiquer si elles sont compactes ou poreuses.

ADMINICULA.

ANTERIORA.

Maxilla inferior.

On prendra une idée de sa structure en l'examinant chez les poissons et les reptiles, et l'on remarquera les sutures harmoniques et autres qu'elle présente chez les animaux. Dans les mammifères, elle se compose toujours de deux parties, qui sont le plus souvent soudées au milieu.

C'est un sujet à méditer que de savoir jusqu'à quel point il est nécessaire de s'écarter des divisions et de la terminologie usitées pour l'homme.

Dentes.

Elles manquent ou existent.
Incisives.
Canine; sa grandeur.
Molaires.

Voyez ce qui a été dit à propos de la mâchoire supérieure.

MEDIA.

Scapula.

Conserver les divisions établies pour l'omoplate humain.

Forme.

Rapport de la longueur à la largeur.

Clavicula.

Noter si elle existe ou si elle manque.

Ses rapports de grandeur.

Humerus.

Observer dans cet os et dans tous les os longs si les épiphyses sont soudées, et dans l'humérus, en particulier, s'il présente une tendance à s'allonger.

Longueur.

Raccourcissement et autres circonstances notables.

Cubitus.

L'extrémité supérieure est la plus grosse, l'inférieure la plus grêle. Remarquer jusqu'à quel point il égale le *radius* en force et en grosseur, ou s'il s'accole et se soude avec lui à la manière dont le péroné s'unit au *tibia*.

Radius.

Son extrémité inférieure est plus grosse que la supérieure; il domine le cubitus et lui sert d'appui. En même temps la supination se perd et l'animal reste dans une pronation constante.

Carpus.

Le nombre des os qui le composent et leur mode d'union. Distinguer, si cela est possible, quels sont les os qui restent et ceux qui disparaissent. Les os qui sont en rapport avec le radius et le cubitus sont probablement constants, tandis que ceux qui s'articulent avec le métacarpe ne le sont pas.

Ossa metacarpi.

Nombre.

Longueur relative.

Digiti.

Nombre des phalanges ; il en existe probablement trois. Chercher à les suivre dans les animaux à sabot et à pied fourchu.

Ungues ; ungulæ.

POSTICA.

Se réunissent au tronc par les os suivants :

Os ilium,
Os ischii,
Os pubis.

Leur forme.

Leur longueur et leur largeur proportionnelles.

Ces parties peuvent être décrites en prenant, jusqu'à un certain point, le squelette humain pour point de départ. Il faut voir si les symphyses sont cartilagineuses ou ossifiées.

Femur.

Cet os est tantôt droit, tantôt courbé, tantôt tordu sur lui-même. — Noter si ses épiphyses sont soudées ou non. — Chez quelques animaux il existe un troisième trochanter.—Du reste le fémur humain pourra servir de modèle à la description de cet os dans les animaux.

Patella (rotule).

Tibia.

Il est rarement de la même grosseur que le péroné.

Dans les animaux qui rament, le tibia est très épaissi et l'emporte de beaucoup en volume sur le péroné.

Parler des épiphyses.

Fibula.

Le péroné est dirigé de dehors en dedans; il s'atrophie dans la plupart des animaux et finit par se confondre tout-à-fait avec le tibia.

Observer ses dégradations successives, et dire, par exemple, s'il est appliqué exactement contre le tibia ou s'il existe entre eux une échancrure ou un espace arrondi.

Tarsus.

Compter ses os, et noter, comme pour le carpe, ceux qui existent et ceux qui manquent. On retrouvera probablement toujours le *calcaneum* et l'astragale qui sont unis au tibia et au péroné.

Metatarsus.

Nombre des os; leur longueur.

Digiti.

Nombre.

Remarquer surtout quel est le doigt qui manque, et voir si l'on ne pourrait pas arriver à une loi générale. C'est probablement le pouce qui disparaît le premier. Je pense aussi que l'annulaire et le médius doivent souvent avorter. Indiquer le rapport du nombre des doigts à celui des orteils.

Phalangæ.

Vraisemblablement il en existe toujours trois.

Ungues ; Ungulæ.

Le caractère principal et saillant d'un os quelconque, dans toute la série animale, étant le résultat de l'observation directe, il est préférable de commencer par décrire ce que l'on a sous les yeux. En rapprochant ces descriptions, on trouve d'abord le caractère commun; puis, si le travail embrasse un grand nombre d'animaux, on en déduira facilement le caractère général.

LEÇONS

SUR

LES TROIS PREMIERS CHAPITRES

DE

L'INTRODUCTION A L'ÉTUDE DE L'ANATOMIE COMPARÉE,

BASÉE SUR L'OSTÉOLOGIE.

(1796.)

I.

DES AVANTAGES DE L'ANATOMIE COMPARÉE ET DES OBSTACLES QUI S'OPPOSENT A SES PROGRÈS.

La considération des formes extérieures, dans les êtres organisés, a fait faire des progrès immenses à l'histoire naturelle ; son cercle s'est agrandi en même temps que les classifications sont devenues plus parfaites ; tout homme doué d'une certaine force d'attention peut prendre maintenant une idée de l'ensemble et saisir les détails.

Cet heureux résultat n'eût point été atteint si les naturalistes ne s'étaient efforcés de disposer, sous une forme synoptique, les caractères des classes, des ordres, des genres et des espèces organisées.

Linnée a fondé et coordonné une terminologie botanique que les travaux et les découvertes postérieures ont perfectionnée sans la changer. Les deux Forster ont donné les caractères des oiseaux, des poissons et des insectes, de manière à rendre les descriptions exactes et comparables.

Mais l'on ne saurait s'occuper des caractères extérieurs sans éprouver bientôt le besoin de pénétrer,
par l'anatomie, dans la structure interne des corps organisés. C'est un mérite, sans doute, de reconnaître et
de classer un minéral au premier coup d'œil, mais ce
n'est que par la chimie qu'on peut acquérir une connaissance approfondie de sa nature.

Ces deux sciences, l'anatomie et la chimie, ont, pour
celui qui ne les connaît pas, un aspect plutôt repoussant
que séducteur ; l'une se présente à nous avec son charbon, ses fourneaux, ses analyses et ses mélanges;
l'autre avec ses scalpels, ses débris hideux et putréfiés.
Mais c'est méconnaître l'esprit de ces deux sciences que
de s'en tenir à ces premières impressions. Toutes deux
exercent nos facultés de la manière la plus variée. La
chimie, après avoir séparé les éléments d'une substance,
peut les réunir et créer ainsi, par la synthèse, de nouveaux corps, comme on le voit dans la fermentation.
L'anatomie ne sait que disséquer, mais elle fournit à
l'intelligence de nombreuses occasions de comparer la
vie à la mort, les organes isolés aux organes réunis, ce
qui n'est plus à ce qui n'est pas encore; elle nous laisse,
plus que toute autre étude, plonger un regard scruta-
teur dans la profondeur de la nature.

Les médecins sentirent de bonne heure combien il
était nécessaire de disséquer le corps humain pour apprendre à le mieux connaître. L'anatomie des animaux
marcha parallèlement avec celle de l'homme, quoique
d'un pas moins égal. On recueillit des observations isolées, on compara certaines parties des animaux entre
elles ; mais on est encore réduit, et on le sera peut-être
long-temps, à désirer la création d'un ensemble systématique (*).

(*) Welsch. Somnium Vindiciani sive desiderata medicinæ. Vind. 1676.

Ce qui nous engage à aller au-devant de ces vœux, de ces espérances des naturalistes, c'est que nous voyons à chaque pas la science s'enrichir de résultats satisfaisants, parce que nous ne perdons jamais de vue l'ensemble du règne organique.

Qui ne sait qu'une foule de découvertes en anatomie humaine sont dues à la zootomie? L'existence des vaisseaux chylifères et lymphatiques, la circulation du sang, ont été d'abord observées sur des animaux, et seraient peut-être restées inconnues sans cela.

Que de faits nouveaux attendent les observateurs qui marcheront dans cette voie!

L'animal sert de jalon, parce que la simplicité d'une structure limitée rend les caractères plus apparents, parce que ses parties isolées sont plus grandes et mieux caractérisées.

Vouloir comprendre la structure de l'homme sans avoir recours à l'anatomie comparée, est un plan inexécutable, parce que ses organes ont souvent des rapports, des connexions qui n'existent que chez lui, et qu'ils sont en outre tellement serrés les uns contre les autres, que des parties très visibles chez les animaux ne le sont pas chez l'homme : de plus, chez eux, les organes sont simples; chez nous, ils sont tous compliqués et subdivisés; aussi pourrait-on affirmer que des observations et des découvertes isolées ne seront jamais concluantes.

L'influence réciproque des appareils les uns sur les autres doit toujours être présente à l'esprit si l'on veut que la physiologie générale fasse des progrès rapides; il faut bien se persuader que dans un corps organisé chaque organe est influencé par tous les autres, et réagit sur eux. En ayant sans cesse cette vérité devant les yeux, on comblera peu à peu les lacunes que présente la science.

Arriver à la connaissance des êtres organisés en général, et de ceux qui sont les plus parfaits de tous, les mammifères en particulier; découvrir les lois universelles qui gouvernent les organismes inférieurs ; se pénétrer de cette vérité que la structure de l'homme est telle qu'il réunit en lui une foule de qualités et d'organismes variés, ce qui en fait un petit monde au physique comme au moral, et le pose comme le représentant des autres espèces animales; tel est le but qu'on doit se proposer et qui ne saurait être atteint en procédant comme on l'a fait jusqu'ici de haut en bas, pour retrouver l'homme dans les animaux, mais qui ne pourra l'être qu'en commençant par en bas, pour s'élever ensuite et retrouver dans l'organisation compliquée de l'homme celle du plus simple des animaux.

On a fait des travaux innombrables dans ce sens; mais ils sont isolés, et une foule d'inductions erronées nous cachent la vérité. Tous les jours, du vrai et du faux viennent s'ajouter à ce chaos, et la vie ni les efforts d'un seul homme ne sauraient suffire au triage et à l'arrangement de tous ces éléments. Il faut donc suivre en anatomie la méthode que les naturalistes ont adoptée pour l'étude des caractères extérieurs, afin d'avoir à classer les faits particuliers, pour en former un tout, suivant des lois créées par l'intelligence.

Notre travail sera facile si nous examinons quels sont les obstacles qui ont empêché jusqu'ici les progrès de l'anatomie comparée.

La détermination des caractères extérieurs des êtres organiques répandus à la surface du globe est déjà une tâche immense, hérissée de difficultés ; aussi ne doit-on pas s'étonner si, effrayés de cette étude pénible succombant sous le poids des faits qui appelaient leur attention de tous les côtés, les observateurs n'ont senti le besoin de pénétrer dans la structure intérieure des animaux qu'après les avoir groupés d'après leurs si-

gnes extérieurs. Les observations isolées s'accumulèrent ; quelques unes étaient le résultat de recherches
suivies ; d'autres le produit du hasard ; mais plus d'une
erreur s'était glissée au milieu d'elles parce qu'elles
n'étaient ni coordonnées entre elles, ni généralisées.
D'autres étaient tout-à-fait incomplètes, et une termi-
nologievicieuse imposait des noms différents à des organes analogues ; les vétérinaires, les chasseurs et les
bouchers ont jeté une confusion fatale dans la no-
menclature des parties extérieures des animaux, confusion dont la fâcheuse influence se fait encore sentir
aujourd'hui que la science est assise sur des bases plus
solides. On verra plus bas combien le manque d'un
point central autour duquel on puisse grouper toutes
les observations isolées a été préjudiciable à son avancement.

Le philosophe remarquera aussi que les observateurs s'étaient rarement élevés à un point de vue d'où
il leur fût possible de prendre des idées d'ensemble
sur ces êtres dont les rapports sont si multipliés.

Dans cette science, comme dans les autres, on
partait de principes dont la vérité n'était pas suffisamment établie. Les uns s'en tenaient platement aux
faits matériels sans les féconder par la réflexion : les
autres cherchaient à sortir d'embarras au moyen des
causes finales ; et, tandis que les premiers ne s'élevaient
jamais à l'idée d'un ensemble vivant, les autres s'éloignaient sans cesse du but qu'ils croyaient atteindre.

Les idées religieuses étaient un obstacle du même
genre et de la même force. On voulait faire servir les
phénomènes de la nature organique à la plus grande
gloire de Dieu ; et au lieu de s'attacher au témoignage
des sens, on se perdait en vaines spéculations sur
l'âme des animaux et d'autres sujets aussi inutiles.

La vie est si courte, et l'anatomie seule du corps

humain exige un travail si immense, que la mémoire
suffit à peine pour retenir tout ce qui est connu ; si
l'on veut en outre rester au courant des nouvelles
découvertes et en faire soi-même, il faut, comme on
le voit, consacrer à cette seule étude sa vie tout
entière.

II.

DE LA NÉCESSITÉ DE CONSTRUIRE UN TYPE POUR FACILITER L'ÉTUDE DE L'ANATOMIE COMPARÉE.

L'analogie des animaux, surtout celle des animaux
supérieurs, est évidente à tous les yeux et reconnue
tacitement par tout le monde. Aussi, depuis long-temps,
guidé par le simple coup d'œil, avait-on réuni tous les
quadrupèdes dans une seule classe.

La ressemblance du singe avec l'homme, l'habileté
avec laquelle certains animaux se servent naturellement,
ou apprennent, par un exercice préalable, à se servir
de leurs membres, avaient mis sur la voie de l'analogie
qui existe entre les animaux plus parfaits et ceux qui
le sont moins. De tout temps les anatomistes et les naturalistes les avaient comparés entre eux. Les métamorphoses des hommes en oiseaux et en bêtes, créées
d'abord par l'imagination des poëtes, furent déduites
logiquement par d'ingénieux naturalistes de la considération de parties animales. Camper fit ressortir avec
éclat l'analogie des formes, et la poursuivit jusque dans
la classe des poissons.

Nous pouvons donc soutenir hardiment que les êtres
organisés, les plus parfaits, savoir : les poissons, les
reptiles, les oiseaux et les mammifères, y compris
l'homme, qui est à leur tête, sont tous modelés sur un
type primitif, dont les parties toujours les mêmes, et
variant dans des limites déterminées, se développent

ou se transforment encore tous les jours par la génération.

Imbu de cette idée, Camper, un morceau de craie à
la main, métamorphosait, sur une ardoise, le chien en
cheval, le cheval en homme, la vache en oiseau. Il insistait sur cette idée, que dans l'encéphale d'un poisson
il faut tâcher de retrouver le cerveau humain. Ces comparaisons ingénieuses et hardies tendaient à développer, chez les hommes d'étude, les sens intérieurs ou
intellectuels, qui trop souvent se laissent emprisonner
dans le cercle des apparences extérieures.

Peu à peu on en vint à ne plus considérer isolément
une partie quelconque d'un être organisé, et on s'habi-
tua, sinon à y reconnaître, du moins à y chercher l'i-
mage de la partie analogue d'un organisme voisin; on
conçut l'espoir que des observations de ce genre, com-
plétées avec une persévérance nouvelle, pourraient
amener à l'édification d'un ensemble satisfaisant.

Quoique tous les savants semblassent être d'accord
sur les principes et tendre vers un même but, ils tom-
baient néanmoins dans une confusion inévitable lorsqu'il s'agissait des détails. Quelque semblables que
soient les animaux, ils diffèrent cependant entre eux
par la configuration de leurs parties. Il arrivait souvent qu'on prenait un organe pour un autre, on le cherchait là où il n'était pas, et on niait son existence, parce
qu'il ne s'y rencontrait pas. Quand nous descendrons
aux détails, nous rapporterons plusieurs exemples qui
pourront donner une idée de la confusion qui existait
alors et qui existe encore aujourd'hui.

Cette confusion vient de la méthode qu'on employait
alors exclusivement, parce que l'expérience n'en avait
pas fait connaître de meilleure. On comparait un animal isolé à un autre, ce qui n'apprenait rien sur l'ensemble. Car supposez qu'on établit le parallèle du lion

avec le loup, il aurait fallu mettre ensuite chacun de
ces animaux en regard avec l'éléphant, et qui ne voit
qu'on eût été forcé, de cette manière, de comparer
chaque animal à tous les autres, et tous les autres à chacun ? Travail impossible, infini, qui, si par miracle il
s'accomplissait un jour, serait sans résultat comme sans
limites.

Mais puisque nous avons reconnu que la nature,
dans la création des organismes parfaits, a travaillé d'a-
près un dessin primitif, il doit être possible de figurer
ce type, sinon aux yeux du corps, du moins à ceux de
l'esprit; de le prendre pour modèle dans nos descriptions, et de lui rapporter toutes les formes animales
dont il serait lui-même le résumé.

Si l'on se fait une idée juste de ce type, on comprendra qu'aucune des espèces animales ne peut servir de
type. La partie ne saurait servir de modèle au tout, et
ce n'est pas là qu'il faut en chercher un. Les classes, les
genres, les espèces et les individus se comportent, vis-
à-vis du type, comme les cas particuliers vis-à-vis de la
loi générale; ils y sont contenus, mais ne la contiennent, ni ne l'engendrent.

L'homme, le plus parfait des êtres organisés, est, à
cause de sa perfection même, moins propre à servir de
type que tout autre animal. On ne saurait suivre, en
décrivant les autres animaux, ni l'ordre, ni la méthode
que l'on met en usage quand il s'agit de l'homme. Toutes
les remarques d'anatomie comparée que l'on a faites, à
propos de la structure humaine, peuvent être utiles
et bonnes en elles-mêmes; mais dès qu'on veut les appliquer, on les trouve incomplètes, et plutôt faites
pour embrouiller le sujet que pour l'éclaircir.

Le bon sens nous indique comment nous pouvons
trouver notre type; par l'observation, nous apprendrons à connaître quelles sont les parties communes à

tous les animaux et les différences qu'elles présentent;
puis nous les coordonnerons et nous en déduirons une
image abstraite et générale.

Nos résultats ne sont pas hypothétiques, leur nature
même nous en est un sûr garant. Car, en recherchant
les lois suivant lesquelles sont formés des êtres distincts
vivant et agissant par eux-mêmes, nous ne nous perdrons pas dans l'infini, mais nous nous instruirons sur
ce qui nous concerne. L'idée seule d'un être vivant,
existant par lui-même, séparé des autres et doué d'une
certaine spontanéité, emporte avec elle l'idée d'une
variété infinie dans une unité absolue. Nous sommes
donc assurés d'avance de l'unité, de la variété, et de la
concordance harmonique des parties de l'objet. Il s'agit
maintenant de le concevoir d'une manière simple, mais
large; indépendante, mais sage; rapide, mais réfléchie :
de le saisir et de le manier avec force et prudence, en
y appliquant cette force intellectuelle complexe, à laquelle on a donné le nom de génie. C'est avec les forces
équivoques dont elle dispose que nous devons lutter
contre le génie toujours puissant et réel de la nature
créatrice. Si plusieurs hommes pouvaient se réunir et
attaquer simultanément cet immense sujet, on verrait
un résultat dont le genre humain tout entier aurait le
droit de s'enorgueillir.

Nos travaux, quoique purement anatomiques, doivent cependant avoir toujours, afin d'être fructueux,
une tendance physiologique. Il faut non seulement
avoir égard au rapprochement des organes, mais encore
à leur influence, leur dépendance et leurs actions vitales réciproques. Car, dans l'état de santé, les parties
vivantes sont dans un état d'échange perpétuel; leur
conservation dépend de l'action mutuelle des organes
l'un sur l'autre; leur formation, leurs usages, voire même
leurs anomalies, sont produites et déterminées par une

influence réciproque, qu'une étude attentive peut seule nous révéler entièrement.

Dans un travail préparatoire à la construction du type, il faudra apprendre à connaître, avant tout, les différents modes de comparaison employés jusqu'ici, afin de les apprécier et de les appliquer à propos ; quant aux comparaisons déjà établies, on sera très sobre dans leur emploi, à cause des nombreuses erreurs qui les défigurent, et ce sera seulement après avoir construit le type qu'on devra les mettre en usage.

Celles que l'on peut employer avec plus ou moins de bonheur, sont les comparaisons d'animaux entre eux, qu'on trouvera dans les écrits de Buffon, Daubenton, Duverney, Unzer, Camper, Sœmmering, Blumenbach, Schneider, ainsi que celles qu'on avait établies entre les animaux et l'homme. Sans le considérer dans son ensemble et sous un point de vue déterminé, on avait cependant comparé fortuitement pour ainsi dire quelques unes de ses parties à celles des animaux. On avait étudié les races humaines avec un soin minutieux, et cette étude a jeté un jour tout nouveau sur l'histoire naturelle de l'homme.

La comparaison des deux sexes entre eux est indispensable pour nous faire pénétrer le mystère de la génération, le plus important de tous les actes physiologiques. Le parallèle des organes génitaux nous prouve, par l'intuition, une grande vérité, c'est que la nature peut tellement modifier et changer des parties identiques, que non seulement leur forme et leur destination paraissent différentes, mais encore qu'elles se trouvent, jusqu'à un certain point, dans un état d'antagonisme l'une vis-à-vis de l'autre. On a aussi facilité singulièrement l'étude de l'anatomie humaine lorsqu'on a comparé des parties entre elles, comme, par exemple, les extrémités supérieures avec les extrémités inférieures.

De plus petites parties, telles que des vertèbres, mises en regard les unes des autres, font voir de la manière la plus frappante que les formes les plus différentes en apparence sont reliées les unes aux autres par des dégradations successives.

Tous ces modes de comparaison nous guideront dans notre travail; nous en ferons usage, même après avoir établi le type, qui aura l'avantage de nous servir à généraliser nos observations.

III.

Pour nous faciliter l'intelligence des êtres organisés, jetons un coup d'œil sur les minéraux. Toujours homogènes dans leurs principes constituants, ils semblent pouvoir se combiner de mille manières, suivant des lois déterminées. Leurs éléments se séparent facilement pour former des combinaisons nouvelles : celles-ci peuvent être détruites à leur tour, et le corps qui semblait anéanti, se recomposer de nouveau. Les principes élémentaires se séparent et se réunissent donc, non pas arbitrairement, mais seulement d'une manière très variée. Aussi les éléments constituants des substances inorganiques sont-ils, nonobstant l'affinité qui les unit, dans un état d'indifférence réciproque; car une affinité plus forte, ou bien agissant à une plus petite ou à la plus petite distance, les enlève à leurs combinaisons pour former un corps nouveau dont les éléments sont invariables, il est vrai, mais semblent toujours prêts à se recomposer ou à entrer, suivant les circonstances, dans des combinaisons nouvelles.

Les formes des minéraux varient suivant leur composition chimique, mais c'est précisément cette influence du fond sur la forme qui prouve que cette combinaison est imparfaite et temporaire.

Ainsi, certains minéraux ne doivent leur existence qu'à la présence de principes étrangers, dont la disparition entraîne leur dissolution. De beaux cristaux, bien transparents, se réduisent en poussière s'ils perdent leur eau de cristallisation; et pour citer un exemple plus éloigné, la limaille de fer, qui simule des poils et une barbe autour de l'aimant qui l'attire, se résout de nouveau en petits fragments, dès que l'action de la force attractive vient à cesser.

Le caractère distinctif des minéraux sur lequel nous insistons dans ce moment, c'est l'indifférence de leurs principes constituants, quant à leur réunion, leur coordination et leur subordination. Ils ont cependant, suivant leur destination, des affinités plus ou moins fortes, dont la manifestation ressemble à une sorte de penchant; aussi les chimistes semblent-ils leur accorder une puissance d'élection dans leurs combinaisons; et cependant ce ne sont, le plus souvent, que des circonstances extérieures qui, en les poussant ou les entraînant, çà et là, déterminent la formation des corps minéraux. Loin de nous, toutefois, de nier la part qu'ils ont au souffle vivificateur général qui anime toute la nature.

Combien les êtres organisés, même les plus imparfaits, sont différents! Une partie de la nourriture qu'ils ont prise est élaborée et assimilée à la substance des différents organes, l'autre est rejetée. Ils croissent, en un mot, par intussusception. Ils communiquent donc à cet aliment des propriétés éminentes et toutes spéciales; car, en même temps que les combinaisons les plus intimes ont lieu, ils lui prêtent la *forme*, cet indice d'une vie complexe qui, une fois anéantie, ne saurait être reconstruite avec des débris.

Comparez les organismes inférieurs aux organismes

plus parfaits, vous verrez que les premiers, tout en élaborant complètement les corps élémentaires pour se les approprier, ne sauraient élever les organes qui en résultent à ce haut degré de perfection et d'invariabilité que l'on observe dans les animaux supérieurs. Ainsi, en descendant encore plus bas dans l'échelle des êtres, nous trouvons les plantes qui suivent en se développant une gradation déterminée, et nous présentent les mêmes organes sous les formes les plus diverses.

La connaissance exacte des lois suivant lesquelles cette métamorphose s'opère avancera non seulement la botanique descriptive, mais encore la connaissance de la nature intime des végétaux.

Remarquons seulement que les feuilles et les fleurs, les étamines et le pistil, les enveloppes florales et tous les autres appendices sont des organes identiques modifiés au point de devenir méconnaissables par une série d'opérations végétatives.

La feuille composée et la stipule sont le même organe développé ou ramené à son plus grand état de simplicité. Suivant les circonstances, on verra paraître un bourgeon florifère ou une branche stérile; le calice, s'il fait un pas de trop, sera une corolle, et celle-ci en restant en arrière se rapproche du calice. Les transformations les plus variées deviennent possibles de cette manière, et la connaissance de ces lois rend les recherches et plus faciles et plus fécondes. On a senti depuis long-temps la nécessité d'étudier les transformations d'ailleurs si frappantes des insectes, et on s'est convaincu que l'économie tout entière de cette classe reposait sur l'idée de la métamorphose. Ce serait un parallèle bien intéressant à établir que celui de la métamorphose des insectes comparée à celle des plantes. Qu'il nous suffise de l'indiquer ainsi d'une manière succincte.

Le végétal n'est un individu (*) qu'au moment où il se sépare de la plante-mère sous forme de graine. Dès que la germination commence, c'est un être multiple dans lequel non seulement des parties identiques se reproduisent toujours les mêmes, mais où elles se modifient successivement au point que nous croyons avoir sous les yeux un tout unique composé de parties très différentes.

Mais l'observation et même la simple intuition prouvent que cet ensemble se compose de parties indépendantes les unes des autres ; car des plantes divisées en fragments et confiées à la terre repoussent sous la forme de nouveaux ensembles.

Pour l'insecte, c'est tout autre chose ; l'œuf qui se sépare de la mère a tous les caractères de l'individualité ; la chenille qui en sort, tous ceux d'une unité distincte. Non seulement ses anneaux sont liés entre eux, mais encore ils sont rangés suivant un ordre déterminé, et subordonnés les uns aux autres ; ils paraissent sinon animés d'une volonté unique, du moins entraînés par le même appétit. On distingue une tête et une queue, une face antérieure et une face postérieure, les organes occupent une place fixe, et l'un ne peut pas se substituer à l'autre.

La chenille est néanmoins un être imparfait, inapte à la plus importante de toutes les fonctions, la reproduction ; ce n'est que par une transformation qu'elle peut s'élever jusqu'à elle.

Dans la plante on observe des états successifs coexistants dans le même être ; lorsque la fleur se développe, la tige et la racine existent encore ; la fécondation s'accomplit tandis que les organes préexistants et préparateurs sont encore pleins de vie et de force. Ce n'est

(*) *In* non, *divisus* divisé.

qu'au moment où la graine fécondée atteint sa maturité, que toute la plante se fane.

Dans l'insecte c'est tout autre chose. Il abandonne l'une après l'autre les diverses enveloppes qu'il dépose, et de la dernière s'échappe un être évidemment nouveau. Chacun des états successifs est séparé de l'autre, un pas en arrière est impossible. Le papillon sort de la chrysalide et la quitte, la fleur se développe de la tige et sur la tige. Comparez la chenille au papillon, elle se compose, comme tous les vers articulés, de parties analogues, la tête et la queue sont seules différentes, les pattes antérieures s'éloignent bien peu des appendices postérieurs, et le corps est divisé en un certain nombre d'anneaux semblables. Pendant son accroissement, la chenille change plusieurs fois de peau; chaque enveloppe nouvelle semble destinée à se déchirer et à tomber dès que son élasticité ne se prête plus à l'accroissement du corps de l'animal. La chenille devient de plus en plus grande sans changer de forme, enfin elle arrive à une limite qu'elle ne saurait dépasser. Un changement important s'opère alors en elle; elle cherche à se débarrasser du cocon qui faisait partie de son économie, et à se délivrer ainsi de tout ce qui est inutile ou nuisible à la transformation de ses élements grossiers en organes plus subtils et plus parfaits.

Le corps, en se vidant ainsi, diminue de longueur sans s'élargir proportionnellement; et lorsque le dernier voile tombe, il en sort, non plus un animal semblable au précédent, mais un être tout différent.

Pour compléter l'histoire de la métamorphose des insectes, nous devons indiquer avec plus de détails les caractères distinctifs de ces deux états. Prenons toujours pour exemple la chenille et le papillon; le corps de celui-ci ne se compose plus de parties semblables; les anneaux se sont groupés pour former des systèmes d'organes;

quelques uns ont disparu complètement; d'autres sont
encore visibles. Il existe trois sections : la tête et ses
appendices, le thorax qui porte les membres, et l'abdomen avec les organes qu'il contient. Loin de nous de
vouloir nier l'individualité de la chenille; cependant elle
nous paraissait imparfaite par cela même que ses parties
étaient dans un état d'indifférence relative; l'une avait
autant de valeur et de puissance que l'autre, et il en
résultait que les fonctions de nutrition, de sécrétion secondaire pouvaient seules s'accomplir; tandis que toutes
les sécrétions de sucs élaborés, qui produisent un nouvel
individu, étaient tout-à-fait impossibles. Mais lorsque,
par suite d'un travail intérieur, lent et successif, les
organes susceptibles de métamorphose se sont élevés
au plus haut degré de perfection ; lorsque, sous l'influence d'une température élevée, le corps s'est dé-
chargé et vidé des sucs qui l'engorgeaient, alors les
parties deviennent d'abord distinctes, puis se séparent,
et revêtent, malgré leur secrète analogie, des caractères arrêtés et tranchants; ils se groupent en systèmes
et concourent ensemble à l'accomplissement des fonctions aussi variées qu'énergiques dont l'ensemble constitue la vie.

Quoique le papillon soit un être bien imparfait et
bien transitoire comparé aux mammifères, il montre
cependant par les métamorphoses qui se passent sous
nos yeux la supériorité d'un animal parfait sur une
créature ébauchée. Les parties sont distinctes, aucune
ne saurait être confondue avec l'autre, chacune a ses
fonctions déterminées auxquelles elle est intimement
unie. Rappelons-nous encore ces expériences qui prouvent que chez certains animaux (*) des membres peuvent se reproduire après avoir été coupés. Ceci n'a

(*) Les écrevisses, les salamandres.

lieu toutefois que chez des êtres dont les membres sont
assez semblables pour que l'un puisse remplir les fonctions de l'autre et se substituer à lui; ou dans ceux,
comme les amphibies, dont l'organisation est plus
molle, moins arrêtée et plus modifiable par l'élément
dans lequel ils vivent.

Les différences tranchées qui distinguent les membres indiquent la place élevée que les animaux les plus
parfaits, et l'homme en particulier, occupent dans l'é-
chelle. Dans ces organisations régulières, toutes les
parties ont une forme, une place, un nombre déterminé;
et quelles que soient les anomalies produites par l'activité créatrice des forces vitales, l'équilibre général
n'est jamais rompu.

Il n'eût point été nécessaire de nous élever péniblement à ce point de vue par la considération des métamorphoses dans les plantes et dans les insectes, si
nous n'avions espéré y trouver quelque éclaircissement
sur la forme des animaux parfaits.

Après avoir reconnu que l'idée d'une transformation
successive ou simultanée des parties identiques est
la base de toute étude sur les plantes ou sur les insectes, nos recherches sur les animaux seront singulièrement facilitées si nous admettons que tous leurs organes subissent une métamorphose simultanée déjà
préparée au moment de la conception. Il est évident,
en effet, que toutes les vertèbres sont des organes identiques, et cependant qui comparerait immédiatement
la première cervicale avec une vertèbre caudale ne
trouverait pas trace de formes analogues. Voilà donc des
parties identiques dont l'affinité est irrécusable, et qui
sont pourtant très différentes; aussi est-ce en examinant leurs connexions organiques, leurs points de contact et leur influence réciproque que nous sommes
arrivés à un résultat satisfaisant.

C'est parce qu'il est composé de parties identiques,
qui se modifient insensiblement, que l'ensemble organique présente cette harmonie parfaite que nous y admirons. Homogènes au fond, elles semblent non seulement hétérogènes mais encore antagonistes, tant leurs
formes, leur destination, leurs fonctions sont différentes. C'est ainsi que par la modification d'organes
semblables, la nature peut créer les systèmes les plus
variés qui tantôt restent distincts, tantôt se confondent
et se réunissent.

La métamorphose procède dans les animaux plus
parfaits de deux manières : tantôt, comme dans les vertèbres, elle agit d'après un thème donné et fait passer
un organe identique par une suite de dégradations successives. Dans ce cas, on peut facilement trouver le
type. Tantôt les parties isolées du type se modifient en
passant par toute la série animale sans perdre jamais
leur signe caractéristique. La colonne vertébrale, prise
dans son ensemble, est un exemple du premier mode.
La première et la seconde vertèbres sont une preuve de
la réalité du second. En effet, malgré les modifications
incroyables qu'elles subissent dans chaque animal, un
observateur attentif et consciencieux les suivra dans
toutes leurs transformations.

Concluons que l'universalité, la constance, le développement limité de la métamorphose simultanée, permettent l'établissement d'un type ; mais la versatilité
ou plutôt l'élasticité de ce type dans lequel la nature
peut se jouer à son aise, sous la condition de conserver à
chaque partie son caractère propre, explique l'existence de tous les genres et de toutes les espèces d'animaux que nous connaissons.

DE L'EXISTENCE

D'UN

OS INTERMAXILLAIRE

A LA MACHOIRE SUPÉRIEURE

DE L'HOMME

COMME A CELLE DES ANIMAUX.

(1786.)

Quelques essais de dessins ostéologiques ont été réunis ici dans le but de faire connaître aux amateurs éclairés d'anatomie comparée une petite découverte que je crois avoir faite.

Sur les crânes des animaux, il est évident que la mâchoire supérieure se compose de plus de deux os ; sa partie antérieure est réunie à la postérieure par des sutures harmoniques très visibles ; et, est formee elle-même de deux os distincts.

On a donné le nom d'os intermaxillaire à cette partie antérieure de la mâchoire supérieure. Les anciens connaissaient déjà cet os (*), et tout récemment il a acquis une grande importance, parce qu'on a voulu en faire le caractère distinctif entre le singe et l'homme; on convenait de son existence dans les quadrumanes, tandis qu'on la niait dans l'espèce humaine (**).

Si dans les faits matériels l'intuition n'emportait pas l'évidence avec elle, je pourrais craindre de m'avancer en disant que cet os se rencontre aussi chez l'homme.

Je serai aussi bref que possible, car l'inspection com-

(*) Galenus, *Liber de ossibus*, cap. III.
(**) Camper, opuscules publiés par Herbell, 1er vol., 2e Mém., p. 93 et 94. Blumenbach, *De Varietate generis humani nativâ*, p. 33.

parative de plusieurs crânes suffit pour faire juger la
valeur d'une assertion d'ailleurs très simple en elle-
même. L'os dont il est ici question a été nommé intermaxillaire parce qu'il se trouve enclavé entre les
deux os maxillaires supérieurs. Lui-même se compose de deux parties qui se réunissent au milieu du
visage.

Sa forme varie dans les différents animaux, suivant
qu'il se raccourcit ou se prolonge en avant. Sa partie antérieure, qui est la plus forte et la plus large, et que
j'appellerai son corps, est accommodée au genre de
nourriture que la nature a destinée à l'animal; car lorsqu'il la saisit, la prend, l'arrache, la ronge, la coupe,
ou se l'approprie enfin d'une manière ou d'une autre,
c'est cette partie qui entre en action la première; voilà
pourquoi elle est tantôt plate et revêtue de cartilages,
tantôt armée d'incisives plus ou moins tranchantes, et
disposée, en un mot, de la manière la plus convenable
à ses fonctions.

Par un prolongement latéral, cet os est en rapport
supérieurement avec la mâchoire supérieure, les os
propres du nez et quelquefois le coronal.

En dedans, à partir de la première incisive ou de la
place qu'elle devrait occuper, une épine se dirige en arrière, s'applique à la branche horizontale du maxillaire
supérieur et forme une gouttière dans laquelle est reçue
la partie antérieure et inférieure du vomer; cette épine,
réunie aux parties latérales du corps de l'intermaxillaire, et à la partie antérieure de la branche palatine
de l'os maxillaire supérieur, forme les canaux appelés
incisifs ou naso-palatins qui sont traversés par de petits
vaisseaux sanguins et par des rameaux de la seconde
branche de la cinquième paire.

Ces trois parties se voient au premier coup d'œil sur
une tête de cheval.

A. *Corpus.*

B. *Apophysis maxillaris.*

C. *Apophysis palatina.*

Ces masses principales présentent encore des divisions et des subdivisions. La terminologie latine, que j'ai faite avec le secours du professeur Loder, pourra servir de guide dans cette étude. Un semblable travail présente de grandes difficultés si l'on veut qu'il s'applique à la description de l'os chez tous les animaux; car, dans certaines espèces, on voit ses différentes parties se confondre, s'atrophier, et même disparaître entièrement. Si l'on ne craignait pas d'entrer dans des détails minutieux, ce tableau serait peut-être susceptible de plus d'une amélioration.

OS INTERMAXILLARE.

A. Corpus.

  1. *Superficies anterior.*

    a. Margo superior in quo spina nasalis.

    b. Margo inferior seu alveolaris.

    c. Angulus inferior exterior corporis.

  2. *Superficies posterior, quâ os intermaxillare jungitur apophysi palatinæ ossis maxillaris superioris.*

  3. *Superficies lateralis exterior, quâ os intermaxillare jungitur ossi maxillari superiori.*

  4. *Superficies lateralis interior, quâ alterum os intermaxillare jungitur alteri.*

  5. *Superficies superior.*

    Margo anterior in quo spina nasalis (vide a).

    d. Margo posterior sive ora superior canalis naso-palatini.

  6. *Superficies inferior.*

    e. Pars alveolaris.

    f. Pars palatina.

    g. Ora inferior canalis naso-palatini.

6

B. APOPHYSIS MAXILLARIS.

1. *Superficies anterior.*
2. *Superficies lateralis interna.*
  a. Eminentia linearis.
3. *Superficies lateralis externa.*
4. *Margo exterior.*
5. *Margo interior.*
6. *Margo posterior.*
7. *Angulus apophyseos maxillaris.*

C. APOPHYSIS PALATINA.

1. *Extremitas anterior.*
2. *Extremitas posterior.*
3. *Superficies superior.*
4. *Superficies inferior.*
5. *Superficies lateralis interna.*
6. *Superficies lateralis externa.*

Peut-être n'est-il pas évident, au premier coup d'œil, pourquoi l'on a établi telle ou telle division, adopté telle ou telle dénomination. Rien n'a été fait sans motif, et si l'on examine comparativement plusieurs crânes, les difficultés dont j'ai parlé plus haut deviendront encore plus palpables.

Je passe à la description sommaire des figures; leur exactitude et l'évidence qui résulte de leur accord me dispenseront d'entrer dans des détails minutieux et sans intérêt comme sans utilité pour les personnes familiarisées avec ces sortes de matières. Ce que je désirerais surtout, c'est que mes lecteurs pussent avoir, en me lisant, les squelettes eux-mêmes sous les yeux.

La planche I, fig. 1, représente la partie antérieure de la mâchoire supérieure du bœuf; elle est à peu près de grandeur naturelle, et son corps, large et plat, n'est pas muni d'incisives. Dans la fig. 2, qui permet de voir

un crâne de lion par la face inférieure, on remarquera
surtout la suture qui réunit l'apophyse palatine de l'os
maxillaire supérieur à l'intermaxillaire. On remarque
sur le crâne du *Sus babirussa* (fig. 3) vu de côté, que
son énorme canine est contenue tout entière dans l'os
maxillaire supérieur.

La fig. 4, qui représente le crâne d'un loup, démontre le même fait.

La fig. 1 de la planche II offre l'image de la tête d'un
jeune morse (*Trichecus rosmarus*); son énorme canine est contenue tout entière dans le maxillaire supérieur. Planche II, fig. 3 et 4, on a dessiné un crâne de
singe vu par devant et en dessous. On observe dans la
fig. 4, que la suture se dirige des conduits palatins vers
la canine, contourne son alvéole et s'insinue entre la
dernière incisive et la canine en longeant celle-ci de
très près et séparant ainsi les deux alvéoles.

La fig. 2 représente l'os intermaxillaire de l'homme.
On voit distinctement la suture qui sépare l'os intermaxillaire de l'apophyse palatine de la mâchoire supérieure. Elle semble sortir des conduits incisifs dont les
orifices inférieurs se confondent en un seul qui porte
les noms de *foraminis incisivi*, ou *palatini anterioris*, ou
gustativi, et se perd entre la dent canine et la seconde
incisive.

Vésale avait déjà remarqué cette suture, et l'avait
figurée dans ses planches (*); il dit qu'elle s'avance jusqu'à la partie antérieure des dents canines, mais qu'elle
n'est pas assez profonde pour qu'on puisse admettre
qu'elle sépare l'os maxillaire supérieur en deux parties.
Enfin il explique ce texte de Gallien qui avait fait sa description d'après le crâne d'un animal, en renvoyant à la
première fig., p. 46, où il a mis un crâne de chien à

_____

(*) *Vesalius, de humani corporis fabricâ* (Basil. 1558), lib. 1, c. 1x, fig. 11,
pag. 48, 52 et 53.

còté d'une tête humaine pour faire ressortir d'une manière plus évidente aux yeux du lecteur que la nature a, pour ainsi dire, imprimé sur la tête de l'animal le revers de la médaille. Il n'a pas remarqué la seconde suture qui se montre sur le plancher des fosses nasales, où elle sort des conduits naso-palatins, et peut être poursuivie jusque dans le voisinage du cornet inférieur. Mais toutes deux se trouvent indiquées planche V, fig. 9, par la lettre S, dans le grand ouvrage d'Albinus, intitulé : *Tabulæ ossium humanorum* (*). Il les nomme : *Suturas maxillæ superiori proprias.*

Il n'en est pas question dans l'Ostéographie de Cheselden non plus que dans l'ouvrage de Jean Hunter intitulé : *Natural history of the human teeth ;* et cependant elles ne sont complétement effacées et méconnaissables sur aucun crâne, pourvu qu'on les cherche attentivement.

La planche II, fig. 2, représente la moitié d'une mâchoire supérieure d'homme vue par la face interne ; on peut suivre la suture depuis les alvéoles des canines et des incisives jusque dans l'intérieur des conduits naso-palatins. Au-delà de l'épine ou apophyse palatine, qui forme ici une espèce de peigne, elle reparaît, et on peut la poursuivre encore jusqu'à l'éminence linéaire sur laquelle s'applique le cornet inférieur.

Que l'on compare cette figure à la figure 1, et l'on admirera combien l'os intermaxillaire d'un monstre comme le morse jette de jour sur la structure de celui de l'homme. La fig. 2, pl. I, prouve que la même suture existe aussi chez le lion. Je ne parle pas du singe, parce que son analogie avec notre espèce est évidente.

Il n'y a donc plus de doute que cet os se trouve chez l'homme comme dans les animaux, quoiqu'il ne soit

(*) Ces sutures sont aussi marquées, tab. 11, fig. 1, *k ;* tab. 1, fig. 11, *m*, du même ouvrage.

possible de déterminer ses limites que d'un côté seulement, les autres étant soudés et confondus avec les os
voisins. C'est ainsi que sur les parties extérieures des
os qui composent la face on ne trouve pas le moindre
indice d'une suture dentée ou harmonique qui puisse
faire soupçonner que l'os incisif est séparé chez l'homme.

La cause de ce phénomène me paraît être la suivante :
cet os, qui proémine si fortement chez les animaux, se
retire en arrière, et se réduit à de petites dimensions
dans l'homme. Examinez le crâne d'un enfant ou d'un
fœtus, les dents exercent en se développant une pression si énergique et tendent tellement les bords alvéo-
laires, que la nature a besoin d'employer toutes ses
forces pour réunir intimement toutes ces parties. Comparez ce crâne à une tête d'animal; chez ce dernier, les
canines sont tellement avancées que leur pression réciproque et celle qu'elles exercent sur les incisives est
loin d'être aussi forte. En dedans des fosses nasales,
les choses se comportent de même. On peut, comme
je l'ai remarqué plus haut, poursuivre dans cette cavité
la suture de l'intermaxillaire à partir des canaux incisifs jusque vers le cornet inférieur. Ainsi, dans leur
accroissement, ces trois os agissent les uns sur les
autres, et s'unissent intimement.

Je suis persuadé que ceux qui sont versés dans les
sciences physiologiques trouveront que ce phénomène
peut s'expliquer d'une manière très satisfaisante. J'ai
observé bien des cas où ces os étaient confondus même
chez des animaux, et il y aurait encore beaucoup de
choses à dire sur ce sujet. Il arrive aussi que des os que
l'on peut isoler facilement dans les animaux adultes ne
peuvent pas être séparés, même chez l'enfant.

Dans les cétacés, les reptiles, les oiseaux et les poissons, j'ai découvert l'os lui-même ou au moins des traces de son existence.

La diversité de formes qu'il présente dans les différentes espèces d'animaux mérite un sérieux examen, et frappera même les personnes qui ne prennent aucun intérêt à une science qui paraît si aride au premier abord.

On entrerait alors dans de plus grands détails, et en comparant successivement plusieurs animaux entre eux, on s'élèverait du simple au composé, de l'os atrophié et rétréci à celui qui devient volumineux et même colossal.

Quel abîme entre l'intermaxillaire de l'éléphant et celui de la tortue! et cependant on peut établir une série de formes intermédiaires qui les réunit; et démontrer sur une partie du corps ce que personne n'est tenté de nier pour la totalité.

Que l'on considère les effets de la nature vivante dans son vaste ensemble, ou que l'on analyse les restes inanimés des êtres dont le souffle de son esprit s'est retiré, elle est toujours elle, toujours admirable.

Envisagée sous ces deux points de vue, l'histoire naturelle s'enrichira de nouveaux moyens de détermination. Comme c'est un des caractères de l'os dont nous parlons de porter des incisives, il s'ensuit que les dents qu'il porte doivent être considérées comme des incisives. On les a niées chez le chameau et le morse, mais je me trompe fort, ou l'on doit en accorder deux au premier et quatre au second.

Je termine ce petit essai. Puisse-t-il être agréable aux amis de l'histoire naturelle, me fournir l'occasion de me lier plus intimement avec eux, et de faire, autant que les circonstances me le permettront, de nouveaux progrès dans ces intéressantes études!

ADDITIONS.

(1819.)

Le petit traité de Gallien sur les os sera toujours difficile à comprendre, avec quelque soin qu'on l'étudie. On ne saurait nier qu'il a vu les objets qu'il décrit, puisqu'il soumet à notre examen immédiat le squelette tout entier; mais il ne procède pas d'une manière méthodique et réfléchie : il intercale au milieu de ses descriptions ce qui devrait faire partie de l'introduction : l'exposé de la différence, par exemple, qui existe entre une suture dentée et une suture harmonique. De la structure normale il passe brusquement à la structure anormale; à peine, pour citer un exemple, a-t-il traité des os du front et de la voûte du crâne, qu'il entame une longue dissertation sur les têtes pointues ou cunéiformes. Il se perd en digressions, qu'on peut se permettre lorsqu'on parle en présence de l'objet à démontrer, mais qui ne sont faites que pour embrouiller le lecteur. Il s'engage dans des controverses avec ses prédécesseurs et les auteurs contemporains. Car, à cette époque, on considérait les os d'une région comme un tout, et on les distinguait par des chiffres; aussi n'était-on d'accord ni sur les os qu'on devait réunir, ni sur leur nombre, ni sur leur destination, leurs affinités ou leurs usages.

Tout cela ne doit diminuer en rien notre admiration pour cet homme extraordinaire, mais servir seulement à notre justification, si nous rappelons brièvement ce qui nous intéresse spécialement dans son livre. Dans sa description du crâne, qu'il a faite évidemment d'après un crâne humain, Gallien parle de l'os intermaxillaire. Il s'exprime ainsi dans son troisième chapitre : « L'os des joues (l'os maxillaire supérieur) renferme dans ses alvéoles toutes les dents, les dents incisives exceptées.» Il

répète la même chose dans le quatrième chapitre lorsqu'il ajoute: « Les os des joues portent presque toutes les
dents, les incisives exceptées, ainsi que nous l'avons
déjà dit.» Dans le cinquième chapitre, lorsqu'il fait l'énumération des dents, il mentionne les quatre antérieures,
qui sont des incisives, mais il ne parle pas de l'os spécial qui les supporte. Au troisième chapitre, il indique
une suture qui part de la racine du nez, se prolonge
en bas et en dehors, et vient se terminer entre les canines et les incisives.

Il est évident d'après cela qu'il a connu et décrit l'os
intermaxillaire; on ne saura probablement jamais s'il
l'avait découvert chez l'homme.

Plus d'une discussion s'est élevée à ce sujet, et la
question n'est pas encore résolue à l'heure qu'il est.
Voici quelques matériaux pour servir à l'historique de
cette question.

Vesalius, *de humani corporis fabricâ* (*Bas.* 1555)
lib. I, *cap.* IX, *fig.* 11, *pag.* 48, donne une figure de la
base du crâne vue en dessous. On y reconnaît distinctement la suture qui joint l'os intermaxillaire à l'apophyse
palatine de l'os maxillaire et que nous avons appelée :
*Superficies lateralis exterior corporis, quâ os intermaxil-
lare jungitur ossi maxillari superiori.* Pour rendre cette
description plus claire, j'ajouterai que dans Vésale l'os
zygomatique se nomme *os primum maxillæ superioris;*
l'os unguis, *os secundum maxillæ superioris* ; l'ethmoïde, *os tertium maxillæ superioris* ; et le maxillaire
supérieur, *os quartum maxillæ superioris.* Voici le passage en question : *Z privatim indicatur foramen in anteriori palati sede posteriorique dentium incisoriorum
regione apparens* (c'est l'extrémité inférieure des conduits naso-palatins dont les deux orifices se confondent en un seul) *ad cujus latus interdum obscura occur-
rit sutura, transversim aliquousque in quarto superioris
maxillæ osse prorepens et α insignita.*

Cette suture très bien figurée, qu'il désigne par α, est celle qu'il décrit également, *Quest. cap.* XII, *fig.* 11, *p.* 60, où l'on trouve une planche représentant la base du crâne; la suture y est aussi indiquée, mais d'une manière moins nette.

Leveling, dans ses explications anatomiques des figures d'André Vésale, Ingolstadt, 1783, décrit la première figure de Vésale, lib. I, p. 13, fig. 11, et dit, p. 14 : *z*, l'autre trou palatin ou trou incisif; α, une suture qui se trouve souvent sur le palais et se prolonge obliquement pour se terminer derrière les dents incisives. La seconde figure de Vésale se trouve dans Leveling, à la page 16.

Il décrit la suture que Vésale a désignée par α, lib. I, cap. IX, p. 52 : *Ad cujus foraminis* (savoir du conduit naso-palatin) *latera interdum sutura apparet, aut potiùs linea in pueris cartilagine oppleta, quæ quasi ad caninorum dentium anterius latus pertingit, nusquam tamen adeò penetrans, ut hujus suturæ beneficio quartum maxillæ os in plura divisum censeri queat.* (En marge, il cite la fig. 1, *canina calvaria, lit. n. pag.* 46, où une suture est clairement indiquée entre l'os intermaxillaire et les os de la mâchoire supérieure; nous ne l'avons pas désignée par un nom particulier, mais elle pourrait s'appeler *margo exterior superficiei anterioris corporis.* La figure de Vésale représente le crâne d'un chien.) *Quod, ut paulò post dicam canibus et simiis porcisque accidit, in quibus sutura quartum os in duo dividens, non solum in palato, verùm exterius in anteriori maxillæ sede, etiam conspicuè cernitur, nullum appendicum cum suis ossibus coalitus speciem referens.*

Il existe encore un passage qui se rapporte ici, c'est celui de la page 53, où Vésale parle de quelques changements qu'il a cru devoir faire à la description que Gallien a faite de ces os.

Secundam suturam verò numerat Galenus hujus su-
turæ partem in anteriori maxillæ sede occurrentem, quæ
ab illâ malæ asperitate sursùm ad medium inferioris
ambitus sedis oculi pertingit. Hanc post modum tripar-
titò ait discindi, ac primam hujus secundæ suturæ
partem prope magnum seu internum oculi sedis angu-
lum, exteriori in parte ad medium superciliorum et
communem frontis et maxillæ suturam, inquit proce-
dere. Hac suturæ parte homines destituuntur, verùm
in canibus, caudatisque simiis est manifestissima,
quamvis interim non exacte ad superciliorum feratur
medium, sed ad eam tantum sedem in quâ quartum
maxillæ os a secundo dirimitur. Ut itaque Galenum
assequaris, hanc partem ex canis petes calvaria.

Winslow, Exposition anatomique de la structure du
corps humain, tome I, page 73, dit : « Je ne parle pas ici
de la séparation de cet os (l'os maxillaire supérieur)
par une petite suture transversale derrière le trou incisif, parce qu'elle ne se trouve ordinairement que dans
la jeunesse et avant que l'ossification soit achevée. »

Eustache, dans ses planches anatomiques publiées
par Albinus, pl. XLVI, fig. 2, représente un crâne de
singe vu par devant et placé à côté d'un crâne humain:
dans le premier, l'os intermaxillaire est clairement indiqué. Albinus dit seulement, à propos de la seconde
figure, qui représente l'os intermaxillaire du singe: *Os*
quod dentes incisiores continet.

Sue, dans le Traité d'Ostéologie de Monro, n'a ni
figuré ni décrit la suture qui sépare l'os intermaxillaire
de l'apophyse palatine.

Sur la tète des fœtus ou des enfants nouveaux-nés,
on voit une trace (*quasi rudimentum*) de l'os intermaxillaire; elle est d'autant plus évidente que l'embryon
est plus jeune. Chez un hydrocéphale, j'ai observé
deux noyaux osseux, et sur des têtes de sujets adultes,

mais jeunes, on trouve à la partie antérieure de la voûte palatine une *sutura spuria* qui sépare les quatre incisives des autres dents.

Jacq. Sylvius dit même : *Cranium domi habeo in quo affabre est expressa sutura in gená superná ab osse frontis secundum nasum, per dentium caninorum alveolas in palatum tendentem, quam præterea aliquoties absolutissimam conspexi, et spectandam auditoribus circiter* 400 *exhibui.* Et pour défendre son pauvre Gallien contre les attaques de Vésale, il ajoute qu'autrefois les hommes avaient probablement un os intermaxillaire séparé qui a disparu ensuite peu à peu sous l'influence du luxe et des débauches. Cela est un peu fort ; mais ce qui l'est encore plus, c'est que Ren. Hener, *in apologiá*, prouve minutieusement et péniblement, par de longues citations de l'histoire ancienne, que les Romains menaient une vie aussi déréglée que la nôtre, et il cite à l'appui de son opinion toutes les lois somptuaires alors en vigueur.

Je ne me suis pas expliqué sur la trace d'un rudiment d'os intermaxillaire qu'on trouve dans le fœtus ; peu marqué là la face, il est plus ou moins reconnaissable au palais et sur le plancher des fosses nasales. Quelquefois on en trouve des vestiges à la voûte palatine chez les adolescents, et, dans un beau cas d'hydrocéphale, je l'ai vu complétement séparé d'un côté comme un os isolé (*præter naturam*, il est vrai). Fallopius le décrit dans ses Observat. anat., p. 35 : *Dissentio ab iis qui publicò testantur suturam sub palato per transversum ad utrumque caninum pertinentem, quæ in pueris patet, in adultis verò ità obliteretur, ut nullum ipsius relinquatur vestigium. Nam reperio hanc divisionem vel rimam potiùs esse quam suturam, cum os ab osse non separatur, neque in exterioribus appareat.* Le mordant Eustachius lui répond (*Ossium exam.* p. 194) que la suture existe aussi dans les adultes, *et palatum suprà infràque dirìmit;* mais il paraît n'avoir pas compris ou n'avoir pas voulu comprendre Falloppe, et parle de la suture harmonique qui existe entre la partie palatine de l'os maxillaire et les os du palais eux-mêmes.

Albinus, Icon. ossium fœtus, p. 36, dit : *os maxillare superius in parvulis sœpè inveni constans ex aliquot frustulis quœ tamen citò confluunt in os unum.* Tab. V, fig. 33, m. *Fissura quœ palatum ex transverso secat, ponè dentes incisores abiens; deindè in suturœ speciem.* Et même dans les adultes, dans *Tab. ossium,* t. I, fig. 2, k., *sutura ossis maxillaris propria.* Mais, comme je l'ai déjà dit, il y a aussi loin de ces indications à un os intermaxillaire véritable, que de la *membrana seminularis oculi humani* à la *membrana nictitans* de la mouette, qui l'a très étendue.

Le bec de lièvre, et surtout le bec de lièvre double, sont des indications de l'os incisif. Dans le bec de lièvre simple, la suture moyenne qui réunit les deux moitiés reste béante; dans le bec de lièvre double, l'os incisif se sépare de la mâchoire supérieure, et, comme toutes les parties de l'économie sont liées entre elles, la lèvre se fend en même temps. L'os intermaxillaire étant un os séparé, on comprend que l'on puisse, pour déterminer la guérison, l'enlever tout-à-fait sans intéresser le moins du monde la mâchoire supérieure. La connaissance exacte des lois de la nature sert toujours à la pratique. Dans un écrit intitulé : *Specimen anatomico-pathologicum inaugurale de labii leporini congeniti naturà et origine, auctore Constant. Nicati,* on lit le passage suivant : «Quoique la plupart des anatomistes soient maintenant persuadés qu'il existe des os intermaxillaires dans le fœtus, comme Goëthe l'avait déjà démontré en 1786, il est cependant encore quelques hommes qui ne sont pas convaincus. Nous les engageons à lire dans l'auteur lui-même les motifs, tous puisés dans l'observation rigoureuse des faits, qu'il donne à l'appui de son opinion ; on y trouvera une lucidité, une connaissance approfondie de la matière, et en outre une description de l'os intermaxillaire rendue plus intelligible par de nombreux dessins. »

Dans la dissertation qui précède, j'ai traité ce sujet avec détail, et je n'ai pu m'empêcher de citer ce passage qui termine, selon moi, cette discussion. Il est remarquable que dans ce cas aussi il ait fallu quarante ans pour faire admettre franchement et complétement un petit fait aussi simple et aussi incontestable. Je n'ai donc plus rien à ajouter, d'autant plus que le mémoire a été inséré avec tous ses dessins dans les Actes des curieux de la nature, vol. XV, pl. I.

Je me suis souvent entendu reprocher, dans le cours de ma vie, non seulement par mes amis, mais encore par des hommes éminents, que j'attachais trop d'importance et trop de valeur à tel ou tel événement, à tel ou tel phénomène. Je ne me laissais nullement détourner de mon chemin par ces avis, car je sentais que je tenais une idée mère, qui deviendrait féconde si elle était poursuivie, et l'événement n'est pas venu démentir mes prévisions. Cela m'est arrivé pour l'histoire du collier, de l'os intermaxillaire, et bien d'autres choses, jusque dans ces derniers temps.

Les extraits qui précèdent, tirés d'auteurs anciens et modernes et de communications par lettres que je dois à des naturalistes vivants, sont un exemple frappant combien un fait peut être considéré sous différentes faces, et nié ou bien adopté parce qu'il est sujet au doute. Quant à nous, notre conviction est formée, et nous répéterons ici, après une suite d'observations continuées pendant un grand nombre d'années : l'homme, ainsi que les animaux, est doué d'un os intermaxillaire supérieur (6).

HISTOIRE

DES

TRAVAUX ANATOMIQUES

DE L'AUTEUR.

(1820.)

I.

ORIGINE DE MON GOUT POUR L'ANATOMIE. — COLLECTIONS DE L'UNI-
VERSITÉ D'IÉNA. — TRAVAUX THÉORIQUES ET PRATIQUES.

Le muséum de Weimar fut fondé par le duc Guil-
laume-Ernest en 1700; il contenait, entre autres choses
curieuses, des objets d'histoire naturelle fort rares. Le
merveilleux est souvent le premier attrait qui nous
attire vers la science; et à cette époque, le goût pour
la zoologie fut éveillé surtout par la vue d'animaux bizarres et monstrueux. C'est à ce goût que nous devons la fondation de notre musée ostéologique, où se
trouve plus d'un squelette remarquable.

Ces objets furent peu à peu apportés dans le centre de l'Europe; cinquante ans auparavant, on ne
faisait des collections que dans les pays maritimes, où,
après s'être gorgé d'or, d'épices et d'ivoire, on se mit à
rassembler, d'une manière bien incomplète et bien
confuse il est vrai, des objets d'histoire naturelle exo-
tique.

Nous possédons un crâne d'éléphant adulte bien conservé, avec la mâchoire inférieure et quelques défenses
isolées.

Nous avons aussi les vertèbres cervicales d'une baleine,
soudées entre elles, et ses omoplates énormes sur lesquels on avait peint des vaisseaux pour faire ressortir
leurs dimensions colossales. De plus, deux côtes et la
mâchoire inférieure tout entière; celle-ci a une lon-

gueur de vingt-deux pieds. On peut d'après cela se faire
une idée de la grandeur de l'animal.

On n'avait pas manqué non plus d'acquérir de grandes carapaces de tortues ; puis l'attention s'était dirigée
sur des parties dont les anomalies et les déformations
sont d'autant plus frappantes que nous les avons habituellement sous les yeux. Par exemple, des cornes d'anti-
lope de toute espèce et de toute grandeur ; les cornes longues, pointues et dirigées en avant du bison américain,
que nous avions appris à connaître par les récits du
capitaine Thomas Williamson sur les chasses qui se font
dans les Indes. Tout cela, plus un crocodile et un boa,
fut apporté à Iéna, et devint le commencement d'une
collection considérable. Elle s'augmenta peu à peu, parce
qu'on se procura des squelettes d'animaux domestiques
et sauvages, ainsi que ceux des bêtes fauves du pays.
L'habileté du conservateur Dürrbaum, qui aimait à
s'occuper de ces travaux, favorisait l'accroissement du
musée.

Après avoir perdu les collections de Loder qui furent
transportées à Moscou, on prit des mesures pour fonder
dans le même local un Museum durable. Il fut commencé grâce aux soins de MM. Ackermann et Fuchs,
qui surent mettre à profit l'habileté du prosecteur Hom-
burg, et faire faire simultanément des préparations
d'anatomie comparée et d'anatomie humaine.

Jusqu'ici tous les os d'animaux étrangers ou indigènes avaient été placés à côté des animaux empaillés ou
conservés dans l'alcool ; leur nombre s'accroissant considérablement, il fallut disposer une nouvelle salle, qui
maintenant est encore devenue trop petite : car la bienveillance du duc de Saxe-Weimar accordait à cet établissement les cadavres de tous les chevaux de ses
haras, remarquables par la beauté de leurs formes, et
ceux des animaux rares ou importants qui mouraient

dans les fermes ducales. On achetait de même tous les animaux qui mouraient dans les ménageries ambulantes, quelquefois on les faisait venir de fort loin. C'est ainsi que, par un froid rigoureux, un tigre qui avait succombé à Nürenberg, arriva, gelé, par la poste; son squelette et sa peau empaillée sont encore aujourd'hui l'ornement de notre musée.

Le séjour que le duc fit à Vienne dans ces derniers temps devint une source d'accroissement pour notre établissement et pour beaucoup d'autres. Le directeur de Schreibers encourageait nos projets, et cet ami, à la fois éclairé, complaisant et actif, nous procura plusieurs animaux que nous désirions vivement posséder. Nous lui sommes redevables des squelettes du castor, du chamois, du kangourou, de l'autruche, du héron; il y joignit les appareils auditifs de plusieurs oiseaux que l'on prépare admirablement à Vienne, le squelette, désarticulé et complet jusque dans ses plus petites parties, d'un lézard et d'une tortue, enfin des préparations isolées sans nombre, et toutes importantes et instructives.

Ces collections étaient utilisées dans les cours d'anatomie humaine; il s'ensuivit naturellement qu'on fit plus d'attention à la zootomie, qui prenait un développement de plus en plus remarquable. Je ne négligeais pas moi-même de réunir des préparations et des cas intéressants. Je sciais et fendais des os et des crânes dans tous les sens afin d'obtenir des lumières prévues ou imprévues sur la structure intime des os.

Mais la véritable utilité des collections publiques et de la mienne commença le jour où, cédant au vœu général, le gouvernement décida la création d'une école vétérinaire pour répondre à un besoin qui se faisait vivement sentir. Le professeur Renner fut appelé à la diriger, et entra en fonction avant que l'école fût complétement organisée. C'est avec plaisir que je vis mes préparations, qui pourrissaient dans la poussière, devenir utiles en ressuscitant pour ainsi dire, et mes premiers essais servir aux commencements d'un établissement si important. Ce fut la juste récompense d'un travail persévérant quoique souvent interrompu, car tout labeur sérieux et consciencieux finit par avoir son but et son résultat, quand même on ne les aperçoit pas de prime abord. Chaque peine est elle-même un résultat vivant qui nous fait avancer à notre insu, et devient utile sans que nous l'ayons prévu.

Pour finir l'histoire de tous ces établissements variés qui réagissaient l'un sur l'autre, j'ajouterai qu'on construisit tous les bâtiments nécessaires à l'école vétérinaire sur le Heinrichsberg. Un jeune prosecteur, appelé Schroeder, s'était formé sous la direction du conseiller Fuchs; et, par ses soins assidus, on admire maintenant sur le Heinrichsberg un cabinet zootomique où l'on peut voir tous les appareils organiques dans leurs rapports avec le squelette. Les préparations principales, destinées à l'instruction des élèves, sont exécutées avec le plus grand soin.

Il existe donc à Iéna trois musées, qui, s'étant élevés successivement et un peu au hasard, n'ont pas chacun en particulier de spécialité bien distincte. Ils empiètent l'un sur l'autre de façon que les professeurs et les conservateurs peuvent, suivant les besoins, s'aider et se communiquer les objets nécessaires. Cependant, un de ces musées est spécialement consacré à l'anatomie humaine, l'autre à l'ostéologie comparée (tous deux sont dans l'enceinte du château ducal); le troisième, qui appartient à l'école vétérinaire, renferme les squelettes des animaux domestiques, et des préparations de leurs muscles, de leurs artères, de leurs veines, de leurs nerfs et de leurs vaisseaux lymphatiques.

7

II.

POURQUOI LE MÉMOIRE SUR L'OS INTERMAXILLAIRE A PARU D'ABORD
SANS ÊTRE ACCOMPAGNÉ DE DESSINS.

Lorsque je commençai, vers l'année 1780, à m'occuper beaucoup d'anatomie, sous la direction du professeur Loder, l'idée de la métamorphose des plantes n'avait pas encore germé dans mon esprit; mais je travaillais à l'établissement d'un type ostéologique, et il me fallait, par conséquent, admettre que toutes les parties de l'animal, prises ensemble ou isolément, doivent se trouver dans tous les animaux; car l'anatomie comparée dont on s'occupe depuis si long-temps ne repose que sur cette idée. Il se trouva que l'on voulait alors différencier l'homme du singe, en admettant chez le second un os intermaxillaire dont on niait l'existence dans l'espèce humaine. Mais cet os ayant surtout cela de remarquable qu'il porte les dents incisives, je ne pouvais comprendre comment l'homme aurait eu des dents de cette espèce sans posséder en même temps l'os dans lequel elles sont enchâssées. J'en recherchai donc les traces, et il ne me fut pas difficile de les trouver, puisqu'il est borné en arrière par les conduits naso-palatins, et que les sutures qui en partent indiquent très bien une séparation de la mâchoire supérieure. Loder parle de cette observation dans son Manuel anatomique, 1787, p. 89, et l'auteur de la découverte en fut très enorgueilli. On fit des dessins pour prouver ce que l'on voulait démontrer; on rédigea une petite dissertation qu'on traduisit en latin pour la communiquer à Camper. Le format et l'écriture étaient si convenables, que le grand homme en fut frappé. Il loua l'exécution avec beaucoup d'amabilité, mais n'en soutint pas moins comme auparavant que l'homme n'avait pas d'os intermaxillaire.

Un écolier profane qui ose contredire les maîtres de
la science, et (ce qui est encore plus extravagant) pré-
tend les convaincre, fait preuve d'une ignorance complète des allures du monde et d'une naïveté toute juvénile. Une expérience de plusieurs années m'a rendu
plus sage, et m'a appris que les phrases que l'on répète
sans cesse finissent par devenir des convictions, et ossifient les organes de l'intelligence. Cependant il est bon
de ne pas faire ces observations trop tôt; sans cela l'a-
mour du vrai et de l'indépendance qui caractérise la
jeunesse est paralysé par le chagrin. Je trouvai bien
étonnant néanmoins que les maîtres de la science per-
sistassent dans ces locutions, en même temps que tous
les anatomistes contemporains s'accommodaient de
cette profession de foi.

C'est un devoir pour nous de rappeler le souvenir
d'un jeune peintre plein de mérite appelé Waiz; il était
habile dans ce genre de travaux, et continuait à faire
des esquisses et des dessins achevés; car mon projet
était de publier une série de dissertations sur des points
intéressants d'anatomie, accompagnées de planches exécutées avec soin. L'os en question devait être représenté
dans une série continue, depuis son plus grand état de
simplicité et de faiblesse jusqu'à son plus haut degré
de développement en concision et en force, et jusqu'à
ce qu'il se dissimule enfin dans la plus noble de toutes
les créatures, l'homme, de peur de trahir en lui la vo-
racité de la bête.

Je dirai tout à l'heure ce que ces dessins sont de-
venus; comme je voulais passer du simple au composé,
du faible au fort, je choisis d'abord le chevreuil, où l'os
est faible, en forme d'étrier et dépourvu de dents;
puis on passait au bœuf, où il se fortifie, s'aplatit et
s'élargit. Dans le chameau, il était remarquable par
son ambiguïté; d'une forme plus décidée dans le cheval

dont les incisives sont caractérisées, la canine petite. Celle-ci est grosse et forte dans le cochon, monstrueuse dans le *Sus babirussa*, et cependant l'intermaxillaire maintient toujours ses droits ; saillant et gros dans le lion, portant six dents puissantes ; plus obtus dans l'ours, plus avancé dans le loup. Le morse ressemble à l'homme par son angle facial très ouvert ; le singe se rapproche encore plus de nous, quoique certaines espèces s'en éloignent beaucoup. Enfin l'on arrive à l'homme, chez lequel on ne saurait, après tout ce qui vient d'être dit, méconnaître sa présence. Ces dessins ont été faits pour rendre le coup d'œil et la compréhension plus faciles, de manière à faire voir l'os sous toutes les faces, par en haut, par en bas et latéralement ; ils ont été ombrés avec soin. On les a placés depuis, encadrés et sous verre, dans le muséum de Iéna où ils sont exposés à la curiosité du public. Les esquisses des intermaxillaires qui manquaient à la collection étaient déjà faites. Je m'étais procuré d'autres squelettes ; mais la mort du jeune artiste qui s'était voué à ces travaux et d'autres incidents m'empêchèrent de terminer l'ouvrage, d'autant plus que l'opposition continuelle à laquelle j'étais en butte m'ôta le courage de parler sans cesse à des sourds d'une chose si claire et si palpable.

Je recommanderai spécialement à l'attention des amis de la science, quatre dessins qui font partie de ceux du muséum de Iéna, et qui ont été exécutés d'après un jeune éléphant mort à Cassel, et dont Sœmmering eut la bonté de me communiquer le crâne : sur ce jeune sujet que l'hiver avait tué, on voit très bien, d'un côté du moins, les traces de presque toutes les sutures. Les dessins du crâne sont tous réduits de la même quantité et représentent les quatre faces, de manière qu'on peut se faire une idée des connexions de l'ensemble dans lequel l'os intermaxillaire, en particu-

lier, joue un grand rôle. Il contourne véritablement
la canine, et l'on conçoit très bien qu'un examen superficiel ait pu faire croire que les défenses étaient enchâssées dans l'os intermaxillaire. Mais la nature, qui
jamais ne se départ de ses grandes maximes, surtout
dans les cas importants, entoura la racine de la canine
d'une lamelle étroite partant du maxillaire supérieur,
afin de défendre ces bases organiques contre les em-
piétements de l'intermaxillaire.

Pour compléter le paralèle, on fit dessiner le crâne
d'un éléphant adulte que possédait le muséum, et on
fut frappé de voir que dans le jeune sujet la mâchoire
supérieure et l'intermaxillaire font une saillie en forme
de bec, et que la tête tout entière paraît allongée, tandis qu'elle se laisse circonscrire très bien dans un carré
chez l'individu arrivé à l'âge adulte.

Ce qui prouve l'importance que j'attachais à ces travaux, c'est que deux de ces dessins furent gravés avec
soin en petit in-folio par Lips pour être joints à la dissertation. On en tira plusieurs épreuves qui furent distri-
buées à quelques amis scientifiques. D'après cela, on
nous pardonnera si la première édition de cet opuscule a été publiée sans planches, surtout si l'on se
rappelle que ce n'est que depuis cette époque que l'a-
natomie comparée est devenue populaire. A peine
existe-t-il maintenant un amateur qui ne puisse consulter, dans les collections publiques ou dans la sienne
propre, toutes les préparations dont il sera question ici.
A défaut des objets en nature, on peut faire usage de
la crâniologie de Spix où la description et les figures
mettent le fait hors de doute.

C'est page 19 que cet auteur déclare positivement et
sans détour qu'on ne saurait nier la présence d'un os
intermaxillaire chez l'homme; dans tous les dessins de
têtes d'hommes ou d'animaux, cet os est désigné par

le numéro 13. Cette question serait définitivement résolue maintenant, si l'esprit de contradiction, inhérent à notre nature, n'avait su trouver, non pas dans le fait lui-même, mais dans les mots et le point de vue sous lequel on l'envisage, des arguments pour nier la vérité la plus évidente. La manière de présenter la chose est déjà un motif d'opposition; l'un finit où l'autre commence; où l'un distingue, l'autre confond; et le lecteur embarrassé se demande si tous les deux, par hasard, n'auraient pas également raison. Il faut aussi remarquer que, dans le cours de cette discussion, des hommes de poids se sont demandé si cette question valait la peine qu'on y revînt sans cesse; nous dirons franchement qu'une opposition directe nous paraît préférable à cette fin de non-recevoir, qui nie l'intérêt qui s'attache à un sujet, et tue le désir de se livrer à des recherches scientifiques.

Cependant je ne manquai pas d'encouragements. Dans son Ostéologie publiée en 1791, mon ami Sœmmering s'exprime ainsi: « L'essai plein de génie de Goethe, qui date de 1785, et dans lequel il prouve par l'anatomie comparée que l'homme possède un os intermaxillaire, aurait mérité d'être publié avec les planches pleines de vérité qui l'accompagnent. »

III.

DES DESCRIPTIONS DÉTAILLÉES ÉCRITES, ET DE CE QUI EN RÉSULTE.

Le crayon et la plume devaient concourir tous deux à l'exécution de mon travail, car la parole et le dessin rivalisent dans la description des objets d'histoire naturelle. On se servait du modèle rapporté p. 81, pour décrire l'intermaxillaire dans toutes ses parties et dans l'ordre indiqué, quel que fût l'animal sur lequel on l'observait.

Il en résulta des masses de papier dont on ne put faire usage pour une description saisissable et compréhensible.

Persistant dans mon projet, je considérai ces travaux comme préparatoires, et me mis à les utiliser pour faire des descriptions exactes, mais rédigées dans un style coulant et moins aride.

Ma constance ne me conduisit pas au but ; ces recherches, souvent interrompues, ne me faisaient pas voir clairement comment je terminerais un travail dont l'intérêt et l'importance m'avaient d'abord si vivement frappé. Dix ans et plus s'étaient écoulés lorsque mes relations avec Schiller me tirèrent de cet ossuaire scientifique pour me transporter dans le jardin fleuri de la vie. Ma participation à ses travaux et aux *Heures* (*) en particulier, à l'Almanach des Muses, mes plans dramatiques, mes compositions originales telles que Hermann et Dorothée, Achilléis, Benvenuto Cellini ; un projet de retourner en Italie, et enfin un voyage en Suisse, m'éloignèrent de ces travaux ; la poussière s'accumula sur les papiers, la moisissure envahit les préparations anatomiques, et je ne cessai de souhaiter qu'un de mes jeunes amis entreprît de les ressusciter. Cet espoir eût été rempli si les auteurs contemporains, au lieu de s'entr'aider, n'étaient pas amenés le plus souvent, par des circonstances ou des travers personnels, à travailler les uns contre les autres.

(*) *Die Horen*, journal littéraire que Goethe et Schiller publièrent en commun.

IV.

Gotthelf Fischer, jeune homme qui avait fait ses preuves en anatomie, publia en 1800 un mémoire sur les différentes formes de l'intermaxillaire dans les divers animaux ; page 17, il parle de mon travail en disant : « L'essai ingénieux de Goethe sur l'ostéologie, dans lequel il soutient que l'homme possède un intermaxillaire comme les autres animaux, ne m'est pas connu, et je regrette bien vivement de n'avoir pas pu admirer ses beaux dessins sur ce sujet. Il serait bien à souhaiter que cet observateur plein de sagacité fît connaître au monde savant ses ingénieuses idées sur l'organisation animale, et les principes philosophiques sur lesquels il se fonde. »

Si ce savant laborieux, instruit par le bruit public, s'était mis en rapport avec moi, il se serait pénétré de mes convictions. Je lui aurais cédé volontiers mes manuscrits, mes dessins, mes planches, et l'affaire eût été dès lors terminée ; tandis qu'il s'écoula encore plusieurs années avant qu'une utile vérité fût généralement reconnue.

V.

Mes travaux consciencieux et persévérants sur la métamorphose des plantes, continués pendant l'année 1790, m'avaient heureusement dévoilé de nouveaux points de vue sur l'organisation animale. Tous mes efforts se tournèrent de ce côté ; j'observais, je pensais, je classais sans relâche, et les objets devenaient de plus en plus clairs à mes yeux. Le psychologiste comprendra, sans que je sois obligé d'ajouter de nouveaux détails, qu'un besoin de produire me soutenait dans les efforts que je faisais pour résoudre ce problème difficile. Mon esprit s'exerçait sur un sujet des plus élevés, en ce qu'il cherchait à approfondir et à analyser la valeur intime des êtres vivants. Mais un semblable travail est nécessairement sans résultat si l'on ne s'y livre pas tout entier.

Comme je m'étais engagé dans ces régions de mon plein gré et dans un but spécial, j'étais obligé de voir par mes propres yeux, et je m'aperçus bientôt que les hommes les plus éminents dans le métier pouvaient bien se détourner quelquefois, par conviction, de la route battue, mais qu'ils ne la quittaient jamais complétement pour entrer dans une voie nouvelle, parce qu'ils trouvaient plus commode, pour eux et pour les autres, de suivre le grand chemin, et d'aborder des rives déjà connues. Je fis encore d'autres remarques singulières, savoir : qu'on se plaisait généralement dans le difficile et le merveilleux, espérant qu'il en sortirait quelque découverte remarquable.

Quant à moi, je persistai dans mon projet, je continuai ma route en cherchant à utiliser tous les moyens qui s'offraient à moi pour séparer et distinguer; moyens qui avancent considérablement le travail si l'on sait s'arrêter à temps et faire des rapprochements opportuns. Je ne pouvais suivre la méthode des anciens, tels que Gallien et Vésale; car en quoi l'intelligence des sujets peut-elle devenir plus parfaite si l'on désigne par des chiffres des parties osseuses, unies ou séparées l'une de l'autre, et considérées arbitrairement comme des unités? Quelle vue générale en peut-il résulter? Il est vrai qu'on était revenu peu à peu de cette mauvaise manière, mais on ne l'avait pas abandonnée à dessein et par principe; ainsi l'on réunissait toujours des parties soudées, à la vérité, mais qui n'étaient pas les parties d'un même tout; et l'on rapprochait de nouveau avec une persévérance singulière, ce que le temps, qui toujours amène le triomphe de la raison, avait déjà séparé depuis longtemps.

Ainsi donc, quand je comparais entre eux des organes identiques dans leur nature intime, mais différents en apparence, j'avais toujours présente à l'esprit cette idée, que l'on doit chercher à déterminer la destination d'un organe en lui-même, et ses rapports avec l'ensemble; reconnaître les droits de chaque organe isolé, sans méconnaître son influence sur le tout; double point de vue duquel résultent la nécessité, l'utilité et la convenance de l'être vivant.

On se rappelle combien la démonstration du sphénoïde était autrefois difficile. On ne pouvait en saisir les formes compliquées, ni se fixer dans la mémoire cette terminologie embrouillée; mais du jour où l'on eut compris qu'il était composé de deux os différant peu l'un de l'autre, tout se simplifia et s'anima pour ainsi dire.

Lorsqu'on démontrait ensemble les organes de l'ouïe et les os qui les entourent, la confusion devenait telle que l'on était conduit naturellement à se rappeler la séparation qui a lieu chez beaucoup d'animaux; et l'on condérait comme étant séparé et devant être séparé en trois parties, l'os que l'on envisageait auparavant comme un tout unique.

Je regardai la mâchoire inférieure comme tout-à-fait distincte du crâne et comme appartenant aux organes appendiculaires; je l'assimilai donc aux extrémités antérieures et postérieures. Quoique dans les mammifères elle ne se compose que de deux parties, sa forme, sa courbure, son union avec le crâne, les dents qui s'y développent, tout me fit penser qu'elle était la réunion de plusieurs os formant par leur ensemble un instrument dont le mécanisme est si admirable. Je me

confirmai dans cette hypothèse par l'anatomie d'un jeune
crocodile où chaque moitié de la mâchoire se composait
de cinq portions osseuses enchâssées les unes dans les
autres, ou chevauchant les unes sur les autres; le tout se
compose donc de dix parties. C'était pour moi une occupation aussi agréable qu'instructive de rechercher les
traces de ces divisions dans les mammifères, et de les
marquer sur des mâchoires, de manière à matérialiser
aux yeux du corps ce que je croyais avoir découvert avec
les yeux de l'esprit, et ce que l'imagination la plus hardie était à peine en état de saisir et de comprendre.

Chaque jour j'embrassais la nature d'un regard plus
ferme et plus étendu ; je devenais en même temps plus
capable de prendre une part sincère à tout ce qui se
faisait de nouveau dans cette branche de la science, et
m'élevais peu à peu à un point de vue d'où je pouvais
juger, sous le rapport scientifique et philosophique, les
travaux qu'engendrait le génie humain dans cette région du savoir.

J'avais employé beaucoup de temps à ces études, lorsqu'en 1795 les frères de Humboldt, qui souvent m'a-
vaient servi de guides, comme deux météores brillants,
sur le chemin de la science, firent un séjour assez long
à Iéna. Les pensées dont ma tête était pleine débordè-
rent malgré moi; je parlai si souvent de mon type, que,
lassé de tant d'insistance, on me dit à la fin avec quelque impatience, qu'il fallait rédiger par écrit ce qui
était si vivant dans mon esprit, mon intelligence et
mon souvenir. Heureusement j'avais alors sous la main
un jeune homme, ami de ce genre d'étude et appelé
Maximilien Jacobi; je lui dictai ma dissertation (voy.
p. 23), telle qu'on la trouve dans ce recueil; cette méthode est restée, à peu de chose près, la base de mes
études, quoiqu'elle ait subi à la longue plus d'une
modification. Le discours sur les trois premiers chapi-

tres, p. 61, est plus achevé. La majeure partie de ce
qu'il contient est maintenant sans intérêt pour les
adeptes; mais il ne faut pas oublier qu'il y a toujours
des commençants pour lesquels d'anciens éléments
sont bien assez nouveaux.

VI.

DE LA MÉTHODE A SUIVRE POUR ÉTABLIR UNE COMPARAISON RÉELLE ENTRE DIVERSES PARTIES ISOLÉES.

Pour multiplier, faciliter et faire saillir les points de
comparaison qui peuvent être établis dans un champ
aussi vaste, je plaçai différentes parties animales les
unes à côté des autres, mais toujours dans un ordre
différent. Ainsi je rangeai les vertèbres cervicales en
allant de la plus longue à la plus courte, ce qui rendit
évidente à mes yeux la loi de leurs différences. Il y
avait loin de la girafe à la baleine; mais je ne m'égarai
pas, parce que j'avais placé les jalons les plus importants pour indiquer la route. Quand je n'avais pas les
os eux-mêmes, j'y suppléais par des dessins; Merk
ayant donné une excellente figure de la girafe qui existait alors à La Haye.

Le bras et la main furent étudiés à partir du point où
ils sont de simples colonnes de sustentation, des appuis
aptes à exécuter seulement les mouvements les plus indispensables, jusqu'à celui où, dans les animaux supérieurs, on voit paraître les mouvements, si dignes d'admiration, de la pronation et de la supination.

Je procédai de même à l'égard des jambes et des
pieds, qui peuvent n'être que de simples appuis immobiles ou bien se métamorphoser en ressorts déliés, ou
permettre une comparaison avec les bras pour la forme
et les fonctions. L'allongement graduel des membres
antérieurs considéré comparativement à leur plus grand

MODÈLE

TABLEAU SYNOPTIQUE

PROPRE A ENREGISTRER MÉTHODIQUEMENT LES OBSERVATIONS OSTÉOLOGIQUES.

VERTÈBRES.	LION.	CASTOR.	DROMADAIRE.
Leur caractère général . Observations générales. Du cou. 1. Atlas.	Très arrêtées dans leurs formes. Leurs différentes divisions sont très évidentes et très marquées. Les gradations insensibles quoique nettement indiquées.	Formes peu arrêtées et mal proportionnées, comme le corps de l'animal lui-même.	Les vertèbres dorsales sont ramass serrées; celles du cou longues comme le très extrémités de l'animal.
	Masses latérales très grosses. Cavités glénoïdales profondes.	Peu développé.	Petit proportionnellement, processu raux étroits, bien proportionnés.
2. Axis.	Apophyse épineuse saillante. Processus latéraux pointus, étroits et dirigés en arrière.	Toutes deux grandes proportionnellement.	Extraordinairement long.
3e.	Indication d'apophyses transverses; elles existent à partir de la troisième vertèbre, en ce que les processus latéraux sont munis en bas et en avant d'un appendice aplati. Cet appendice est surtout marqué à la sixième vertèbre et se perd vers la septième, dont le processus latéral est dévié de côté. Toutes les apophyses épineuses des quatre dernières vertèbres cervicales sont déviées de côté.	L'apophyse épineuse est soudée avec le tubercule postérieur de l'axis. Les quatre dernières sont faibles, les apophyses épineuses spongieuses.	Les 3e, 4e et 5e diminuent en longu augmentent en force; point d'apophyses é ses, mais des tubercules rugueux servan sertion à des muscles; arrondis à la 5e, l cessus latéraux antérieurs sont longs, dir bas, d'abord pointus. Ils deviennent plus à leur partie inférieure, descendent enf dessous des processus latéraux posté et forment l'apophyse ailée de la sixiè est très remarquable. Cet os est court (il a une apophyse large et comme po La septième vertèbre est plus petite, elle apophyse lamellaire.
4e. 5e. 6e. 7e.			
Du dos jusqu'au milieu.	Onze. Les quatre premières apophyses épineuses sont verticales, les six suivantes dirigées en arrière; la onzième verticale. La seconde est la plus saillante; la onzième petite; ce qui fait que le dos se termine par une courbe gracieuse.	Onze. Les quatre premières apophyses épineuses sont petites et courbées en avant; les neuf suivantes de même hauteur, la onzième déjà plate comme celles des lombes.	Le milieu n'est pas caractérisé; ap dixième ou onzième, le corps des vertèbr vient très petit, les apophyses épineus grandes. La quatrième est la plus saillan là la présence d'une bosse. Les processu neux ont des épiphyses séparées et spong
Des lombes.	Neuf. Deux sont munies de côtes. Les lames sont dirigées en avant ainsi que les apophyses transverses. Toutes deux augmentent de volume dans de belles proportions, comme les vertèbres elles-mêmes, surtout vers leur partie postérieure.	Huit. Trois portent des côtes. Les lames et les apophyses transverses ne suivent pas une belle gradation successive.	Huit ou neuf. Leurs rapports avec le sont peu évidents; les lames surbaissées, l physes transverses très grandes, le corp
Du bassin.	Trois, peut-être deux seulement, soudées, étroites et petites; la dernière a des apophyses transverses qui se continuent en arrière.	Quatre, avec des apophyses perpendiculaires, qui sont probablement toutes soudées ensemble supérieurement; dans l'individu que j'ai sous les yeux, les deux premières sont cassées.	Quatre soudées entre elles.
De la queue.	Quatre à cinq avec des apophyses transverses, dirigées en arrière sans apophyse verticale; treize à quatorze prenant une apparence phalangoïde, puis devenant de vraies phalanges. La dernière phalangette est soudée avec l'avant-dernière.	Onze. Dans cet individu, qui est incomplet, elles sont munies d'apophyses transverses très grandes, qui diminuent en arrière : les cinq ou six premières ont des apophyses épineuses verticales, les autres en portent la trace.	Quinze. Passant naturellement et peu ses épiphyses à l'état de phalanges. Dans meau c'est la même chose; mais dans madaire les caractères et la physiono genre, résultant de son allure et de ses q sont plus prononcés.
Du sternum.	Huit; longues, étroites, semblent des os poreux ou du moins peu solides. Epiphyses cartilagineuses inférieurement. La longueur et l'étroitesse diminuent de haut en bas.	Cinq. Chacune d'une forme différente; la première en forme de poignée, la seconde et la troisième phalangoïdes; la quatrième a inférieurement de larges apophyses; la cinquième se termine en appendice xyphoïde, et laisse entrevoir la forme qu'elle a dans l'homme.	Cinq à six. La supérieure pointue, pl en bas; appendices latéraux osseux q au-devant des cartilages et des côtes.

état de raccourcissement, devait, en partant du phoque
pour arriver au singe, satisfaire en même temps l'œil
et l'intelligence ; quelques uns de ces parallèles sont
achevés, d'autres préparés, d'autres détruits ou perdus. Peut-être nos vœux seront-ils accomplis sous l'influence de l'astre favorable qui régit la science; de semblables comparaisons sont faciles à faire aujourd'hui
que chaque muséum possède des pièces incomplètes
que l'on peut employer avantageusement à cet usage.

La comparaison de l'os ethmoïde, qui acquiert tout
son développement et sa plus grande largeur dans le
Dasypus, et se trouve réduit à presque rien par l'agran-
dissement extraordinaire des cavités de l'œil qui anéan-
tit l'espace interorbitaire du singe, a donné lieu aux
considérations les plus importantes.

Comme je voulais ranger systématiquement les observations déjà faites ou à faire sur ces différents sujets,
afin que ces collections fussent sous la main et plus
faciles à trouver et à classer, j'avais imaginé un tableau qui m'accompagnait dans mes voyages et sur lequel j'indiquais les observations qui venaient en confirmation ou en opposition avec mes idées, afin d'avoir
une vue d'ensemble, et de préparer ainsi la rédaction
d'un tableau général. Le modèle ci-joint donnera une
idée de mon procédé ; je livre ces observations telles
qu'elles ont été faites sur les lieux, sans les revoir ni
garantir leur exactitude.

A cette occasion, je dois témoigner ma reconnaissance aux directeurs du cabinet d'histoire naturelle de
Dresde ; ils m'ont fourni toutes les facilités imaginables
pour remplir les lacunes de mon tableau. Auparavant
j'avais tiré parti des fossiles réunis par Merk qui font
partie maintenant du muséum de Darmstadt. La belle
collection de Sœmmering a éclairci plus d'une question ; et, à l'aide de mon tableau, j'ai pu noter bien des

particularités intéressantes, remplir plus d'un vide et rectifier plus d'une idée. La riche collection de M. Froriep n'arriva malheureusement à Weimar qu'à une époque où, devenu totalement étranger à ce genre de travaux, j'ai été forcé de dire un éternel adieu à des études qui m'avaient été si chères.

VIII.

PEUT-ON DÉDUIRE LES OS DU CRANE DE CEUX DES VERTÈBRES, ET EXPLIQUER AINSI LEURS FORMES ET LEURS FONCTIONS ?

Passons maintenant à une question dont la solution aurait une grande influence sur tout ce que nous venons de dire. Nous avons tant parlé de formation et de transformation, qu'on est en droit de se demander si l'on peut déduire les os du crâne de la vertèbre, et reconnaître la forme primitive malgré des changements si importants et si complets. J'avouerai avec plaisir que depuis trente ans je suis convaincu de cette affinité secrète, et que j'ai toujours continué à l'étudier. Mais un semblable aperçu, une telle idée, représentation, intuition, ou comme on voudra l'appeler, conserve toujours, quoi qu'on fasse, une singulière propriété. On peut la formuler en général, mais non pas la prouver ; on peut la démontrer en détail, sans rien produire de complet et d'achevé. Deux personnes qui se seraient toutes deux pénétrées de cette idée ne seraient pas d'accord sur son application dans les détails ; il y a plus, nous prétendons que l'observateur isolé, l'ami paisible de la nature, n'est pas toujours d'accord avec lui-même ; et, d'un jour à l'autre, ce sujet est clair ou obscur à ses yeux suivant que ses forces intellectuelles sont plus ou moins actives, plus ou moins énergiques.

Je vais rendre mon idée plus intelligible par une comparaison. J'avais, il y a quelque temps, pris plaisir à la lec-

ture de manuscrits du quinzième siècle qui sont pleins
d'abréviations. Quoique je ne me sois jamais appliqué à
déchiffrer des manuscrits, cependant je me mis avec
passion à l'ouvrage, et, à mon grand étonnement je lus
sans hésiter des caractères inconnus qui auraient dû
être des énigmes pour moi. Mon plaisir dura peu ; lorsqu'au bout de quelque temps je voulus reprendre ce
travail interrompu, je m'aperçus que je chercherais en
vain à accomplir, à force de travail et d'attention, une
tâche que j'avais commencée avec amour et intelligence,
avec lucidité et indépendance, et je résolus d'attendre
le retour de ces heureuses et fugitives inspirations.

Si nous trouvons de telles différences dans la facilité
que nous éprouvons à déchiffrer de vieux parchemins
dont les lettres sont invariablement fixées, combien la
difficulté ne doit-elle pas s'accroître lorsque nous voulons deviner les secrets de la nature qui, toujours mobile, dérobe à nos yeux le mystère de la vie qu'elle nous
prête. Tantôt elle indique par des abréviations, ce qui
eût été compréhensible écrit en toutes lettres, tantôt elle
cause un ennui insupportable par de longues séries d'é-
criture courante ; elle dévoile ce qu'elle cachait, et cache
ce qu'elle vient de dévoiler à l'instant. Quel homme
peut se vanter d'être doué de cette sagacité sagement
mesurée, de cette assurance modeste qui sait la rendre traitable en tout lieu et en toute occasion? Mais si,
avec un problème de cette nature dont la solution résiste à tout secours étranger, on se produit dans un
monde agité et occupé de lui-même, on aura beau le
faire avec une audace mesurée, raisonnée, ingénieuse
et réservée tout à la fois ; on sera reçu avec froideur,
repoussé peut-être, et l'on sentira qu'une création aussi
délicate, aussi intellectuelle, n'est pas à sa place dans ce
tourbillon. Une idée nouvelle ou renouvelée, simple
et grande, peut bien faire quelque impression ; cepen-

dant elle n'est jamais continuée et développée dans sa pureté primitive. L'auteur de la découverte et ses amis, les maîtres et les disciples, les élèves entre eux, sans parler des adversaires, embrouillent la question en se disputant, se perdent dans des discussions oiseuses, et tout cela, parce que chacun veut adapter l'idée à son esprit et à sa tête, et qu'il est plus flatteur d'être original en se trompant que de reconnaître, en admettant une vérité, le pouvoir d'une intelligence supérieure.

Celui qui pendant le cours d'une longue existence a suivi cette marche du monde et de la science, celui qui a observé autour de lui et médité l'histoire, celui-là connaît tous ces obstacles; il sait pourquoi une vérité profonde est si difficile à propager, et on lui pardonnera s'il refuse de se lancer dans un dédale de contrariétés.

Je répèterai donc en peu de mots quelle est ma conviction depuis longues années. C'est que la tête des mammifères se compose de six vertèbres, trois pour la partie postérieure, enfermant le trésor cérébral et les terminaisons de la vie divisées en rameaux ténus qu'il envoie à l'intérieur et à la surface de l'ensemble. Trois composent la partie antérieure qui s'ouvre en présence du monde extérieur qu'elle saisit, qu'elle embrasse et qu'elle comprend.

Les trois premières sont admises; ce sont:

L'occipital.

Le sphénoïde postérieur.

Le sphénoïde antérieur.

Les trois dernières ne sont pas encore admises; ce sont:

L'os palatin.

La mâchoire supérieure.

L'os intermaxillaire.

Si l'un des hommes éminents qui s'occupent avec ar-

deur de ce sujet, prend quelque intérêt à ce simple
énoncé du problème, et qu'il y ajoute quelques figures
pour indiquer par des signes et des chiffres les relations
mutuelles et les affinités secrètes de ces os; la publicité
entraînera forcément les esprits dans cette direction, et
nous donnerons peut-être un jour nous-même quelques notes sur la manière de considérer et de traiter
ces questions. Il faut, afin de les rendre compréhensibles, en faire jaillir ces résultats pratiques qui font apprécier et reconnaître par tout le monde la grandeur et
la portée d'une idée (7).

ÓSTÉOLOGIE COMPARÉE.

(1824.)

OS APPARTENANT A L'ORGANE DE L'AUDITION.

Division ancienne qui consiste à les considérer comme une partie (*partem petrosam*) du temporal. — Inconvénients de cette méthode.—Division établie plus tard.—Distinction d'une partie pétreuse de l'os des tempes qu'on a décrit sous le nom d'*os petrosum*. Cela n'est pas encore assez exact. — La nature nous indique une troisième méthode par laquelle nous pouvons acquérir une idée nette de ces parties compliquées, elle consiste à considérer l'os pétreux comme composé de deux os tout-à-fait différents par leur nature, qu'il faut étudier isolément, savoir : la *bulla* et l'*os petrosum propriè sic dicendum*. Nous en séparons complétement le temporal et l'occipital afin d'enchâsser les os appartenant à l'organe de l'audition dans l'espace qui sépare le temporal de l'occipital; nous distinguons donc :

I. Bulla.

II. Os petrosum.

    Ils tiennent ensemble

        a. Par la soudure;

        b. Par l'empiétement du processus styloïdien ;

        c. Par ces deux causes réunies.

    Ils sont réunis à l'os temporal et à l'occipital.

I. Bulla. Elle présente de remarquable:

    1. *Meatus auditorius externus, collum, orificium bullæ.*

a. *Collum* très long dans le cochon, le bœuf, le cheval, la chèvre et le mouton.

b. *Orificium.* Ce nom est exact lorsque l'ouverture ressemble à un anneau. Dans le chat, le chien, elle est soudée avec la *bulla*, mais il existe peut-être une trace de la séparation dans les jeunes chats et les jeunes chiens, et dans le fœtus de l'homme où l'anneau est séparé. Chez l'homme adulte, il se transforme en une gouttière couverte par le temporal.

On peut donc considérer le conduit auditif externe comme une gouttière dirigée en haut et en arrière, et dans d'autres cas comme un anneau dirigé dans le même sens. La gouttière est fermée dans les animaux dont nous avons parlé, cependant il est facile de voir que le côté antérieur est toujours le plus fort. L'anneau est fermé de même en haut, mais on remarque aussi que le bord antérieur est le plus fort.

Ce conduit auditif se réunit aux parties cartilagineuses et tendineuses de l'oreille externe ainsi que la *bulla*, et dans ce point il existe toujours un bord (*limbum*) plus ou moins courbé et à convexité postérieure. C'est à lu que s'attache la membrane du tympan qui ferme l'oreille interne.

2. La *bulla* proprement dite mérite cette dénomination par son apparence dans les chats, les renards, où elle contient aussi peu de matière osseuse que possible; elle est ronde, comme soufflée, et aucune des parties externes ne s'oppose à son développement. Il en part un *processus* peu marqué, pointu, qui donne attache aux tendons voisins. Ex., le chien.

Dans les moutons et les animaux analogues, son apparence est celle d'une poche; elle est toujours très pauvre en matière osseuse, mince comme du papier, unie en dedans, pressée en dehors par l'apophyse styloïde. Cette poche porte des *processus* rayonnants qui donnent attache à des tendons.

Dans le cheval, la *bulla* est encore mince, mais elle est modifiée par l'apophyse styloïde. On remarque dans le fond de sa cavité des cloisons semilunaires qui forment de petites cellules ouvertes par le haut. Je ne sais si elle est séparable de l'os pétreux dans le poulain.

II. Os petrosum.

1. *Pars externa.* Elle se place entre l'os des tempes et l'os occipital et y est enchâssée d'une manière solide. Quelquefois elle se réduit à peu de chose, comme dans les cochons.

2. *Pars interna.*

a. *Facies cerebrum spectans.* Celle-ci reçoit les nerfs qui partent du cerveau; son bord est uni à la tente du cervelet ossifiée.

Foramina

α. *Inferius constans, necessarium, pervium.*

β. *Superius accidentale cœcum.*

b. *Facies bullam spectans.*

Foramina. Enfoncements et saillies. Dès que ces parties auront été décrites isolément, et comparées entre elles, il faudra déterminer quels sont les résultats de leur réunion et de leur connexion.

L'espace entre la *bulla* et l'os pétreux ou vestibule.

L'apophyse mastoïde qui provient du temporal et de la partie externe de l'os pétreux, ne saurait être comparée avec la *bulla* vésiculeuse et mammiforme des animaux et surtout du cochon. Cette apophyse n'existe que dans l'homme. — Sa place, ses caractères. — L'apophyse mastoïde des animaux est placée sous le conduit auditif externe. — La *bulla* se prolonge derrière le *processus* styloïdien lorsqu'il existe.

L'apophyse mastoïde ne tient à l'os pétreux qu'anté-

rieurement et par les côtés. — Point à examiner avec
soin.

RADIUS ET CUBITUS.

Si l'on considère la conformation générale de ces
deux os, on verra que la plus grosse extrémité du cubitus est en haut où l'olécrâne l'unit à l'humérus, la plus
forte du radius en bas où il s'articule avec le carpe.

Lorsque ces deux os sont en supination chez
l'homme, le cubitus est en dedans, le radius en dehors.
Dans les animaux, ils restent tous deux en pronation;
le cubitus est placé en bas et en arrière, le radius en
avant et en haut; ils sont séparés, équilibrés, pour ainsi
dire, entre eux et plus ou moins mobiles (8).

Ils sont longs et minces chez le singe; c'est le caractère des os de cet animal qui paraissent tous proportionnellement trop longs et trop grêles.

Dans les carnivores, ils sont gracieux, proportionnés
et mobiles; si l'on établissait une série graduelle, le
genre chat serait à la tête. Le lion et le tigre ont des
formes très belles, très élancées; l'ours est plus lourd et
plus épais. Le chien et la loutre sont remarquables en
ce qu'ils ont tous les deux la pronation et la supination
plus ou moins parfaites.

Le radius et le cubitus sont encore séparés dans différents animaux, dans le cochon, le castor, la fouine;
mais ils sont très rapprochés, et paraissent quelquefois
réunis par des dentelures, de façon qu'on doit les considérer comme immobiles.

Dans les animaux organisés pour rester debout,
marcher ou courir, le radius l'emporte; il est la colonne
de sustentation; le cubitus ne sert qu'à former l'articulation du coude, son corps devient faible, mince, et n'est

en contact qu'en arrière et en dehors avec le radius. On pourrait l'appeler avec raison *fibula*. C'est l'organisation qu'on trouve dans le chamois, les antilopes et le bœuf. Quelquefois ils se soudent, comme je l'ai observé sur un vieux bouc.

Dans ces animaux, le radius s'articule déjà avec l'humérus par deux faces analogues à celles du tibia.

Les deux os sont soudés dans le cheval, cependant on remarque au-dessous de l'olécrâne une séparation ou un interstice entre eux.

Enfin, lorsque le poids du corps de l'animal devient considérable, de façon qu'il a beaucoup à porter et qu'il est destiné néanmoins à se tenir debout, à marcher ou même à courir, alors les deux os se soudent complétement, comme dans le chameau. On voit que le radius gagne toujours en prépondérance; le cubitus n'est plus qu'un *processus anconeus* du radius, et son corps mince et étroit se soude avec lui en vertu de la loi que nous connaissons. Si nous faisons en sens inverse la récapitulation de ce que nous avons dit, nous trouverons que : les deux os sont simples et soudés, lourds et forts, quand l'animal succombant, pour ainsi dire, sous son propre poids, ne fait que marcher ou se tenir debout; l'animal, au contraire, est-il agile? peut-il courir et sauter? alors les deux os sont séparés, mais le cubitus est faible, et ils ne se meuvent pas l'un sur l'autre. Si l'animal saisit et agit avec les membres antérieurs, ils s'écartent, deviennent mobiles, et enfin chez l'homme une pronation et une supination parfaites permettent les mouvements les plus gracieux et les plus compliqués.

TIBIA ET PÉRONÉ.

Ils ont à peu près le même rapport entre eux que le radius et le cubitus, cependant il faut observer ce qui suit.

Chez les animaux, comme les phoques, où les membres postérieurs ont des fonctions variées, ils sont moins inégaux pour la masse que dans les autres. Le tibia est toujours plus gros, mais le péroné l'égale presqu'en volume; tous les deux s'articulent avec une épiphyse, et celle-ci avec le fémur.

Dans le castor, qui, sous tous les points de vue, est un être à part, le tibia et le péroné s'écartent au milieu, forment une ouverture ovalaire et se soudent inférieurement. Les carnivores pourvus de cinq orteils, et qui bondissent avec force, ont un péroné très grêle. Il est fort élégant chez le lion. Les animaux sauteurs ou marcheurs en sont tout-à-fait dépourvus. Dans le cheval, ses extrémités supérieures et inférieures sont osseuses, le reste est tendineux.

Chez le singe, ces deux os, ainsi que tous les autres, sont mal caractérisés, sans force comme sans physionomie.

J'ajouterai quelques observations pour éclaircir ce qui vient d'être dit. Après avoir construit à ma manière, en 1795, le type ostéologique, j'eus le désir de décrire, d'après ces indications, les os des mammifères isolés. Je me trouvai bien d'avoir séparé l'intermaxillaire de la mâchoire supérieure; je sentis également l'avantage qu'il y avait à considérer l'inextricable sphénoïde comme formé de deux os, l'un antérieur, l'autre postérieur. Cette méthode devait me conduire aussi à séparer en plusieurs parties distinctes l'os temporal qui jusqu'ici n'avait été ni compris ni figuré comme il est dans la nature.

Pendant des années, j'avais inutilement suivi la route battue, dans l'espoir de trouver enfin un sentier nouveau qui me conduirait au but. Je concevais que l'ostéologie humaine devait entrer dans les détails les plus minutieux sur la forme des os, et les considérer sous une infinité de points de vue différents. Le chirurgien est forcé de voir avec les yeux de l'esprit, et souvent sans avoir recours au toucher, l'os lésé; et la connaissance approfondie des détails doit lui donner une sagacité pour ainsi dire infaillible.

Après de vains efforts souvent répétés, je compris qu'il était impossible de procéder ainsi en anatomie comparée. L'essai descriptif qui se trouve p. 81 nous démontre l'impossibilité d'appliquer un thème général à tout le règne animal; car la mémoire et l'écriture ne sauraient retenir tous ces détails, et l'imagination tenterait en vain de les reproduire.

On essaya de décrire et de noter les parties au moyen de chiffres et de mesures, mais l'exposition n'y gagna rien en lucidité. La sécheresse des chiffres et des mesures ne rend pas la forme, et bannit toute conception intelligente et animée. J'essayai donc un autre mode de description pour les os isolés considérés toujours dans leurs rapports architecturaux. Mon essai sur l'os pétreux et la *bulla*, que j'isole du temporal, est un exemple de ce mode de procéder.

Le second essai sur le radius et le cubitus, le tibia et le péroné, peut donner une idée de la manière rapide, il est vrai, dont je voulais établir le *parallèle* des os. Ici le squelette s'anime, parce qu'il est la base de toute forme vivante, et la destination, les rapports des différentes parties doivent être exactement appréciés. Je n'ai fait qu'indiquer ces comparaisons afin de m'orien-

ter d'abord et d'avoir un catalogue raisonné d'après
lequel j'aurais pu, dans des circonstances favorables,
rapprocher les membres que j'aurais voulu comparer.
Il en serait résulté naturellement que chaque série eût
nécessité un autre terme de comparaison.

L'esquisse qui précède donne une idée de ma manière
de procéder quand il s'agit des organes appendiculaires. Je prenais pour point de départ des membres
rigides, immobiles, ne servant qu'à une seule fin, pour
arriver à ceux qui exécutent les mouvements les plus
variés et les plus rapides. Cette gradation suivie dans
un grand nombre d'animaux, aurait fini par donner
les résultats les plus satisfaisants.

En traitant du cou, on partirait de celui qui est le
plus court pour arriver au plus long, on irait de la
baleine à la girafe. Nous quittons avec regret ce sujet;
mais qui ne voit quelle richesse d'aperçus résulterait de cette manière d'étudier, et comment, à propos d'un organe, on serait amené à étudier tous les
autres ?

Revenons en idée aux appendices dont nous avons
parlé plus haut avec détail, et nous verrons que par
eux la taupe est faite pour fouiller un terrain meuble,
le phoque pour l'eau, la chauve-souris pour l'air ; le
squelette nous l'apprend aussi bien que l'animal couvert de parties molles, et nous permet d'embrasser avec
une nouvelle ardeur et une intelligence plus élevée
l'ensemble du règne organisé.

Ce qui précède paraîtra sans doute moins saillant aux
naturalistes de nos jours, que je ne le croyais il y a
trente ans, parce que plusieurs d'entre eux et surtout
Dalton ont poussé cette branche de l'anatomie comparée jusqu'à ses dernières limites. Aussi est-ce spécialement aux psychologistes que je consacre cet article.
Un homme comme M. Ernest Stiedenroth devrait uti-

liser sa haute expérience des fonctions du corps spirituel
et de l'esprit corporel de l'homme, pour écrire l'histoire d'une science quelconque qui servirait alors de
modèle à toutes les autres.

Cette histoire prend un aspect très respectable lorsqu'on la considère du point où la science est parve-
nue. On estime à la vérité ses prédécesseurs, on leur sait
gré de la peine qu'ils se sont donnée pour nous; mais
on mesure toujours, en haussant les épaules, les limites
dans lesquelles ils se sont agités sans avancer et souvent
en reculant. Personne ne voit en eux des martyrs
qu'une ardeur irrésistible a jetés au milieu d'obstacles
qu'ils ne pouvaient vaincre, et ne réfléchit qu'il y
avait plus de vouloir sérieux dans ces pères de la
science, auteurs de tout ce qui existe, que dans leurs
successeurs qui jouissent de leurs travaux et en dissi-
pent le fruit.

Mais laissons ces considérations chagrines, pour nous
occuper des travaux où la science et l'art, l'intelligence
et l'imitation des formes, se donnent la main pour accomplir une noble tâche.

LES LÉPADÉES.

(1824.)

Les mémoires si profonds et si féconds en résultats, du docteur Carus, sont toujours pour moi une source de plaisir et d'instruction. Toute ma vie je me suis occupé d'histoire naturelle, mais j'avais plutôt des croyances et des présomptions qu'un savoir basé sur l'observation; grâce à lui, chacune des parties du règne animal devient claire à mes yeux, je vérifie dans les détails les faits que j'avais déduits de l'ensemble, et plus d'un résultat dépasse mes espérances et mes prévisions. Je trouve en cela la plus douce récompense de mes consciencieux efforts, et je songe avec plaisir à telle ou telle particularité que j'avais, pour ainsi dire, prise au vol, et notée dans l'espoir qu'elle pourrait bien un jour vivifier quelque partie de la science. Je rapporterai donc ici quelques observations sur les Lépadées, telles que je les trouve consignées dans mes papiers.

Toute coquille bivalve, étant séparée du monde extérieur par son enveloppe calcaire, doit être considérée comme un individu : son genre de vie, ses mouvements, son mode de nutrition et de reproduction, tout le prouve. Le *Lepas anatifera* semble, au premier abord, un mollusque bivalve; mais nous voyons bientôt qu'il y a plus de deux valves; nous trouvons, en effet, deux valves accessoires qui sont nécessaires pour recouvrir cet animal et tous les cirrhes dont il est muni (9). Tout cela est facile à comprendre si l'on a sous les yeux le mémoire de Cuvier sur les Anatifs, inséré dans ceux du Muséum d'histoire naturelle, t. II, p. 100.

Aussi ne voyons-nous pas en lui un être isolé, mais plusieurs réunis par un pédicule ou un tube avec lequel ils peuvent se fixer, et dont l'extrémité inférieure se dilate comme un utérus, et possède la propriété de sécréter des coquilles à l'extérieur. Il existe donc sur la peau de ce pédicule des places régulières, correspondantes à certaines parties internes de l'animal ; ce sont cinq points déterminés d'avance, où se forme la substance calcaire, et qui s'accroissent jusqu'à une certaine limite, à partir du moment où ils commencent à se montrer.

Nous pourrions observer pendant long-temps le *Lepas anatifera* sans acquérir plus de lumières sur ce phénomène ; mais l'examen d'une espèce voisine, le *Lepas polliceps*, nous conduit à des vues générales et profondes. L'organisation de l'ensemble est la même, mais la peau du pédicule n'est pas unie ou bien seulement ridée comme dans l'autre ; elle est rugueuse et parsemée d'un grand nombre de petits points saillants arrondis et tellement rapprochés qu'ils se touchent. Nous nous permettrons de soutenir que chacune de ces petites élévations a reçu de la nature la faculté de former une coquille ; et nous le croyons tellement, qu'avec un grossissement médiocre nous serions certains de le voir. Mais ces points ne sont des coquilles que dans le possible, et elles ne se réalisent pas, tant que le pédicule conserve les dimensions étroites qu'il a naturellement au commencement de sa formation. Mais dès que l'enveloppe immédiate de la partie inférieure s'étend, alors l'existence des coquilles possibles tend à se réaliser. Dans le *Lepas anatifera*, leur nombre est borné ; dans le *Lepas polliceps*, la même loi subsiste toujours, seulement les nombres ne sont pas limités ; car derrière les cinq centres principaux de la coquille il se forme des coquilles supplémentaires dont l'animal a besoin pour se couvrir et se défendre, à mesure qu'il prend de l'accrois-

sement; les coquilles principales, qui s'arrêtent dans leur
développement, devenant insuffisantes pour cet objet.

Admirons ici l'activité de la nature qui remplace une
force insuffisante par le nombre des forces. Car lorsque les coquilles principales ne vont pas jusqu'au rétré-
cissement, il se produit, dans tous les espaces vides
qu'elles laissent entre elles, de nouvelles séries de coquilles de plus en plus petites qui forment à la fin autour du bord de la dilatation une rangée de petites
perles. Là cesse toute transition de la possibilité à la
réalité.

Nous voyons aussi que l'expansion de la partie inférieure du pédicule est la condition nécessaire pour
qu'il se forme de nouvelles coquilles. Il semble, en examinant les choses de près, que chaque point de formation se hâte d'envahir les autres pour s'agrandir à leurs
dépens, dans le moment même où ils sont sur le point de
se développer. Une coquille, quelque petite qu'elle soit,
ne saurait être absorbée par une plus grande ; tout ce qui
est se fait équilibre. Aussi voit-on dans le *Lepas anatifera* une croissance régulière et normale qui, dans le
Lepas polliceps, prend un plus grand développement, de
manière que chaque point isolé s'étend et s'approprie
le plus d'espace qu'il peut.

Mais ce que nous devons signaler à l'admiration des
observateurs, c'est que la loi, qui est pour ainsi dire élu-
dée, n'entraîne pas nécessairement de la confusion,
mais que les centres réguliers d'action et de formation
du *Lepas anatifera* se retrouvent dans le *Lepas polliceps*,
si ce n'est que l'on voit d'espace en espace de petits
mondes qui s'étendent l'un sur l'autre, sans pouvoir
empêcher que des productions semblables ne se forment et ne se développent, quoique resserrées et réduites à une plus petite échelle.

Celui qui aurait le bonheur d'observer ces animaux

au microscope dans le moment où le pédicule s'allonge
et où commence la sécrétion de la coquille, celui-là
verrait sans doute un des spectacles les plus étonnants
qui puissent réjouir les yeux d'un naturaliste. Comme,
dans ma manière d'étudier, de savoir et de jouir, je
suis forcé de m'en tenir à des symboles; ces êtres sont
des fétiches dont les mystères ne me seront jamais dé-
voilés; mais par leur organisation singulière, ils person-
nifient cette nature qui, tenant de Dieu et de l'homme,
tend sans cesse à s'affranchir des lois qu'elle s'est elle-
même posées et qu'elle observe cependant dans ses
moindres productions, comme dans les plus grands phénomènes.

TAUREAUX FOSSILES.

(1822.)

Le docteur Jaeger donne, dans les Annales du Wur-
temberg pour 1820, p. 147, quelques détails sur des
os fossiles qui furent découverts en 1819 et 1820 à
Stuttgardt.

En creusant les fondements d'une maison on trouva
un morceau de dent de mammouth, enterré sous une
couche épaisse d'argile rougeâtre, plus deux pieds environ de terre végétale; ce qui indique une époque où
les eaux du Necker étaient assez élevées pour déposer
ces restes au fond de leur lit, et les recouvrir encore de
terre. A une autre place et à la même profondeur, on
découvrit une grosse molaire de mammouth avec quelques molaires de rhinocéros. Près de ces fossiles, on dé-
terra aussi les débris d'une grande espèce de taureau,
que l'on peut considérer comme contemporaine des
deux premiers animaux. Le docteur Jaeger les mesura
et les compara aux squelettes d'animaux existant actuellement; il trouva, pour ne citer qu'un seul exemple,
que le col de l'omoplate d'un taureau fossile avait cent
deux lignes de hauteur, tandis que celui d'un taureau
de la Suisse n'en comptait que quatre-vingt-neuf.

Il nous donne ensuite des renseignements sur des os
fossiles de taureau qui existent dans diverses collections; il résulte, de la comparaison qu'il établit entre
ces os et ceux des animaux vivants, que le taureau antédiluvien devait avoir une taille de six à sept pieds,
et qu'il était par conséquent beaucoup plus grand que
toutes les espèces vivantes. On verra par ce qui suit
quelle est celle d'entre elles qui se rapproche le plus,

pour la forme de l'animal fossile. Celui-ci, dans tous les cas, peut être considéré comme faisant partie d'une race perdue, dont le taureau commun et celui des Indes seraient les descendants les plus immédiats.

Pendant que nous réfléchissions sur ces communications intéressantes, nous nous rappelâmes trois énormes proéminences de cornes qui furent trouvées, il y a trois ans, dans les sables de l'Ilm, près Mellingen. On peut les voir au muséum d'Iéna. La plus longue a deux pieds six pouces, et sa circonférence, à l'endroit où elle se détache du crâne, est d'un pied trois pouces de Leipsick.

Nous apprîmes, sur ces entrefaites, que l'on avait trouvé un squelette semblable, en mai 1820, dans la tourbière de Frose près d'Halberstadt. Il était à dix ou douze pieds de profondeur, mais on n'en avait conservé que la tête. Le docteur Koerte nous en a donné un dessin caractéristique dans les Archives palæontologiques publiées par Ballenstedt, T. 3, v. 2ᵉ cahier ; il la compare à la tête d'un taureau du Voigtland qu'il avait préparée lui-même avec beaucoup de soin. Nous allons le laisser parler lui-même :

« Ces deux têtes sont pour moi comme deux chroniques ; le crâne du taureau fossile est un témoignage de ce que la nature a voulu de toute éternité ; celui du taureau vivant, un exemple du point de perfection où elle a amené cette forme animale. Je remarque la masse énorme de l'animal fossile, ses grosses proéminences, son front aplati, ses orbites dirigés en dehors, ses cavités auditives plates et étroites, les sillons profonds que des cordes tendineuses ont creusés sur son front. Que l'on compare à cet ensemble les cavités orbitaires du crâne nouveau, elles sont plus grandes et dirigées plus en avant. Le front et l'os du nez sont plus bombés, les cavités auditives plus larges et mieux conformées, les sillons du front moins marqués, et, en général, toutes les parties paraissent plus achevées. »

« Le crâne nouveau dénote plus de réflexion, de docilité, de bonté, d'intelligence même; l'ensemble des formes est plus noble. Celui du taureau fossile dénote un animal plus sauvage, plus indocile, plus brute et plus entêté. Le profil du taureau antédiluvien se rapproche de celui du cochon, surtout dans la partie frontale, tandis que la tête du taureau vivant rappelle un peu celle du cheval.

« Des milliers d'années séparent le taureau antédiluvien du bœuf; l'instinct, de plus en plus prononcé, qui portait l'animal à regarder devant lui, a modifié la direction des cavités orbitaires et a changé leurs formes; les efforts qu'il a faits pour entendre plus facilement, plus distinctement et de plus loin, ont élargi les cavités auditives et les ont rendues plus convexes en dedans; l'instinct animal qui le porte à chercher sa nourriture et à augmenter son bien-être, a élevé peu à peu le front à mesure que les impressions du monde extérieur agissaient sur le cerveau. Je me représente le taureau antédiluvien au milieu d'espaces immenses, couverts du lacis végétal de la forêt primitive, qui cédait à sa force sauvage; le taureau actuel, au contraire, se plaît au milieu de riches pâturages bien aménagés, et se nourrit de végétaux cultivés. Je conçois que l'éducation domestique ait fini par le soumettre au joug et l'astreindre à la nourriture de l'étable; que son oreille se soit accoutumée à entendre la voix de son conducteur et à lui obéir, et que son œil ait appris à respecter la position verticale de l'homme. Le taureau fossile existait avant l'homme, ou plutôt il était sur la terre avant que l'espèce humaine existât pour lui. Les soins, l'influence prolongée de l'homme ont évidemment amélioré l'organisation de la race fossile. La civilisation a forcé un animal stu-

9

pide, *qui avait besoin qu'on lui vînt en aide*, à se laisser mettre à l'attache, à manger dans une étable, et à paître sous la garde d'un chien, d'une gaule ou d'un fouet. Elle a ennobli son existence animale en en faisant un bœuf, c'est-à-dire en l'apprivoisant (10). »

L'intérêt déjà si puissant que nous inspiraient ces belles considérations, s'accrut encore, grâce à un heureux hasard qui voulut qu'on déterrât, dans une tourbière près d'Hassleben, le squelette tout entier d'un animal semblable, au printemps de 1821. On le transporta à Weimar, et, quand il fut rangé méthodiquement sur le plancher, il se trouva qu'il manquait plusieurs parties. De nouvelles recherches les firent retrouver à la même place, et l'on prit des mesures pour reconstruire le tout à Iéna avec le plus grand soin. Le petit nombre de parties manquantes fut remplacé par des pièces artificielles, et le squelette entier est livré maintenant à l'étude et à la contemplation des savants présents et futurs.

Je parlerai plus tard de la tête; voyons d'abord quelle est la grandeur du tout, mesurée au pied de Leipsig.

Longueur, du milieu de la tête jusqu'à l'extrémité du bassin, huit pieds six pouces et demi; hauteur de la partie antérieure, six pieds cinq pouces et demi; hauteur de la partie postérieure, cinq pieds six pouces et demi.

Le docteur Jaeger, n'ayant pas de squelette complet à sa disposition, y a suppléé en comparant des os séparés de taureau fossile avec ceux de l'espèce vivante. Il a trouvé pour le tout des proportions un peu plus fortes que celles que nous venons de mentionner; le dessin de M. Koerte est parfaitement d'accord avec la tête que nous avons sous les yeux, seulement il lui manque l'os intermaxillaire, une partie de la mâchoire supérieure et de l'os unguis qui existent sur le crâne

trouvé à Frose. Nous pouvons aussi apprécier la comparaison que fait M. Koerte du crâne qu'il possède avec
celui d'un taureau du Voigtland; car nous avons sous
les yeux celui d'un bœuf de Hongrie, que nous devons
à la complaisance de M. le directeur de Schreibers, à
Vienne. Il est plus grand que celui du taureau saxon,
tandis que notre tête fossile est plus petite que celle qui
vient de Frose.

Revenons aux considérations de M. Koerte sur ce
sujet, elles sont tout-à-fait conformes à nos idées, et
nous nous bornerons à ajouter quelques mots pour les
confirmer; en ayant recours, toujours avec une nouvelle satisfaction, aux belles planches de M. Dalton.

Tous les organes séparés des animaux les plus sauvages, les plus informes, les plus farouches, ont une
vie propre des plus énergiques; cela peut se dire surtout des organes des sens, qui sont moins dépendants
du cerveau, et pourvus, pour ainsi dire, chacun d'un
cerveau distinct: ils peuvent donc se suffire à eux-
mêmes. Considérez, dans l'ouvrage de Dalton, la fig. 6
de la douzième planche, qui représente le cochon d'É-
thiopie (*Phacochoeres*, Fred. Cuv.) : l'œil est placé de
façon qu'il semble se réunir à l'occipital, comme si les
os antérieurs du crâne manquaient totalement. Le cerveau est réduit presqu'à rien, comme on peut s'en assurer aussi par la fig. *a*, et l'œil a par lui-même autant
de vie qu'il lui en faut pour exécuter ses fonctions. Ob-
servez au contraire un tapir, un babiroussa, un pécari
ou le cochon domestique: l'œil est poussé en avant et
en bas, d'où il résulte qu'entre lui et l'occipital il reste
assez de place pour loger un cerveau d'une médiocre
grandeur.

Revenons au taureau fossile; la figure de M. Koerte
nous fait voir que la capsule du globe oculaire, si je
puis m'exprimer ainsi, est déjetée de côté comme un

membre séparé de l'appareil nerveux. Dans le nôtre c'est évidemment la même chose ; tandis que les cavités orbitaires des taureaux du Voigtland et de la Hongrie rentrent dans la tête et n'occupent pas un grand espace, quoique leur ouverture antérieure soit plus grande.

C'est dans les cornes, dont le dessin ne saurait rendre exactement la direction, qu'on trouve les différences les plus notables. Chez le taureau fossile, elles se dirigent en dehors et un peu en arrière, mais on observe à l'origine des proéminences une direction en avant qui devient plus marquée lorsque leur écartement est de deux pieds trois pouces. Alors elles se recourbent en dedans, et prennent une position telle qu'en les supposant recouvertes par la corne, qui doit avoir environ six pouces de longueur en sus, leur pointe se trouverait près de la racine des proéminences. Ces prétendues armes de l'animal lui seraient donc aussi inutiles que le sont les canines recourbées du *Sus babirussa*.

Dans le taureau de Hongrie, au contraire, nous voyons les proéminences se diriger d'abord un peu en haut et en arrière, puis décrire une courbe gracieuse en s'amincissant à leur extrémité.

Remarquons en général que tout ce qui est vivant se courbe avant de se terminer en pointe, ce qui démontre que non seulement l'organe va en diminuant, mais qu'il est véritablement achevé. Les cornes, les griffes, les dents en sont une preuve ; si l'organe se courbe et se contourne tout à la fois, il en résulte alors des formes belles ou gracieuses. Ce mouvement *fixé*, mais qui semble se continuer, plaît à l'œil ; Hogarth a été amené à ce résultat dans ses recherches sur la ligne de beauté la plus simple, et chacun sait combien les anciens ont varié cette forme dans les cornes d'abondance qui font partie de leurs ornements architecturaux. Isolées sur des bas-reliefs, des pierres gravées et des monnaies, elles sont pleines de charme, mais lorsqu'elles se combinent entre elles ou avec d'autres ornements, il en résulte des compositions on ne peut plus agréablement significatives. Avec quelle grâce une corne d'abondance se contourne autour du bras d'une divinité bienfaisante!

Puisque Hogarth a poursuivi l'idée du beau jusque dans ses abstractions, il n'est point étonnant que cette abstraction produise une impression agréable lorsqu'elle est réalisée à nos yeux. Je me souviens d'avoir vu en Sicile, dans la grande plaine de Catane, un troupeau de bœufs de petite taille, mais bien modelés et de couleur brune. Lorsque ces animaux levaient leur jolie tête, ornée de cornes gracieusement contournées et animée par de beaux yeux, ils produisaient sur moi une impression si vive, qu'elle ne s'est jamais effacée depuis. Aussi le cultivateur, auquel ce gracieux animal est d'ailleurs si utile, ne saurait-il voir sans un vif sentiment de plaisir se balancer dans une prairie ces têtes ornées de cornes gracieuses, dont l'élégance le charme sans qu'il sache dire pourquoi. Ne cherchons-nous point sans cesse à unir l'agréable à l'utile, et à orner les objets dont nous faisons un usage habituel?

On a vu par ce qui précède que la nature, par une concentration particulière, tourne pour ainsi dire les cornes du taureau sauvage contre lui-même, et le prive d'une arme qui lui serait si utile dans l'état de nature, mais nous avons vu aussi que dans l'état domestique ces cornes prennent une direction bien différente, en ce qu'elles se dirigent en dehors et en haut avec beaucoup de grâce. La corne obéit, en se contournant élégamment, à la direction qui lui est donnée par les proéminences; elle couvre d'abord la petite proéminence, se distend à mesure que celle-ci se développe,

et laisse apercevoir enfin une structure annulaire et
écailleuse. Celle-ci disparaît lorsque la proéminence
commence à s'effiler par le bout; la corne se concentre de plus en plus jusqu'à ce qu'elle dépasse enfin la
proéminence, et se termine comme une partie organique accomplie.

Si la domesticité a pu produire ce résultat, il n'y a rien
d'étonnant que le laboureur mette du prix à ce que ses
troupeaux possèdent, entre autres perfections, des cornes courbées symétriquement. Cette disposition étant
sujette à varier, parce que la corne se recourbe tantôt
en avant, tantôt en arrière, et même en bas, les connais-
seurs cherchent à combattre de leur mieux ces déviations.

J'ai pu observer comment on y parvient, pendant
mon dernier séjour dans le district d'Éger, en Bohême.
Les bêtes à cornes sont d'une haute importance pour
l'agriculture du pays, et autrefois elles étaient l'objet
d'un commerce important; encore aujourd'hui on a
poussé très loin, dans quelques localités, l'art de les
élever.

Lorsque les cornes, par suite d'une disposition anormale ou morbide, menacent de prendre une fausse direction, alors on emploie, pour leur rendre la forme
voulue, une machine avec laquelle on *bride* les cornes,
c'est l'expression consacrée pour désigner cette opération. Cette machine est en fer ou en bois : celle en fer
se compose de deux anneaux qui, réunis par plusieurs
chaînons et une verge rigide, peuvent être rapprochés ou éloignés par le moyen d'une vis. On place
les anneaux, après les avoir entourés d'un bourrelet,
sur les cornes, et, en serrant ou desserrant la bride, on
leur donne la direction que l'on veut. Un instrument
de ce genre se trouve dans le musée d'Iéna.

Les anciens avaient fait les mêmes remarques en
effet, Virgile dit, Georg. III, v. 51 :

Optima torvæ
Forma bovis, cui turpe caput cui plurima cervix
Et crurum tenus a mento palearia pendent.
Tum longo nullus lateri modus ; omnia magna
Pes etiam, et camuris sub cornibus aures.

Jun. Philargyrius, commentateur qui vivait dans les premiers siècles de l'ère chrétienne, s'exprime ainsi dans ses Scholies sur ce passage : *Cámùri boum* (ἕλικες ϐόες) *sunt qui conversa introrsum cornua habent ; lœvi quorum cornua terram spectant ; his contrarii licìni qui sursùm versum cornua habent.*

LES TARDIGRADES

ET

LES PACHYDERMES

DÉCRITS, FIGURÉS ET COMPARÉS,

PAR

LE D DALTON.

(1823.)

En parcourant cet admirable recueil, nous nous rappelons avec bonheur le temps où l'auteur habitait parmi nous, et savait captiver une société d'élite par sa conversation instructive et animée, en même temps qu'il contribuait à l'avancement de tous par des communications où l'art et la science venaient heureusement se confondre; aussi sa vie et ses travaux ultérieurs sont-ils toujours, pour ainsi dire, restés entrelacés avec les nôtres, et jamais nous ne l'avons perdu de vue dans la carrière où il s'avance si rapidement.

Son important ouvrage sur l'anatomie des chevaux l'occupait alors; et comme c'est à propos des faits particuliers que les idées générales viennent, pour ainsi dire, s'imposer à l'homme qui pense, et que l'esprit engendre des idées qui à leur tour facilitent l'exécution; nous l'avons vu publier depuis des travaux importants qui contribueront aux progrès de la science en général.

Ainsi l'histoire des développements du poulet dans 'œuf, qu'il avait étudiée avec tant d'ardeur, n'est pas lune idée conçue au hasard ni une observation isolée: c'est une création de l'intelligence, et il rapporte des observations qui démontrent ce que le génie le plus hardi eût à peine osé concevoir.

Ces deux livraisons de dessins ostéologiques sont

tout-à-fait dans le sens du véritable esprit philosophique, qui ne se laisse point induire en erreur par cette
variation protéique des formes, au milieu desquelles la
déesse Camarupa semble se complaire, mais qui s'a-
vance en expliquant sans cesse, et même en prévoyant
les phénomènes les plus divers.

Nous adoptons pleinement les idées émises par l'auteur dans son introduction, et lui sommes redevable
de nous avoir confirmé la vérité des principes que nous
avons reconnus et professés depuis long-temps. Il y a
plus, il nous a ouvert plus d'une voie dans laquelle
nous n'aurions pu entrer sans son aide, indiqué plus
d'un sentier qui doit mener aux résultats les plus satisfaisants.

Nous sommes aussi d'accord avec lui sur l'exposition
et la déduction des faits isolés, et nous saisirons cette
occasion pour faire part à nos lecteurs de quelques remarques que la lecture de ce livre nous a suscitées.

Ainsi que l'auteur, nous sommes convaincu de
l'existence d'un type universel, et de la nécessité de disposer comparativement les unes à côté des autres les
différentes formes animales ; nous croyons aussi à la
mobilité perpétuelle de ces formes dans la réalité.

Il s'agirait maintenant de discuter pourquoi certaines
conformations extérieures, génériques, spécifiques ou
individuelles se conservent sans altération pendant un
grand nombre de générations, et restent néanmoins,
malgré leurs plus grandes déviations, toujours semblables à elles-mêmes.

Nous avons cru ces considérations nécessaires avant
d'arriver à l'examen du genre *Bradypus*, dont l'auteur a
figuré trois espèces qui, n'ayant aucune analogie quant
à la proportion des membres, ne se ressemblent réellement pas si on les considère en masse. Et cependant
leurs parties, prises séparement, présentent une telle

analogie, que nous rappellerons ici ces belles paroles de
Troxler : « Le squelette est le meilleur et le plus important de tous les indices physiognomiques qui peuvent
nous dévoiler la nature du génie créateur ou du
monde créé, qui se traduit par cette forme tangible. »

Mais quel nom donner au génie qui se manifeste dans
le genre *Bradypus*? Nous serions tenté de dire que
c'est un mauvais génie, s'il était permis de proférer ce
blasphème. C'est en tout cas un esprit qui ne peut pas
se manifester dans toute sa puissance et dans tous ses
rapports avec le monde extérieur.

Qu'on nous passe ici quelques expressions poétiques, d'autant plus que la prose devient tout-à-fait insuffisante. Supposez qu'un esprit immense, qui, dans
l'Océan, se manifeste sous la forme d'une baleine, tombe
sur un des rivages marécageux de la Zone torride : dès
lors il n'a plus la faculté dont jouit le poisson, car il
lui manque un milieu qui le supporte, et permette au
corps le plus volumineux de se mouvoir à l'aide d'appendices très petits. Il se développera donc nécessairement des membres énormes pour soutenir un corps
énorme. Appartenant à la terre et à l'eau, cet être bizarre
est privé de tous les avantages que les habitants de
l'un ou de l'autre de ces éléments savent y trouver,
et il est bien remarquable qu'il lègue à sa postérité,
comme une marque indélébile de son origine, cette
impuissance, résultant de l'impossibilité où il est de se
mettre en harmonie avec les conditions extérieures au
milieu desquelles il a été placé. Mettez l'une à côté
de l'autre les figures du *Megatherium* et de l'Aï (*Bradypus tridactylus*, L.), et si vous êtes convaincus de
leur analogie, vous direz : Ce colosse immense, qui
ne put devenir le roi des sables marécageux qu'il habitait, transmit à ses descendants, par une filiation inconnue, la même impuissance; ceux-ci gagnèrent alors la

terre ferme; mais c'est lorsqu'ils se trouvèrent enfin dans
un élément distinct, l'air, qui ne s'oppose pas aux lois
intérieures de développement, que cette impuissance
devint évidente. Si jamais il a existé un être faible et
sans physionomie, c'est à coup sûr celui-ci. Il a des
membres, mais qui ne sont pas proportionnés, et
s'allongent indéfiniment comme s'ils voulaient se développer à l'aise, impatients de compenser l'état antérieur où ils étaient pour ainsi dire resserrés sur eux-
mêmes; il semble même, à considérer la longueur des ongles, que le membre n'est pas définitivement terminé par
eux, et qu'il doive encore se prolonger au-delà. Les
vertèbres cervicales se multiplient, et en se reproduisant ainsi, elles prouvent qu'il n'existe point de force
intérieure qui limite leur nombre; la tête est petite, le
cerveau atrophié. Aussi, comparant ces animaux au
type général de la famille, on peut dire que le *Megatherium* est moins monstrueux que l'aï. Il est remarquable de voir comment, dans l'unau (*Bradypus di-
dactylus*, L.), l'esprit animal, plus concentré, s'est assimilé davantage à la terre, s'est accommodé à elle, et
s'est élevé jusqu'à la race mobile des singes, parmi lesquels on en trouve plusieurs qui se rapprochent des
Tardigrades.

Si l'on admet jusqu'à un certain point nos hypothèses, on accueillera peut-être quelques considérations
au sujet de la note qui se lit sur la couverture de la livraison des Pachydermes. Elle est ainsi conçue :

« Dans le tableau p. 244, on parle, à propos des vertè-
» bres dorsales, d'un point médian sur lequel nous devons
» donner quelques éclaircissements. En examinant l'é-
» pine dorsale des mammifères à formes caractérisées,
» on observe que les apophyses épineuses, lorsqu'on les
» regarde d'avant en arrière, s'inclinent en arrière, tan-
» dis qu'elles vont en se penchant en avant lorsqu'on les

» envisage d'arrière en avant ; le point où les deux séries
» se rencontrent est pour nous le milieu du dos, et en
» comptant d'arrière en avant on a les vertèbres dorsales,
» et les vertèbres lombaires en procédant d'avant en ar-
» rière. Cependant nous n'avons pas encore bien éclairci
» la question de savoir quelle pouvait être la significa-
» tion de ce point médian. »

J'ai fait de nouveau cette remarque en présence de
nombreux squelettes qui se trouvaient devant moi, et je
livre aux réflexions du lecteur les observations suivantes.

Les apophyses épineuses du *Megatherium* ne méritent pas ce nom, car elles sont aplaties et dirigées toutes d'avant en arrière ; par conséquent, ici, la colonne
vertébrale ne présente pas de milieu.

Dans le rhinocéros, ces *processus* sont plus amincis,
mais ils sont tous inclinés d'avant en arrière. Le mastodonte de l'Ohio est remarquable en ce que les apophyses épineuses antérieures sont très grandes, mais elles
deviennent plus petites et s'inclinent en arrière vers la
partie postérieure, direction qu'on observe même dans
les trois dernières, quoiqu'elles semblent élargies et
aplaties. L'éléphant d'Afrique présente les mêmes dispositions, mais encore plus marquées. Les quatre dernières apophyses s'effacent.

Chez l'hippopotame, on observe des différences plus
tranchées. Les apophyses antérieures sont longues et
cylindriques, ou bien courtes et aplaties ; elles sont
toutes dirigées en arrière ; mais les six premières, en
comptant d'arrière en avant, sont plus aplaties et dirigées en avant.

Le tapir présente, dans son ensemble et dans ses détails, de belles proportions : les apophyses épineuses antérieures sont plus longues, et vont en diminuant et en
s'effaçant d'avant en arrière ; elles sont dirigées dans le
même sens. Mais en comptant d'arrière en avant, on

trouve huit à neuf prolongements très aplatis, qui sont dirigés sinon en avant, du moins en haut.

Dans le cochon, les apophyses antérieures, qui sont plus longues, se dirigent en haut ou en arrière; mais en allant d'arrière en avant, on en compte neuf qui s'aplatissent et s'inclinent vers la partie antérieure.

La diminution du nombre des fausses côtes semble coïncider avec cet aplatissement et cette direction en avant des apophyses épineuses, ainsi qu'on le voit en comparant le mastodonte de l'Ohio avec le cochon. Un examen attentif ferait peut-être découvrir encore d'autres rapports intéressants.

Je ne fais ces remarques qu'en passant, et les admirables planches de Dalton étant désormais sous les yeux du public, l'on pourra établir de semblables comparaisons sur toutes les parties animales.

Les amis des arts qui habitent Weimar se sont prononcés ainsi qu'il suit sur le mérite artistique de l'ouvrage.

Le *Megatherium*, pl. VII, trois espèces. — Le soin avec lequel on a reproduit la forme des os, et le fini de l'exécution, sont dignes des plus grands éloges. On trouverait difficilement des dessins représentant des os dont la physionomie caractéristique soit aussi bien accusée, et où les détails soient exprimés avec autant de bonheur : les saillies et les cavités, les arêtes et les bords arrondis, sont figurés avec un soin et un talent extraordinaires. Le travail est d'une grande finesse; les pl. III, IV et V, qui représentent des os isolés du *Megatherium*, méritent surtout ces éloges.

Tout ce que nous avons dit des premières livraisons est applicable à la neuvième, et peut-être trouve-t-on ici une exécution encore plus parfaite, sous le point de vue du fini et de la netteté du dessin. La planche VII est traitée aussi franchement qu'on

puisse le désirer; il en est de même des os séparés représentés planches IV et IX.

L'idée d'avoir placé derrière les squelettes des pachydermes une image de l'animal vivant, est on ne
peut plus heureuse. On voit pourquoi ces êtres ont
été désignés sous le nom d'animaux à peau épaisse;
car, même dans l'état naturel, la peau et la graisse cachent et dissimulent la forme du squelette. Mais il devient évident, en même temps, que sous cette masse
épaisse on retrouve souvent un squelette dont les mem-
brures élégantes sont heureusement articulées entre
elles, et permettent des mouvements rapides, habiles
et gracieux.

Quelques remarques ajoutées à l'ouvrage font voir
quels voyages l'auteur a dû entreprendre pour achever
un travail dont la valeur intrinsèque doit exercer une
si heureuse influence sur la marche de la science.

LES SQUELETTES

DES

RONGEURS

DÉCRITS, FIGURÉS ET COMPARÉS

PAR

LE Dr DALTON.

(1823.)

En publiant les cahiers sur la morphologie, j'ai voulu
dérober à l'oubli celles de mes notes qui pouvaient, sinon
servir à mes contemporains ou à mes successeurs, du
moins rester comme un témoignage de mes efforts
consciencieux dans l'observation de la nature. Dans ce
but, je repris, il y a peu de temps, quelques fragments
ostéologiques, et en relisant l'épreuve imprimée, qui a
la propriété de nous éclaircir nos propres idées, je sentis
vivement que c'étaient des préludes, mais non pas
des travaux préparatoires.

Dans ce moment même, l'ouvrage dont il est ici
question me parvint, et incontinent je fus transporté
des sombres régions de l'étonnement et de la foi aveugle, dans les champs heureux de l'intuition et de l'intelligence.

Si je considère la classe des rongeurs (dont le squelette admirablement reproduit avec l'indication de son
enveloppe extérieure, est en ce moment sous mes yeux)
je reconnais que génériquement il est déterminé et
limité par les organes internes, tandis qu'il n'a point
de bornes au dehors, et se modifie spécifiquement en
se transformant de la manière la plus variée.

Ce qui enchaîne ordinairement l'animal, c'est son

appareil maxillaire: avant tout il est forcé de ne mâcher que ce qu'il peut prendre. L'état de dépendance des ruminants provient de leur mastication incomplète, et de la nécessité où ils se trouvent de remâcher des substances à moitié digérées.

Sous ce point de vue, les rongeurs présentent une organisation très remarquable. Ils saisissent fortement mais peu à la fois, se rassasient vite, et rongent les objets à plusieurs reprises; ils les détruisent sans but, sans utilité, et en les attaquant avec une persévérance passionnée et presque convulsive; ce besoin se transforme quelquefois en une tendance à bâtir des maisons et à s'arranger un lit: preuve évidente que dans la vie organique ce qui est inutile et même nuisible occupe sa place dans le cercle fatal de l'existence, joue son rôle dans l'ensemble, et doit être considéré comme un lien nécessaire.

En général les rongeurs sont bien proportionnés; les limites extrêmes sont assez rapprochées; toute leur organisation les rend accessibles aux impressions extérieures; elle est en même temps douée d'une élasticité qui lui permet de se développer dans tous les sens.

Je serais tenté de faire dériver cette élasticité, de leur système dentaire, qui est incomplet et très faible relativement, quoique fort en lui-même; système qui fait que cette famille présente des formes arbitraires qui vont quelquefois jusqu'à la difformité.

Parmi les observateurs consciencieux qui se livrent à ce genre de recherches, quel est celui que cette oscillation entre la forme régulière et la difformité n'a pas rendu quelquefois à moitié fou? Pour nous autres, êtres bornés, il vaut souvent mieux être ancrés dans l'erreur que de flotter dans le vrai.

Tâchons de poser quelques jalons dans ce vaste champ. Les animaux types, tels que le lion, l'éléphant, doivent à la prédominance des extrémités antérieures un caractère très marqué de bestialité ; car on observe ordinairement dans les quadrupèdes une tendance des extrémités postérieures à être plus élevées que les an- térieures, et, selon moi, ce sont là les premiers indices de la position franchement verticale de l'homme. Mais dans les rongeurs, on voit clairement comment cette tendance a amené enfin une véritable disproportion des extrémités entre elles.

Si nous voulons toutefois apprécier à leur juste va- leur ces changements de forme et connaître leur cause, nous la chercherons tout simplement, suivant la vieille méthode, dans les quatre éléments. Dans l'eau, le ron- geur prendra une forme qui se rapproche de celle du cochon : ainsi, ce sera un cabiais, s'il habite des bords marécageux ; un castor, s'il construit ses habitations le long des eaux courantes ; puis recherchant encore l'hu- midité, il creusera des terriers où il puisse se cacher, pour fuir la présence de l'homme et des autres ani- maux, qu'il redoute et qu'il aime à tromper(*). Arrivé à la surface, il devient un être qui saute, s'élance et se meut avec une vitesse merveilleuse, en s'appuyant sur ses pattes de derrière et conservant ainsi la position verticale (**).

Sous l'influence d'une certaine élévation dans l'at- mosphère et de l'action vivifiante de la lumière, les rongeurs deviennent on ne peut plus agiles ; tous leurs mouvements, toutes leurs actions sont rapides (***), jusqu'à ce que leurs sauts finissent par rivaliser avec le vol des oiseaux (****).

Pourquoi aimons-nous tant à contempler notre écu reuil d'Europe ? c'est qu'étant l'animal le plus parfait

(*) Le lapin, la marmotte.
(**) La gerboise.
(***) L'écureuil.
(****) Le polatouche.

de sa race, il fait preuve d'une habileté extraordinaire. Maniant avec une adresse infinie les petits objets qui excitent ses désirs, il semble jouer avec eux, tandis qu'en réalité il se prépare et se facilite une jouissance. Ce petit être est plein de grâce et de gentillesse lorsqu'il ouvre une noix, ou lorsqu'il détache les écailles d'un cône de pin bien mûr.

Mais ce n'est pas seulement la forme du corps qui se métamorphose au point de devenir méconnaissable; la peau extérieure qui enveloppe l'animal varie du tout au tout. A la queue, on observe des anneaux cartilagineux ou écailleux; sur le corps, des soies ou des aiguillons, et tous les passages à une fourrure molle et veloutée.

Pour découvrir les causes éloignées de ces phénomènes, il faut s'avouer d'abord que les influences seules des éléments n'ont pas amené tous ces changements, mais qu'il existe encore d'autres causes prédisposantes qu'on doit faire entrer en ligne de compte.

Les rongeurs ont un appétit insatiable et un organe de préhension très parfait. Les deux dents antérieures de la mâchoire supérieure et de l'inférieure avaient fixé depuis long-temps mon attention; elles sont propres à saisir les corps les plus variés; aussi ces animaux cherchent-ils à s'approprier leur nourriture par mille voies diverses. Ils mangent de tout; quelques uns sont avides de nourriture animale, la plupart de substances végétales. L'acte de ronger peut être considéré comme une prégustation tout-à-fait indépendante de la nutrition proprement dite : c'est une préhension d'aliments dont la plus grande partie n'entre pas dans l'estomac, et on peut la considérer comme un exercice habituel, un besoin inquiet d'occupation, qui dégénère enfin en une destructivité pour ainsi dire spasmodique. Le besoin du moment est à peine

satisfait, qu'ils pensent à l'avenir, et veulent vivre dans
la sécurité de l'abondance ; de là cet instinct d'amas-
ser sans cesse, et des actes qui ressemblent à une habileté réfléchie.

Quoique l'organisation des rongeurs flotte dans un
champ pour ainsi dire sans bornes, cependant elle est
limitée par celles de l'animalité en général, et se rapproche de la structure qu'on observe dans tel ou tel
genre d'animaux. Ainsi d'un côté, les rongeurs touchent
aux carnassiers, de l'autre aux ruminants ; ils ont même
quelques affinités éloignées avec les singes, les chauves-
souris, et d'autres ordres intermédiaires.

Comment pourrions-nous entrer dans des considérations aussi vastes, si nous n'avions sous les yeux les
planches de Dalton, dont la haute utilité nous remplit
sans cesse d'admiration? Par quels éloges pourrions-
nous exprimer notre gratitude, en voyant cette longue
série de genres animaux, représentés avec une netteté
et une fidélité minutieuses, une perfection et une rigueur d'exécution toujours croissantes. Grâce à cet ouvrage, nous ne sommes plus dans cet état plein d'incer-
titudes où nos premiers travaux nous avaient jeté, lorsque nous cherchions à comparer des squelettes entre
eux, ou leurs parties entre elles. Tout en les observant
plus ou moins rapidement dans nos voyages, et même
en les étudiant à loisir, après les avoir rangés systématiquement autour de nous, nous sentions que nos efforts
étaient vains et insuffisants pour arriver à une solution
générale.

Il dépend de nous maintenant de disposer des séries
aussi longues que nous le voudrons, de comparer les
caractères analogues ou contradictoires, de mesurer
la portée de nos vues, et de vérifier la justesse de
nos jugements et de nos combinaisons, autant du
moins qu'il a été donné à l'homme d'être d'accord avec
lui-même et avec la nature.

Non seulement ces planches appellent la méditation, mais encore un texte détaillé nous présente tous les avantages d'une conversation instructive; sans ce secours, nous ne saurions comprendre rapidement et avec facilité ce que nous avons sous les yeux.

Il serait inutile de recommander ce texte à l'attention des naturalistes. On y trouvera une comparaison des squelettes des rongeurs entre eux, et des observations générales sur l'influence des agents extérieurs qui modifient le développement organique de ces animaux. Nous en avons fait usage, sans les épuiser, dans cet exposé rapide, et nous ajouterons encore les considérations suivantes.

Il existe dans cette classe une organisation fondamentale, intime et primitive; la différence des formes résulte des influences variées du monde extérieur, et pour expliquer ces différences, à la fois constantes et caractéristiques, on peut admettre des différences primitives et simultanées, combinées avec des modifications successives qui s'opèrent tous les jours.

Un titre qui se trouve sur la couverture, nous instruit que ceci est une des grandes divisions de l'ouvrage, et, dans la préface, l'auteur annonce qu'il n'a fait aucune planche inutile, et que sa publication ne dépassera pas un prix qui la mette hors de la portée des naturalistes en général.

Jointes à cette livraison, se trouvent quelques feuilles qui, sans aucun doute, doivent être placées en tête, quoique nous en parlions en dernier lieu. Elles contiennent une dédicace au roi de Prusse. L'auteur y exprime sa reconnaissance de ce que le trône a soutenu une entreprise qui, sans cela, serait restée inexécutable. Tous les savants se réuniront à lui dans un sentiment commun de gratitude. Sans doute il est bien de la part des grands de la terre de se rendre utiles en rassemblant, dans l'intention de les livrer à la publicité, les matériaux

qu'un particulier a réunis avec amour et avec intelligence; sans doute on doit leur savoir un gré infini s'ils
fondent des institutions où le talent peut se révéler, où
l'homme capable est soutenu dans ses efforts et se
rapproche du but qu'il veut atteindre : mais ce qui
est encore plus louable, c'est de mettre à profit une
occasion qui souvent ne se présente qu'une fois; c'est
de savoir distinguer le moment où un homme, après
avoir usé péniblement sa vie à développer le talent que
la nature avait mis en lui, pour accomplir à lui seul
une tâche que plusieurs hommes réunis n'auraient pu
achever, est toute la force productrice de son génie.
Alors les princes et leurs subordonnés sont appelés à
un rôle bien digne d'envie, celui d'intervenir active-
ment au moment décisif, et d'amener à leur maturité
des fruits déjà si avancés, malgré des obstacles infinis,
et sans l'assistance d'aucun secours étranger.

PRINCIPES

PHILOSOPHIE ZOOLOGIQUE,

DISCUTÉS EN MARS 1850, AU SEIN DE L'ACADÉMIE DES SCIENCES,

PAR

M. GEOFFROY-SAINT-HILAIRE.

(SEPTEMBRE 1830).

La séance de l'Institut de France, du 22 février 1830, a été le théâtre d'un événement significatif, et dont les conséquences doivent être nécessairement importantes. Dans ce sanctuaire des sciences, où tout se passe en présence d'un public nombreux, et avec une convenance parfaite, où les paroles sont empreintes d'un caractère de modération qui suppose un peu de cette dissimulation que l'on rencontre chez les personnes bien élevées, où les points litigieux sont écartés plutôt que discutés ; il vient de s'élever un débat qui pourrait bien devenir une querelle personnelle, mais qui, vu de près, a une portée bien plus grande.

Le conflit perpétuel qui partage depuis si long-temps le monde savant en deux partis, était latent pour ainsi dire au milieu des naturalistes français et les divisait à leur insu ; cette fois, il vient d'éclater avec une violence singulière. Deux hommes remarquables, le secrétaire perpétuel de l'Académie, M. Cuvier, et un de ses membres les plus distingués, M. Geoffroy-St-Hilaire, s'élèvent l'un contre l'autre ; le premier, environné de son immense renommée ; le second, fort de sa gloire scientifique. Depuis trente ans ils professent tous deux l'histoire naturelle au Jardin des Plantes ; ouvriers également actifs dans le champ de la science, ils l'exploitent d'abord en commun ; mais, séparés peu

à peu par la différence de leurs vues, ils sont entraînés
dans des voies opposées. Cuvier ne se lasse pas de distinguer, de décrire exactement ce qu'il a sous les yeux,
et d'étendre ainsi son empire sur une immense surface:
Geoffroy-St-Hilaire étudie dans le silence les analogies
des êtres et leurs mystérieuses affinités: le premier part
d'existences isolées pour arriver à un tout qu'il présup-
pose, sans penser que jamais il puisse en avoir l'intuition; le second porte en son for intérieur l'image de
ce tout, et vit dans la persuasion qu'on en pourra peu
à peu déduire les êtres isolés. Cuvier adopte avec reconnaissance toutes les découvertes de Geoffroy dans
le champ de l'observation, et celui-ci est loin de rejeter
les observations isolées, mais décisives de son adversaire; ni l'un ni l'autre n'a la conscience de cette
influence réciproque. Cuvier séparant, distinguant sans
cesse, s'appuyant toujours sur l'observation comme
point de départ, ne croit pas à la possibilité d'un pres-
sentiment, d'une prévision de la partie dans le tout.
Vouloir connaître et distinguer ce que l'on ne peut ni
voir avec les yeux du corps, ni toucher avec les mains,
lui paraît une prétention exorbitante. Geoffroy, appuyé
sur des principes fixes, s'abandonne à ses hautes inspirations, et ne se soumet pas à l'autorité de cette méthode.

Personne ne nous en voudra de répéter, après cet
exposé préparatoire, ce que nous disions plus haut,
c'est qu'il s'agit ici de deux forces opposées de l'esprit
humain, presque toujours isolées et éparpillées au point
qu'on les rencontre aussi rarement réunies chez les savants que chez les autres hommes. Leur hétérogénéité
rend un rapprochement difficile, et c'est à regret
qu'elles se prêtent un mutuel secours. Une longue
expérience personnelle et l'histoire de la science me
font craindre que la nature humaine ne puisse jamais

se dérober à l'influence de cette fatale scission. J'irai même plus loin, l'analyse exige tant de perspicacité, une attention tellement soutenue, une si grande aptitude à poursuivre les variations de forme dans les plus petits détails, et à les dénommer, qu'on ne saurait blâmer l'homme doué de toutes ces facultés, s'il en est fier et s'il regarde cette méthode comme la seule vraie, la seule raisonnable. Comment pourrait-il se décider à partager une gloire si péniblement acquise par de laborieux efforts, avec un rival qui a eu l'art d'atteindre sans peine un but où le prix ne devrait être décerné qu'au travail et à la persévérance?

Assurément celui qui part d'une idée a le droit de s'enorgueillir d'avoir su concevoir un principe; il se repose avec confiance sur la certitude qu'il retrouvera dans les faits isolés tout ce qu'il a signalé dans le fait général. Un homme ainsi posé a aussi cet orgueil bien entendu qui provient du sentiment de ses forces, et on ne doit point s'étonner s'il ne cède rien de ses avantages, et proteste contre des insinuations qui tendraient à rabaisser son génie pour exalter celui de son adversaire.

Mais ce qui rend tout rapprochement très difficile, c'est que Cuvier, ne s'occupant que de résultats tangibles, peut chaque fois exhiber les preuves de ce qu'il avance, sans présenter à ses auditeurs ces considérations nouvelles qui paraissent toujours étranges au premier abord; aussi la plus grande partie, ou même la totalité du public s'est-elle rangée de son côté : tandis que son rival se trouve seul et séparé de ceux-là mêmes qui partagent ses opinions, faute de savoir les attirer à lui. Cet antagonisme a déjà souvent eu lieu dans la science, et le même phénomène doit se reproduire toujours, parce que les éléments opposés qui le constituent, se développent avec une force égale et déterminent une explosion chaque fois qu'ils se trouvent en contact.

Le plus souvent ce sont des hommes appartenant à des peuples différents, éloignés l'un de l'autre par leur âge et leur position sociale, qui, en réagissant l'un sur l'autre, amènent une rupture d'équilibre. Le cas présent offre cette circonstance remarquable que ce sont deux savants du même âge, collègues depuis trente-huit ans dans la même université, qui, cultivant le même champ dans deux directions opposées, s'évitant, se supportant mutuellement avec une attention pleine d'égards réciproques, n'ont pu se soustraire à une collision finale, dont la publicité a dû les affecter tous deux péniblement.

Après ces considérations générales nous pouvons passer à l'examen du livre dont le titre est en tête de ce mémoire.

Depuis le commencement de mars, les feuilles publiques de Paris entretiennent leurs lecteurs de cet événement et prennent parti pour l'un ou pour l'autre des deux adversaires. Ces discussions remplirent plusieurs séances, jusqu'au moment où Geoffroy-St-Hilaire crut convenable de changer le théâtre du combat, et d'en appeler, au moyen de la presse, à un public moins limité.

Nous avons lu et médité ce livre; plus d'une difficulté nous a arrêté, et pour mériter les remercîments de ceux qui le liront désormais, nous tâcherons d'être leur guide en faisant la chronique des débats qui ont agité l'Académie, débats qu'on peut considérer comme le sommaire de l'ouvrage.

Séance du 15 février 1830.

M. Geoffroy-St-Hilaire lit un rapport sur un mémoire de deux jeunes naturalistes (*) contenant des considérations sur l'organisation des mollusques. Dans ce rapport, il laisse percer une vive prédilection pour les inductions *à priori*, et proclame l'unité de composition organique comme la clef de toute étude sur l'histoire naturelle.

Séance du 22 février.

M. Cuvier s'élève contre ce principe, qu'il regarde comme secondaire, et en établit un autre plus général et plus fécond selon lui. Dans la même séance, Geoffroy-St-Hilaire improvise une réplique dans laquelle il fait ouvertement sa profession de foi.

Séance du 1er mars.

Geoffroy-St-Hilaire lit un mémoire dans le même sens, et présente la théorie des analogues comme étant d'une immense application.

Séance du 22 mars.

M. Geoffroy applique sa théorie des analogues à la connaissance de l'organisation des poissons. Dans la même séance, M. Cuvier cherche à réfuter les arguments de son adversaire, en prenant pour exemple l'os hyoïde dont il avait fait mention.

Séance du 29 mars.

Geoffroy-St-Hilaire justifie ses vues sur l'os hyoïde, et présente quelques considérations finales. Le journal

(*) MM. Laurencet et Meyranx.

le Temps donne dans son numéro du 5 mars un compte-
rendu favorable à M. Geoffroy, sous le titre de Résumé
des doctrines relatives à la ressemblance philosophique
des êtres. Le National, dans son numéro du 22 mars,
parle dans le même sens.

Geoffroy-St-Hilaire se décide à transporter la discussion hors du cercle académique; il fait imprimer le résumé de la discussion, précédé d'une introduction sur
la théorie des analogues; cet écrit porte la date du
15 avril. L'auteur y expose clairement ses convictions,
et remplit ainsi le vœu que nous formions de voir ces
idées se populariser autant que possible. Dans un appendice (p. 29), il soutient avec raison que les discussions orales sont trop passagères pour faire triompher
le bon droit, ou démasquer l'erreur, et que la presse
seule peut faire fructifier les grandes pensées. Il exprime hautement son estime et sa sympathie pour les
travaux des naturalistes étrangers en général, et ceux
des Allemands et des Ecossais en particulier; il se
déclare leur allié, et le monde savant entrevoit avec
joie tout ce que cette union promet de résultats utiles.

Dans l'histoire des sciences comme dans celle des
États, on voit souvent des causes accidentelles et en
apparence fort légères, mettre ouvertement en présence des partis dont l'existence était ignorée. Il en
est de même de l'évènement actuel; malheureusement
il présente cette particularité, que la circonstance toute
spéciale qui a donné lieu à cette discussion, menace de
l'entraîner dans un dédale sans fin. En effet, les points
scientifiques dont il est question n'ont rien en eux-
mêmes qui puisse exciter un intérêt général, et il est
impossible de les rendre abordables à la masse du public. Il serait donc plus judicieux de ramener la question
à ses premiers éléments.

Tout événement important doit être considéré et jugé
sous le point de vue *éthique*, c'est-à-dire que l'influence
du caractère individuel et de la position personnelle
des acteurs mérite d'être exactement appréciée. De là
le besoin que nous éprouvons de donner une courte
notice biographique sur les deux hommes dont nous
nous occupons.

Geoffroy-St-Hilaire, né à Étampes en 1772, fut
nommé professeur de zoologie en 1793, à l'époque où
le Jardin des Plantes fut érigé en école publique d'enseignement; peu de temps après, Cuvier y fut aussi
appelé. Tous les deux se mirent à travailler ensemble
avec zèle, ignorant combien la tendance de leurs esprits était diverse. En 1798, l'aventureuse et mystérieuse
expédition d'Égypte enleva Geoffroy-St-Hilaire aux travaux du professorat; mais il s'affermit tous les jours dans
sa marche synthétique, et trouva l'occasion d'appliquer
sa méthode, dans la portion du grand ouvrage sur l'É-
gypte dont il est l'auteur. La haute estime qu'il sut ins-
pirer au gouvernement, par ses lumières et par son caractère, lui fit confier, en 1808, la mission d'organiser
les études en Portugal; son voyage enrichit le Muséum
de Paris de plusieurs objets importants. Quoiqu'il fût
uniquement absorbé par ses travaux, la nation voulut
l'avoir pour représentant; mais une arène politique
n'était pas le théâtre qui lui convenait, et jamais il ne
monta à la tribune.

C'est en 1818 qu'il proclama pour la première fois
les principes suivant lesquels il étudiait la nature, et for-
mula ainsi son opinion (*): « L'organisation des animaux
est soumise à un plan général qui, en se modifiant
dans les diverses parties, produit les différences qu'on
observe entre eux. »

(*) Philosophie anatomique, 8°. Paris 1818.

Passons à l'histoire de son adversaire.

Georges-Léopold Cuvier naquit, en 1779, à Montbel-
liard, qui alors appartenait encore au duché de Wurtem-
berg. De bonne heure il se familiarisa avec la langue et
la littérature allemande ; son goût prononcé pour
l'histoire naturelle le mit en rapport avec le savant
Kielmeyer, et cette liaison continua malgré les distan-
ces qui les séparèrent. Je me rappelle avoir vu, en 1797,
des lettres de Cuvier adressées à ce naturaliste. D'admirables dessins, représentant l'organisation de quelques
animaux inférieurs, étaient intercalés dans le texte.
Pendant son séjour en Normandie, il travailla à la classe
des vers de Linnée, et se fit connaître ainsi des naturalistes de Paris. A la sollicitation de Geoffroy-Saint-Hilaire, il vint se fixer dans la capitale, et tous deux se
réunirent pour publier en commun des ouvrages di-
dactiques, qui avaient pour but d'établir une bonne classification des mammifères (11). Un mérite tel que celui
de Cuvier ne pouvait rester long-temps inconnu ; aussi
fut-il appelé, en 1795, à faire partie de l'École centrale
de Paris, et de la première classe de l'Institut. En 1798, il
publia, à l'usage des Écoles centrales, ses tableaux élémentaires de l'histoire naturelle des animaux. Nommé
professeur d'anatomie comparée, il embrassa d'un seul
regard l'ensemble de la science, et ses leçons, claires et
brillantes tout à la fois, excitèrent un enthousiasme général. Après la mort de Daubenton, Cuvier le remplaça au
Collége de France, et Napoléon, appréciant sa capacité,
le nomma commissaire au département de l'instruction
publique. C'est avec ce titre qu'il parcourut la Hollande,
une partie de l'Allemagne, et tous les nouveaux dépar-
tements de l'empire, pour examiner les écoles et les
maisons d'enseignement. Je ne connais pas le rapport
qu'il fit à cette occasion ; mais je sais qu'il n'a pas craint
de proclamer la supériorité des écoles allemandes, com-

parées à celles de la France. Depuis 1813, il a été appelé
à de hautes fonctions publiques, qu'il a exercées sous
les Bourbons; et, encore aujourd'hui, son temps est
partagé entre la science et la politique. Ses immenses
travaux, qui embrassent le règne animal tout entier,
sont des modèles inimitables d'exactitude dans la description des objets naturels. Après avoir étudié et classé
les tribus innombrables des organisations vivantes, il a
ressuscité dans la science les races éteintes depuis des
siècles. Dans ses éloges des académiciens, on voit à quel
point il connaissait les hommes et la société, avec quelle
sagacité il savait analyser le caractère des acteurs principaux de la scène du monde, et avec quelle sûreté il
s'était orienté dans les différentes régions des connaissances humaines.

Qu'on me pardonne tout ce que cette esquisse offre
d'imparfait; je n'ai pas eu la prétention d'apprendre
quelque chose de nouveau à tous ceux que l'histoire
naturelle intéresse; j'ai voulu seulement leur rappeler
ce qu'ils connaissent déjà sur la vie de ces illustres savants.

On me demandera peut-être : Quel intérêt, quel besoin
l'Allemagne a-t-elle de connaître cette discussion? Serait-ce pour se jeter dans l'un ou l'autre parti? — D'a-
bord, toute question scientifique, n'importe où elle est
traitée, a droit à l'attention des peuples civilisés, car
les savants de toutes les nations forment un seul corps;
et ensuite il est facile de prouver que cette question nous
intéresse particulièrement, puisque Geoffroy-St-Hilaire
s'appuie de l'assentiment de plusieurs naturalistes allemands. Cuvier, au contraire, paraît avoir conçu une
opinion peu favorable de nos travaux dans ce genre;
car il dit dans sa note du 5 avril (p. 24) : «Je sais que,
pour certains esprits, il y a derrière cette théorie des
analogues, au moins confusément, une autre théorie fort

ancienne, réfutée depuis long-temps, mais que quelques Allemands ont reproduite au profit du système
panthéistique appelé *Philosophie de la nature.* »

Un commentaire littéral de ce paragraphe destiné à
en éclaircir le sens, et à rendre évidente pour tout le
monde la candeur et la sainte bonne foi des philosophes
de la nature dont l'Allemagne se glorifie, remplirait probablement un petit volume in-octavo. Je tâcherai donc
d'arriver au but par un chemin plus court.

La position de M. Geoffroy-St-Hilaire est tellement
difficile, qu'il doit applaudir aux efforts des savants allemands, et se trouver heureux de l'assurance qu'ils partagent ses convictions en marchant dans la même voie,
et qu'il peut être sûr de leur approbation réfléchie, et
au besoin, de leur utile appui. Car nos voisins de l'ouest
n'ont pas eu, en général, à se repentir d'avoir pris connaissance, dans ces derniers temps, des idées et des
recherches allemandes.

Les naturalistes cités à cette occasion, sont Kielmeyer, Meckel, Oken, Spix, Tiedemann; en même
temps on fait remonter à trente ans la part que j'ai
prise à ces études; mais je puis bien affirmer qu'il y en
a cinquante que je les poursuis avec ardeur. Personne,
excepté moi peut-être, n'a conservé le souvenir de mes
premiers essais, c'est donc à moi de rappeler ces travaux consciencieux de ma jeunesse, d'autant plus
qu'ils peuvent jeter quelque jour sur les questions
qui sont actuellement en litige.

PRINCIPES

DE

PHILOSOPHIE ZOOLOGIQUE

DISCUTÉS EN MARS 1830, AU SEIN DE L'ACADÉMIE DES SCIENCES,

PAR

M. GEOFFROY-ST-HILAIRE.

Suite et fin.

(MARS 1832).

(Ces pages sont les dernières que Goethe ait écrites.)

Je ne juge pas, je raconte. C'est par ce mot de Mon-
taigne que je serais tenté de terminer la première partie
de mes considérations sur l'ouvrage de M. Geoffroy.
Pour bien déterminer le point de vue sous lequel je désirerais être jugé moi-même, je ne trouve rien de mieux
que de rapporter les paroles d'un écrivain français, qui
expriment plus clairement que je ne saurais le faire, ce
que je voudrais apprendre au lecteur.

« Les hommes de génie ont souvent une manière particulière de présenter les choses; ils commencent par
parler d'eux-mêmes, et ont la plus grande peine à
s'isoler de leur sujet. Avant de vous donner les résultats
de leurs méditations, ils éprouvent le besoin de vous
dire où et comment ils y ont été amenés. » Qu'il me
soit donc permis de présenter, sans prétention personnelle aucune, l'histoire sommaire du développement
successif de la science, tel qu'il s'est opéré parallèlement au cours d'une longue existence, qui lui a été en
partie consacrée. De bonne heure les études naturelles
firent sur moi une impression vague, mais durable. Le
comte de Buffon publia, en 1749, l'année de ma naissance, le premier volume de son Histoire naturelle; elle

eut un grand retentissement en Allemagne, où l'on était alors très accessible aux influences françaises. Chaque année Buffon publiait un volume, et j'étais témoin de l'intérêt qu'il excitait au milieu d'une société choisie; quant à moi, le nom de l'auteur, celui de ses illustres contemporains furent les seules choses qui restèrent gravées dans ma mémoire.

Buffon naquit en 1707; cet homme remarquable, plein de vues brillantes et étendues, aimait la vie et la nature vivante; il s'intéressait à tout ce qu'il avait sous les yeux. Homme de plaisir et homme du monde, il voulut rendre la science attrayante et plaire en instruisant. Ses descriptions sont des portraits. Il présente l'être dans son ensemble, surtout dans ses rapports avec l'homme, dont il a rapproché les animaux domestiques. S'emparant de tout ce qui est connu, il met à profit les travaux des naturalistes, et sait utiliser les récits des voyageurs. Directeur des collections déjà considérables du Jardin des Plantes, doué d'un extérieur agréable, riche, et élevé à la dignité de comte, il semble régner en souverain sur le grand empire des sciences, dont le centre est à Paris. Il conserve néanmoins vis-à-vis de ses lecteurs une dignité pleine de grâce. Dans cette position élevée, il sut utiliser tous les éléments de savoir dont il était entouré. Lorsqu'il écrivait, vol. II, p. 544 : « Les bras de l'homme ne ressemblent nullement aux membres antérieurs des animaux, ni aux ailes des oiseaux, » il céda à l'impression qui domine le vulgaire et l'empêche de voir dans les objets extérieurs quelque chose au-delà de ce qui est accessible à ses sens grossiers. Mais son esprit avait été plus loin, car il dit, vol. IV, p. 379 : « Il existe un type primitif et universel dont on peut suivre très loin les diverses transformations »; en parlant ainsi, il énonçait la maxime fondamentale de l'histoire naturelle comparée.

11

Le lecteur me pardonnera si je fais passer devant ses yeux l'image de ce grand homme avec une promptitude si irrévérencieuse; mais il nous suffisait de faire voir qu'il n'a point méconnu les lois générales, tout absorbé qu'il fut par les détails. En parcourant ses ouvrages nous acquerrons la certitude qu'il avait la conscience des grands problèmes dont s'occupe l'histoire naturelle, et qu'il a fait des efforts, souvent infructueux sans doute, pour les résoudre. Notre admiration n'en sera point diminuée, parce que nous voyons combien ceux qui sont venus après lui se sont hâtés de triompher avant d'avoir vaincu. En applaudissant aux élans de son imagination qui l'emportait dans ces hautes régions, le monde lui fit oublier que cette brillante faculté n'est point l'élément qui constitue la science que Buffon transportait à son insu dans le champ de la rhétorique et de la dialectique.

Afin d'écarter toute obscurité d'un sujet aussi important, je répèterai que Buffon, après avoir été nommé directeur du Jardin du Roi, s'efforça de faire, des collections confiées à ses soins, la base d'une histoire naturelle complète. Il embrassait tous les êtres dans son vaste plan, mais il les étudiait vivants et dans leurs rapports d'abord avec l'homme, puis entre eux. Pour les détails il eut besoin d'un aide, et fit choix de Daubenton son compatriote. Celui-ci aborda le sujet d'un autre côté; c'était un anatomiste exact et plein de sagacité. La science lui doit beaucoup; mais il s'attachait tellement aux détails, qu'il n'a pas su reconnaître les analogies les plus frappantes. L'antagonisme de ces deux méthodes amena une rupture complète, et depuis l'année 1768, Daubenton ne prit plus la moindre part à l'histoire naturelle de Buffon; il continua cependant à travailler tout seul.

Buffon étant mort dans un âge avancé, Daubenton, vieux lui-même, fut appelé à lui succéder, et c'est lui qui choisit Geoffroy Saint-Hilaire, alors fort jeune, pour son collaborateur. Bientôt celui-ci écrivit à Cuvier pour l'engager à devenir son collègue. Chose remarquable! la même antipathie qui avait autrefois éloigné Buffon et Daubenton l'un de l'autre, renait plus vive que jamais entre ces deux hommes éminents. Cuvier, ordonnateur systématique, s'en tient aux faits particuliers, car une vue plus étendue l'aurait forcé inévitablement à ériger un type. Geoffroy, fidèle à sa méthode, s'efforce de comprendre l'ensemble, mais il ne se borne pas comme Buffon à la nature actuelle, existante, achevée; il l'étudie dans son germe, son développement, son avenir. La vieille querelle n'était donc pas éteinte, elle prenait au contraire chaque jour de nouvelles forces, mais une sociabilité plus perfectionnée, certaines convenances, des ménagements réciproques éloignaient d'année en année le moment d'une rupture, lorsqu'une circonstance, peu importante en apparence, mit en contact, comme dans la bouteille de Leyde, les électricités de nom contraire, et détermina ainsi une explosion violente.

La crainte des répétitions ne saurait nous empêcher de continuer nos réflexions sur ces quatre hommes, dont les noms reviennent sans cesse dans l'histoire des sciences naturelles. De l'aveu de tous, ils sont les fondateurs et les soutiens de l'histoire naturelle française, le foyer éclatant qui a répandu tant de lumières. L'établissement important qu'ils dirigent s'est accru par leurs soins; ils en ont utilisé les trésors, et représentent dignement la science qu'ils ont fait avancer, les uns par l'analyse, les autres par la synthèse. Buffon prend le monde extérieur comme il est, comme un tout infiniment diversifié dont les diverses parties se conviennent et s'influencent réciproquement. Daubenton, en sa qua-

lité d'anatomiste, sépare et isole constamment, mais il
se garde bien de comparer les faits isolés qu'il a découverts; il range au contraire chaque chose l'une à côté
de l'autre pour la mesurer et la décrire en elle-même.
Cuvier travaille dans le même sens, avec plus d'intelligence et moins de minutie; il sait mettre à leur
place, combiner et classer les innombrables individualités qu'il a observées; mais il nourrit contre une méthode plus large, cette appréhension secrète qui ne
l'a pas empêché d'en faire quelquefois usage à son insu.
Geoffroy rappelle Buffon sous quelques points de vue.
Celui-ci reconnaît la grande synthèse du monde empirique, mais il utilise et fait connaître toutes les différences qui distinguent les êtres. Celui-là se rapproche
de la grande unité, abstraction que Buffon n'avait fait
qu'entrevoir; loin de reculer devant elle, il s'en empare,
la domine et sait en faire jaillir les conséquences qu'elle
recèle.

C'est un spectacle que l'histoire des sciences ne présentera peut-être jamais pour la seconde fois, que celui d'hommes aussi remarquables, habitant la même
ville, professeurs à la même école et travaillant aux progrès de la même science, qui, au lieu de réunir leurs
efforts pour atteindre un même but par la concentration de leurs forces, s'élèvent les uns contre les autres,
en viennent à des discussions haineuses, le tout parce
que, d'accord sur le fond du sujet, ils diffèrent dans la
manière de l'envisager. Un fait si remarquable tournera
au profit de la science et de tous ceux qui la cultivent.
Que chacun de nous se le persuade bien : séparer et
réunir sont deux actes nécessaires de l'entendement;
ou plutôt on est forcé, qu'on le veuille ou non, d'aller
du particulier au général, et du général au particulier.
Plus ces fonctions intellectuelles, que je compare à
l'inspiration et à l'expiration, s'exécuteront avec éner-

gie, plus la vie scientifique du monde sera florissante. Nous reviendrons sur ce sujet, mais seulement après avoir parlé des hommes qui, dans la dernière moitié du siècle précédent, ont suivi la voie dans laquelle nous sommes entré nous-même.

Pierre Camper était doué d'un esprit d'observation et de combinaison tout-à-fait remarquable; il savait réfléchir sur ce qu'il avait vu, faire revivre ses découvertes en lui-même, leur donner une âme et vivifier ainsi ses méditations. Tout le monde a rendu justice à ses immenses mérites. Je rappellerai seulement son idée de l'angle facial qui permet de mesurer la saillie du front, enveloppe de l'organe intellectuel, et d'apprécier ainsi sa prédominance sur l'organisme destiné aux fonctions purement animales.

Geoffroy lui rend ce magnifique témoignage dans une note de sa philosophie zoologique, p. 149. « C'était, dit-il, un esprit vaste aussi cultivé que réfléchi; il avait sur les analogies des systèmes organiques un sentiment si vif et si profond, qu'il recherchait avec prédilection les cas extraordinaires. Il n'y voyait qu'un sujet de problèmes, qu'une occasion d'exercer sa sagacité ainsi employée à ramener les prétendues anomalies à la règle. » Que de choses on pourrait ajouter si l'on ne voulait se borner à des indications sommaires!

C'est ici le lieu d'observer que les naturalistes qui ont marché dans cette voie sont les premiers qui aient compris la puissance de la loi et de la règle. En n'étudiant que l'état normal des êtres, on se persuade qu'ils doivent être ainsi, qu'ils l'ont été de tout temps et seront toujours stationnaires. Mais si nous apercevons des écarts, des anomalies, des monstruosités, alors nous ne tardons pas à entrevoir que la loi est fixe et invariable, mais qu'elle est vivante aussi; que les êtres peuvent se transformer jusqu'à la difformité dans les limites qu'elle a déterminées, tout en reconnaissant toujours le pouvoir invincible de la loi qui les retient d'une main ferme et sûre.

Samuel Thomas Sœmmering a dû son existence scientifique à Camper. C'était un homme actif, infatigable, observant et réfléchissant sans cesse. Dans son beau travail sur le cerveau, il établit parfaitement la différence qui existe entre l'homme et les animaux, lorsqu'il la fait consister en ce que, chez eux la masse du cerveau n'est pas supérieure à celle des nerfs, tandis que le contraire s'observe chez nous. Quelle sensation n'a pas fait à cette époque, où l'on s'enthousiasmait aisément, la découverte de la tache jaune de la rétine, et combien Sœmmering n'a-t-il pas contribué à faire avancer l'anatomie de l'œil, de l'oreille, par sa pénétration et la perfection de ses dessins! Sa conversation et ses lettres étaient également instructives et intéressantes. Un fait nouveau, un point de vue inaperçu, une pensée profonde éveillaient chez lui un intérêt qu'il savait communiquer aux autres. Tout s'achevait avec rapidité entre ses mains, et son ardeur toute juvénile ne prévoyait guère les obstacles qui devaient l'arrêter un jour.

Jean-Henri Merk, payeur de l'armée de Hesse-Darmstadt, mérite à tous égards d'être nommé ici; c'était un homme d'une activité infatigable et qui aurait fait des choses remarquables si la variété de ses goûts ne l'avait pas forcé d'éparpiller son attention. Il se livra aussi avec ardeur à l'étude de l'anatomie comparée, et son crayon reproduisait vite et bien tout ce qui s'offrait à lui. Adonné surtout à la recherche des ossements fossiles qui commençaient à fixer l'attention des savants, et qu'on trouve si abondants et si variés sur les bords du Rhin, il avait réuni avec amour un grand nombre de belles pièces. Après sa mort, sa collection a été acquise pour le Muséum du grand-duc de Hesse-Darmstadt. L'habile conserva-

teur qui le dirige , M. Schleiermacher, s'applique constamment à classer ces objets et à en augmenter le
nombre.

Mes rapports fréquents et intimes avec ces deux hommes, furent d'abord personnels, puis continués par correspondance : ils entretinrent mon goût pour ce genre
d'études ; mais avant de m'y livrer je sentis, guidé par un
besoin inné, la nécessité d'avoir un fil conducteur, ou si
l'on aime mieux, un point de départ fixe, un principe
arrêté, un cercle dont il n'y eut pas à sortir.

Les différences qui existent maintenant dans la manière de procéder des zoologistes étaient encore bien
plus sensibles et bien plus nombreuses alors, parce
que chacun, partant d'un point différent, s'efforçait
d'utiliser tous les faits pour atteindre le but qu'il s'était
proposé.

On étudiait l'anatomie comparée, prise dans son acception la plus large, pour en faire la base d'une morphologie, mais on s'attachait aux différences tout autant
qu'aux analogies. Je m'aperçus bientôt que, faute de
méthode, on n'avait point fait un seul pas en avant. En
effet, on comparait au hasard un animal à un autre,
des animaux entre eux, des animaux avec l'homme ; de
là des divagations sans fin, une confusion effrayante ;
car tantôt ces rapprochements allaient assez bien,
tantôt, au contraire, ils étaient absurdes et impossibles.
Alors je mis les livres de côté pour me tourner vers la
nature. Je choisis un squelette de quadrupède, la station
horizontale étant la mieux caractérisée, et me mis à l'examiner pièce par pièce en procédant d'avant en arrière.

L'os intermaxillaire me frappa le premier, je le suivis
dans toute la série animale ; mais cette étude éveilla
d'autres idées en moi. L'affinité du singe avec l'homme
donnait lieu à des réflexions humiliantes, et le savant
Camper croyait avoir signalé une différence importante,

en disant que le singe avait un os intermaxillaire supérieur qui manquait chez l'homme. Je ne saurais dire
combien il me fut pénible de me trouver en opposition
avec un homme auquel je devais tant, dont je tâchais
de me rapprocher pour me proclamer son élève et
apprendre tout de lui. Ceux qui chercheraient à se faire
une idée de mon travail le trouveront dans le tome xv
des Actes de Bonn (*). Dans ce dernier recueil on retrouvera le mémoire, accompagné de planches qui représentent les diverses modifications que subit cet os chez
les différents animaux ; long-temps les dessins d'après
lesquels on les a exécutées sont restés enfouis dans mes
cartons, et ils y seraient encore sans la bienveillance
avec laquelle ce petit travail fut reçu.

Mais avant d'ouvrir ce volume, le lecteur me permettra de lui soumettre une réflexion, un aveu qui,
pour être sans conséquence, pourra néanmoins être
utile à nos descendants : c'est que, non seulement dans
la jeunesse, mais encore dans l'âge mûr, l'homme qui a
conçu une idée féconde et rationnelle, éprouve le
besoin de la faire connaître, et de voir les autres entrer
dans ses vues.

Je ne sentis donc pas que je manquais complétement
de tact, lorsque j'eus la naïveté d'envoyer mon mémoire
traduit en latin et accompagné de dessins en partie
achevés, en partie esquissés, à Pierre Camper lui-même.
Il me fit une longue réponse pleine de bienveillance et
d'éloges sur mon zèle anatomique. Sans critiquer précisément les dessins, il me donnait quelques conseils sur
la manière de les rendre plus fidèles. Surpris de l'exécution de ce petit opuscule, il me demanda si je voulais
le faire imprimer, me fit connaître les difficultés que
je rencontrerais pour la gravure des planches, et m'ap-

(*) Voy. p. 79 du présent volume.

prit en même temps comment je pourrais les surmon-
ter. Bref, il prit à la chose l'intérêt d'un protecteur et
d'un père.

Il n'avait pas le moins du monde soupçonné l'intention où j'étais de combattre son opinion, et ne
voyait dans mon travail qu'un programme sans portée.
Je répondis avec modestie, et reçus encore plusieurs
lettres détaillées et toujours bienveillantes, contenant
des faits matériels; mais aucune d'elles n'avait trait au
but que je me proposais. Je laissai tomber cette relation, et j'eus tort; car j'aurais dû puiser dans les trésors
de son expérience, et me rappeler qu'un maître ne se
laisse pas convaincre d'erreur, précisément parce qu'il
a été élevé à la dignité de maître qui légitime ses erreurs. J'ai malheureusement perdu cette correspondance qui aurait montré l'instruction solide de cet
homme, et ma crédule déférence de jeune homme pour
ses avis.

J'eus bientôt à subir une nouvelle mésaventure. Un
savant distingué, Jean-Frédéric Blumenbach, qui s'était
livré avec tant de succès à l'étude de la nature et dirigeait depuis peu ses méditations vers l'anatomie comparée, se rangea dans son *Compendium* du côté de
Camper, et nia que l'homme possédât un intermaxillaire. Quand je vis mes observations, mes vues, rejetées
dans un livre estimé, par un professeur qui jouissait
d'une considération universelle, ma perplexité fut extrême. Mais un homme doué d'un esprit élevé, toujours
étudiant, toujours pensant, ne pouvait pas s'arrêter ainsi
à des idées préconçues, et je lui dois sur ce point, comme
sur beaucoup d'autres, les conseils les plus affectueux
et les éclaircissements les plus utiles; ce fut lui qui m'apprit que sur les têtes d'enfants hydrocéphales, l'intermaxillaire est séparé de la mâchoire supérieure, et que
dans le bec de lièvre double on le trouve aussi pathologi-

quement isolé. Je puis maintenant revenir sur ces travaux si mal reçus à leur apparition, si long-temps oubliés, et prier le lecteur de leur accorder quelques instants d'attention. Tout ce que je vais dire se rapporte à ces dessins que je suppose placés sous ses yeux. (*Voyez* les planches I et II.)

On consultera aussi avec fruit le grand ouvrage sur l'ostéologie de Dalton, dont l'examen peut donner une idée plus étendue de l'ensemble.

Dès qu'on parle de figures, il est évident qu'il s'agit de formes; mais dans ce cas particulier nous devons aussi avoir égard aux fonctions des parties car la forme d'une partie est en rapport avec l'organisation du tout auquel elle appartient, en rapport avec le monde extérieur dont l'être organisé n'est qu'une partie. Ceci bien établi, nous passons à l'examen des planches. Elles nous font voir que l'os intermaxillaire, le plus avancé de tous dans le squelette, varie singulièrement de forme. Un examen plus attentif nous prouve qu'il sert à saisir les substances dont l'animal se nourrit; ces substances n'étant pas les mêmes pour chaque espèce, l'os doit être nécessairement différent. Dans le daim, c'est un étrier osseux dépourvu de dents pour arracher des brins d'herbe et des feuilles; dans le bœuf, planche I, fig. 1, la structure est la même, mais l'os est plus large, plus lourd, plus fort pour satisfaire aux besoins de l'animal. Si l'on considère la tête d'un chameau, on verra que l'organisation de cet animal est aussi peu arrêtée que celle du mouton, et c'est à peine si on peut distinguer son intermaxillaire du maxillaire supérieur et les incisives des canines. Dans le cheval, l'os incisif est volumineux et porte six dents émoussées; chez les jeunes sujets, la canine n'est pas encore développée, mais elle appartient évidemment au maxillaire supérieur. La figure 3, planche I, qui représente la tête du *Sus Babi-*

russa, vue de côté, montre que ses singulières canines sont complétement enchâssées dans le maxillaire, sans que l'alvéole qui les renferme ait la moindre connexion avec l'intermaxillaire, qui se prolonge en forme de grouin de cochon. Sur la planche I, la figure 4 attirera notre attention. C'est la mâchoire saillante d'un loup armée de six incisives fortes et tranchantes; l'os qui les porte est séparé du maxillaire par une suture très apparente; quoique saillant, il laisse entrevoir sa connexion avec la dent canine. La mâchoire du lion, planche I, fig. 2, plus vigoureuse, plus ramassée, munie d'un système dentaire plus fort, laisse encore mieux deviner cette affinité. Celle de l'ours polaire est une lourde masse informe, inhabile à saisir et faite seulement pour broyer. Les conduits palatins sont larges et ouverts; mais il n'existe point de trace de la suture qu'on peut néanmoins suivre en imagination sur le squelette.

Le crâne du morse (*Trichecus rosmarus*), planche II, fig. 1, donne lieu à bien des considérations; la prédominance des canines force l'os incisif à reculer, et prête à cet animal dégoûtant quelque chose qui rappelle la face de l'homme. La racine puissante qui vient se fixer dans la mâchoire supérieure détermine, en se portant en avant et en haut, une espèce de saillie sur la joue. Cette figure a été dessinée d'après un individu fort jeune; on pouvait isoler complétement sur ce sujet l'os intermaxillaire, la canine restait fixée dans l'alvéole du maxillaire. Après tous ces exemples, nous soutiendrons hardiment que la défense de l'éléphant doit aussi être insérée dans l'os maxillaire supérieur; mais il est possible que, vu l'immense poids que le maxillaire doit porter, l'incisif contribue à la formation de ces énormes alvéoles qu'il fortifie en leur envoyant un prolongement osseux. L'examen d'un grand nombre de têtes nous a convaincu de cette vérité, quoique les figures

du quatorzième volume de Dalton ne soient point
décisives. C'est ici que nous invoquerons le génie de
l'analogie; s'il nous prête son secours, nous ne méconnaîtrons pas, dans un fait douteux et isolé, la loi dont
beaucoup d'exemples nous ont démontré la généralité;
mais nous saurons la reconnaître même lorsqu'elle semble se dérober à nos regards.

Dans les figures 2 , 3 et 4 de la seconde planche, j'ai
opposé le crâne de l'homme à celui du singe; dans le
premier, on voit clairement que l'os intermaxillaire est
tantôt séparé, tantôt réuni. Peut-être aurais-je bien
fait de présenter ces deux états avec plus de détail,
puisqu'ils sont pour ainsi dire le but de la dissertation.
Mais précisément à cette époque, qui aurait pu devenir
féconde, je perdis le goût de ce genre d'études, je cessai
de m'en occuper, et dois me féliciter de ce qu'une illustre société de naturalistes a bien voulu insérer ce
fragment dans l'impérissable collection de ses actes.

A l'occasion des travaux de M. Geoffroy, j'ai étudié
dans le même esprit un autre organe sur lequel j'appellerai l'attention du lecteur. La nature doit être res-
pectée même dans ses écarts, l'observateur intelligent
sait toujours la reconnaître et l'utiliser. Elle se montre
tantôt sous une face, tantôt sous l'autre; ce qu'elle cache elle l'indique au moins, et nous ne devons négliger
aucun des moyens qu'elle nous offre de mieux la contempler à l'extérieur, et de pénétrer plus profondément
dans sa structure intime. Nous allons donc, sans plus
de détour, nous emparer de la *fonction* pour en tirer
tout le parti que nous pourrons.

La fonction bien comprise n'est rien autre chose
qu'une entité en action. Comparons donc, ainsi que
M. Geoffroy lui-même nous y engage, le bras de l'homme
aux membres antérieurs des animaux.

Sans vouloir paraître savant, nous sommes forcé

de remonter à Aristote, Hippocrate, et surtout Galien,
qui nous a conservé les traditions de ses devanciers. La
brillante imagination des Grecs avait accordé à la nature une intelligence charmante. Elle avait tout arrangé
si gentiment que l'ensemble devait être parfait ; elle ar-
mait de griffes et de cornes les animaux forts, et donnait
aux faibles des membres agiles et rapides à la course.
L'homme était surtout heureusement doué, sa main
habile savait manier la lance et l'épée ; sans parler de
la plaisante raison qu'ils donnaient pour expliquer
dans quel but le doigt du milieu est plus long que les
autres.

Dans la suite de nos considérations nous prendrons
pour base le grand ouvrage de Dalton, où nous puise-
rons nos exemples.

La structure de l'avant-bras humain, son articulation avec le poignet, les merveilles qui en résultent,
sont généralement connues ; tous les actes de l'intelligence s'y rapportent plus ou moins. Voyez ensuite les animaux carnassiers ; leurs griffes et leurs ongles ne sont
aptes et ne sont occupés qu'à saisir une proie, et à part
une certaine tendance à jouer, tous ces animaux sont
subordonnés à leur intermaxillaire, et esclaves de leurs
organes masticateurs. Dans le cheval, les cinq doigts
sont enveloppés par une corne, et nous les voyons
avec les yeux de l'esprit, quand même la monstruosité
ne viendrait pas nous prouver que le sabot est séparable en cinq doigts (12). Ce noble animal n'a pas besoin de faire de grands efforts pour s'approprier sa
nourriture. Une prairie fraîche et aérée est le théâtre
où il se livre à tout le caprice de ses courses vagabon-
des, et l'homme sait utiliser ces dispositions pour satisfaire à ses besoins, ou contribuer à ses plaisirs.

L'avant-bras, examiné attentivement dans les divers
ordres de mammifères, est d'autant plus parfait que la

pronation et la supination s'exécutent plus facilement. Beaucoup d'animaux possèdent cette faculté à
un degré plus ou moins élevé; mais comme ils se servent de l'avant-bras dans la station et la progression,
celui-ci reste en pronation, et le radius se trouve en
dedans, du côté du pouce auquel il est intimement uni.
Cet os, renfermant le centre de gravité du membre,
grossit sous l'influence de certaines circonstances, et
finit par rester seul à la place qu'il occupe.

L'écureuil, et les rongeurs qui s'en rapprochent, sont
certainement doués d'un avant-bras des plus mobiles
et d'une main des plus adroites; leur corps élancé, leur
station verticale et leur progression par sauts n'a-
lourdissent pas les membres antérieurs. Est-il quelque
chose de plus gracieux qu'un écureuil qui épluche un
cône de pin ? L'axe ligneux qui est au centre est nettement dépouillé, et ce serait une chose à vérifier, si ces
animaux détachent les bractées en suivant la ligne spirale de leur insertion. C'est ici le cas de faire mention de
leurs incisives saillantes qui sont insérées sur l'os intermaxillaire. Elles n'ont pas été figurées dans nos planches, mais dans l'ouvrage de Dalton on les trouvera
représentées dans le plus grand détail. Par un accord
mystérieux, une main plus parfaite détermine le développement d'un système dentaire antérieur plus
achevé. Celui-ci ne sert plus, comme dans les autres
animaux, à la préhension des aliments; une main
adroite sait les porter vers la bouche, et les dents
n'ont plus d'autre fonction que de ronger, ce qui en
fait, pour ainsi dire, des instruments mécaniques. Ici
nous ne pouvons résister à la tentation de répéter, ou
plutôt de modifier en le développant cet axiome des naturalistes grecs : les animaux sont tyrannisés par leurs
membres. Ils s'en servent bien, il est vrai, dans le but
unique de prolonger leur existence, et de repro-

duire des êtres semblables à eux, mais le moteur nécessaire à l'accroissement de ces deux grands actes
continue toujours à fonctionner même sans nécessité;
voilà pourquoi les rongeurs, quand ils sont rassasiés,
commencent à détruire; et cette tendance se manifeste
enfin dans le castor, par la création de quelque chose
d'analogue aux constructions raisonnées de l'homme.
Nous nous arrêtons de peur d'aller trop loin. Pour nous
résumer en peu de mots : plus l'animal se sent destiné
à la station et à la progression, plus le radius augmente
de volume en s'appropriant une partie de la masse
du cubitus dont le corps finit par disparaître complétement ; l'olécrâne reste seul à cause de la part considérable qu'il prend à l'articulation du coude (*). Qu'on
parcoure les planches de Dalton, et l'on reconnaîtra
que dans une partie ou dans l'autre, l'organe, dont
l'existence se manifeste par la forme, se traduit fidèlement par la fonction.

Examinons maintenant les cas où nous trouverons
une trace suffisante de l'organe, quoique la fonction
ait disparu; cette considération nous permettra de
pénétrer par une autre porte dans les secrets de la nature. Contemplez les planches de Dalton qui représentent les oiseaux de la tribu des brévipennes, et vous
verrez combien, à partir de l'autruche pour arriver
au casoar de la Nouvelle-Hollande, l'avant-bras se
raccourcit, se réduit et se simplifie peu à peu; cet organe essentiel et caractéristique de l'homme et de l'oiseau avorte au point qu'on pourrait le prendre pour
une difformité accidentelle, si on n'y reconnaissait les
différentes parties qui composent le membre antérieur.
Cette analogie ne saurait être méconnue ni dans leur
étendue, ni dans leur forme, ni dans leurs modes d'articu-

(*) Voyez la note 8.

lation. Les parties terminales diminuent en nombre, il est vrai; mais les postérieures conservent leurs rapports. M. Geoffroy a parfaitement compris, et a proclamé avec raison ce grand principe d'ostéologie comparée, savoir : que c'est dans les limites de son voisinage qu'on retrouvera le plus sûrement les traces d'un os qui semble se dérober à nos yeux. Il s'est pénétré d'une autre grande vérité, que nous devons énoncer ici : c'est que la prévoyante nature s'est fixé un budget, un état de dépenses bien arrêté. Dans les chapitres particuliers, elle agit arbitrairement, mais la somme générale reste toujours la même ; de sorte que, si elle dépense trop d'un côté, elle retranche de l'autre.

Ces deux principes, dont les savants allemands, de leur côté, avaient reconnu la justesse, ont été, entre les mains de M. Geoffroy, des guides sûrs qui ne l'ont jamais égaré dans tout le cours de sa carrière scientifique. Grâce à eux, on n'aura plus besoin de recourir à la pitoyable ressource des causes finales.

Les exemples précédents sont aussi suffisants pour prouver que nous ne devons négliger aucune des manifestations de l'organisme, si nous voulons pénétrer, par l'examen des apparences extérieures, dans la nature intime des choses.

On a pu voir par ce qui précède, que Geoffroy a considéré les choses d'un point de vue tout-à-fait élevé ; malheureusement sa langue ne lui fournit pas, dans beaucoup de cas, l'expression propre ; et, comme son adversaire se trouve dans le même cas, il en résulte de l'obscurité et de la confusion. Nous allons tâcher de faire apprécier l'importance de ce fait, et profiter de l'occasion pour démontrer qu'un mot impropre peut, dans la bouche des hommes, même les plus distingués,

(*) Voyez la note 3.

engendrer les erreurs es plus graves. On croit parler en prose et l'on emploie un langage figuré. Chacun modifie le sens de ces tropes à sa manière, étend leur signification ; la dispute s'éternise, et le problème devient insoluble.

Matériaux. Ce mot est employé pour désigner les parties d'un être organisé, dont la réunion forme un tout, ou une partie subordonnée au tout. C'est ainsi que l'os incisif, la mâchoire supérieure et les palatins, sont les matériaux dont se compose la voûte palatine ; l'humérus, les deux os de l'avant-bras et ceux de la main, les matériaux qui composent le membre supérieur de l'homme, et la patte antérieure des animaux.

Dans l'acception la plus générale, on appelle matériaux, des corps qui n'ont aucun rapport ensemble, qui sont indépendants l'un de l'autre, et se trouvent réunis par des circonstances fortuites. Des poutres, des planches, des lattes, sont les matériaux avec lesquels on peut construire des bâtiments de diverse nature, et un toit en particulier. Suivant les circonstances, on leur adjoindra des tuiles, du cuivre, du plomb, du zinc, qui n'ont rien de commun avec eux, si ce n'est qu'ils sont indispensables pour la couverture du toit.

Nous sommes donc forcés de prêter au mot français matériaux, un sens beaucoup plus complexe que celui qu'il a réellement ; mais nous le faisons avec répugnance, parce que nous prévoyons où tout cela peut mener.

Composition est encore un terme vicieux emprunté à la mécanique, comme le précédent. Les Français l'ont fait adopter par les Allemands, à l'époque où ils commencèrent à écrire sur les arts ; on dit composer (*componieren*) des tableaux ; un musicien se nomme un compositeur, et cependant, si ce sont de vrais ar-

tistes, ils ne composeront pas leurs ouvrages, mais ils
développeront l'image ou le sentiment qu'ils ont conçu,
en suivant les inspirations de la nature et de l'art. Ce
mot rabaisse la dignité de l'un et de l'autre. Les organes
ne se combinent pas, ne se réunissent pas, comme des objets finis et achevés séparément; ils se développent l'un
de l'autre, en se modifiant, pour former un entité, qui
tend nécessairement à constituer un tout. On peut
parler, à propos de cette création, de fonction, de
forme, de couleur, de dimensions, de masse, de poids
et d'autres propriétés; cela est permis à l'observateur
qui cherche la vérité : mais tout ce qui est vivant se
développe, se propage, puis chancelle, et arrive enfin
au dernier terme, la mort.

Embranchement est aussi un mot technique emprunté aux art mécaniques; il se dit des poutres qui
sont ajustées ensemble. On l'emploie dans une acception plus positive pour indiquer la division d'une route
en plusieurs autres.

Nous croyons reconnaître ici, dans l'ensemble et
dans les détails, l'influence de cette époque où la
nation était livrée au sensualisme, et habituée à se
servir d'expressions matérielles et mécaniques. Suffisants pour les besoins du langage usuel, dans lequel ils se sont perpétués, ces mots ne sauraient rendre les idées relevées conçues par des hommes de génie,
ni répondre aux exigences d'une discussion métaphy-
sique.

Encore un exemple : le mot *plan* sert à exprimer que
les matériaux se disposent suivant un ordre combiné
d'avance; mais ce mot rappelle à l'instant l'idée d'une
maison, d'une ville dont la disposition, quelque admirable qu'elle soit, ne saurait se comparer, en aucune
manière, à celle d'un être organisé. Toutefois les Français tirent leurs termes de comparaison des bâtiments

et des rues d'une cité ; le terme d'*unité de plan* donne
lieu à des malentendus et à des discussions qui ne font
qu'obscurcir la question principale.

Unité de type est une expression qui se rapproche
un peu plus de la vérité, et puisque le mot de type
est employé souvent dans le courant du discours, on
devrait aussi le placer en tête de l'article et il contri-
buerait à la solution de la question.

Rappelons-nous que déjà, en 1753, le comte de
Buffon avait imprimé qu'il reconnaissait *un dessin
primitif et général — qu'on peut suivre très loin —
sur lequel tout semble avoir été conçu.* Que deman-
dons-nous de plus? Revenons donc à la discussion
qui a été l'occasion de cet écrit, et suivons-la dans ses
conséquences, en observant l'ordre chronologique.

Lorsque le mémoire de M. Geoffroy parut en avril
1830, les journaux s'emparèrent de la question, et se
divisèrent en deux partis. En juin, les rédacteurs de la
Revue encyclopédique se prononcèrent en faveur de
M. Geoffroy ; ils déclarèrent que la question en litige
était européenne, et d'une portée qui dépasse le cercle
des sciences naturelles. Enfin ils insérèrent dans leur
feuille un article détaillé de cet homme illustre, qui
mérite d'être connu parce que sa pensée s'y trouve
formulée d'une manière concise et pressée.

Un seul fait prouvera combien il y avait de passion
dans cette lutte ; c'est que le 19 juillet, époque à la
quelle la fermentation politique était déjà violente, on
s'occupait encore d'une question de théorie scientifique, si étrangère aux intérêts du moment.

Cette controverse nous fait voir aussi quel est l'esprit
de l'Académie des sciences de France ; car si le levain
de discorde qu'elle nourrissait dans son sein est resté si
long-temps caché, il faut l'attribuer à la cause suivante :
Les séances étaient d'abord secrètes, les membres seuls

y assistaient et discutaient leurs expériences et leurs opinions ; peu à peu on ouvrit la porte à quelques amis de la science, il était difficile de refuser l'entrée à ceux qui vinrent à leur suite, et bientôt l'Académie se trouva en présence d'un public nombreux.

Si on examine avec attention le cours des choses, on verra que toutes les discussions publiques, soit religieuses, soit politiques, soit scientifiques, finissent toujours par porter sur le fond des choses.

Les académiciens français avaient évité long-temps, comme c'est l'usage dans la bonne société, les controverses approfondies et par conséquent violentes; on ne discutait pas les mémoires présentés, ils étaient renvoyés à l'examen d'une commission qui faisait un rapport, et concluait de temps en temps à l'insertion dans les Mémoires des savants étrangers à l'Académie. Tels sont les renseignements qui nous sont parvenus ; mais il paraît que les usages de l'Académie vont subir quelques modifications amenées par ces débats, et un conflit s'est élevé entre les deux secrétaires perpétuels, Arago et Cuvier. C'était l'usage à chaque séance de lire seulement un procès-verbal très succinct de la séance précédente. M. Arago crut pouvoir déroger à cet usage, et exposer avec détail tout le contenu de la protestation de Cuvier. Celui-ci proteste de nouveau, se plaint de la perte de temps qu'un pareil usage entraînerait après lui, et de l'inexactitude du résumé de M. Arago. Geoffroy Saint-Hilaire réplique : on cite les habitudes de quelques autres Académies; de nouvelles objections sont élevées, et l'on se décide enfin à laisser mûrir cette question par le temps et la réflexion.

Dans une séance du 11 octobre, Geoffroy lit un mémoire sur les formes particulières de l'occipital chez le crocodile et le *Teleosaurus ;* il reproche à Cuvier un oubli important dans l'énumération des parties. Ce-

lui-ci répond bien malgré lui', à ce qu'il assure, mais
seulement pour ne pas laisser croire, par son silence,
qu'il reconnaît la justesse de ces observations. Ceci
est un exemple remarquable, qui prouve combien
on doit éviter de traiter des questions générales, à
propos de faits particuliers.

Une des séances suivantes offrit un incident, que
M. Geoffroy rapporte ainsi dans la Gazette Médicale du
23 octobre 1830.

« La Gazette Médicale et les autres feuilles publiques ayant répandu la nouvelle de la reprise de l'ancienne controverse entre M. Cuvier et moi, on est
accouru à la séance de l'Académie des sciences,
pour entendre M. Cuvier, dans les développements qu'il
avait promis de donner sur le rocher des crocodiles. La
salle était pleine de curieux ; par conséquent ce n'était
pas de ces zélés disciples, animés de l'esprit de ceux
qui fréquentaient les jardins d'Academus, et l'on y distinguait les manifestations d'un parterre athénien, livré à
bien d'autres sentiments. Cette remarque, communiquée
à M. Cuvier, le porta à remettre pour une autre séance
la lecture de son mémoire. Muni de pièces, j'étais prêt à
répondre. Cependant je me suis réjoui de cette solution.
Je préfère à un assaut académique, le dépôt que je fais
ici du résumé suivant, résumé que j'avais rédigé d'a-
vance et que j'eusse, après l'improvisation devenue nécessaire, remis sur le bureau à titre de *ne varietur.* »

Une année s'est écoulée depuis ces événements, et
l'on a pu se persuader que nous avons été attentif à suivre les conséquences de cette révolution scientifique,
autant qu'à observer celles du bouleversement politique concomitant. Hâtons-nous donc de déclarer
que les recherches scientifiques se font maintenant
chez nos voisins dans un esprit plus indépendant et
plus large qu'autrefois.

Les noms de plusieurs savants allemands ont été souvent cités dans ces débats : ce sont ceux de Bojanus, Carus, Kielmeyer, Meckel, Oken, Spix et Tiedemann. L'estime qu'inspire aux Français le mérite éminent de ces hommes, leur fera adopter peu à peu la méthode synthétique, qui est un des caractères essentiels du génie allemand, et nous nous félicitons d'avance de voir nos voisins marcher avec persévérance dans la voie que nous parcourons.

BOTANIQUE.

Voici, il a passé devant moi avant que je ne le voie, et il s'est métamorphosé avant que je m'en sois aperçu.

JOB, ch. IX, Vers. XI.

HISTOIRE

DE MES

ÉTUDES BOTANIQUES.

(1831.)

> Voir venir les choses est le meilleur
> moyen de les expliquer.
>
> TURPIN.

Pour éclairer l'histoire des sciences et se rendre compte de leur progrès, il faut s'enquérir avant tout de leurs commencements ; découvrir l'auteur qui le premier a dirigé son attention sur un sujet donné, connaître les moyens qu'il a mis en usage, l'époque à laquelle certains phénomènes ont éveillé la curiosité, et fait naître des idées, qui ont fini par engendrer des opinions nouvelles. Éprouvées par l'application, celles-ci servent à déterminer le moment où une découverte, une invention quelconque deviennent incontestables. Ces recherches sont une belle occasion pour apprécier et mesurer la puissance de l'esprit humain.

On a fait à la métamorphose des plantes l'honneur de s'enquérir de son origine ; on s'est demandé comment un homme déjà dans l'âge moyen de la vie, ayant quelque réputation comme poëte, des occupations nombreuses et des goûts divers, avait osé se lancer dans le champ sans limites des sciences naturelles, et les étudier assez profondément pour pouvoir établir un principe, dont l'heureuse application aux formes les plus variées de la végétation, résume toutes les lois auxquelles obéissent des millions de faits isolés.

L'auteur a déjà abordé ce sujet dans ses cahiers sur la morphologie; mais il veut ici compléter ces notes, et présenter l'exposé historique de ses travaux, en parlant à la première personne.

Né et élevé dans une ville considérable (*), mes premières études furent dirigées vers la connaissance des langues anciennes et modernes; des essais littéraires et poétiques complétèrent de bonne heure ces premiers travaux, auxquels se joignit tout ce qui peut mener à la connaissance de l'homme, considéré sous le point de vue moral et religieux.

C'est aussi dans de grandes villes que mon éducation s'acheva; il en résulte que toute l'activité de mon intelligence dut obéir à l'influence des habitudes sociales, et se porter vers l'élément qui en fait le plus grand charme, et qu'on désignait alors sous le nom de belles-lettres.

Je n'avais aucune notion sur le monde extérieur, et pas la plus légère idée de ce que l'on désigne sous le nom des trois règnes de la nature. Dès mon enfance j'avais vu admirer, dans les carrés d'un parterre, des tulipes, des œillets et des renoncules; quand les arbres du jardin donnaient une abondante récolte de fruits, et surtout d'abricots, de pêches et de raisins, alors jeunes et vieux étaient ravis : mais on ne s'occupait pas des plantes exotiques, et dans les écoles il n'était nullement question d'histoire naturelle.

Mes premiers essais poétiques furent accueillis avec faveur, et cependant ils peignaient toujours l'homme intérieur, et supposaient seulement la connaissance des émotions de l'âme. Çà et là on aperçoit quelque trace d'un amour passionné pour la campagne, et d'un besoin sérieux de pénétrer le grand secret de la création et de l'anéantissement continuel des êtres; mais ce be-

(*) Francfort-sur-le-Mein.

soin s'évaporait en vaines et inutiles contemplations.
⁓ J'entrai dans la vie pratique et dans une sphère scientifique, à l'époque où je fus accueilli avec tant de bienveillance à Weimar. Sans parler d'autres avantages
inappréciables, j'eus celui d'échanger l'air étouffé de la
ville et de mon cabinet de travail, contre celui des jardins, de la campagne et des forêts.

Dans le courant du premier hiver je me livrai au
plaisir entraînant de la chasse, et les longues soirées,
pendant lesquelles nous nous reposions de nos fatigues,
n'étaient pas remplies tout entières par le récit des
aventures de la journée. Il était souvent question d'é-
conomie forestière; car la vénerie du duc de Saxe-Weimar se composait d'excellents forestiers, et le nom de
Skell y est encore aujourd'hui l'objet de la vénération
universelle. On avait fait un cadastre général de tous
les bois, et la distribution des coupes annuelles avait
été fixée long-temps d'avance.

De jeunes gentilshommes marchaient avec zèle dans
cette voie d'améliorations utiles, et je citerai parmi eux
le baron de Wedel qui nous fut ravi dans la force de
l'âge. Il portait dans l'exercice de son emploi un sens
droit et un grand esprit de justice. Lui aussi insistait
déjà à cette époque sur la nécessité de détruire le gi-
bier, persuadé que sa multiplication excessive est nuisible, non seulement à l'agriculture, mais encore à
l'accroissement des forêts.

Celles de la Thuringe s'ouvraient devant nous dans
leur immense étendue; car nous parcourions non seulement les domaines du prince, mais encore ceux de ses
voisins, avec lesquels il entretenait des relations amicales.
La géologie, dont l'étude était nouvelle pour nous, excitait notre ardeur juvénile; on cherchait à se rendre
compte de la nature, et de la formation de ce sol couvert
de forêts aussi vieilles que le monde. Des espèces nom-

breuses de conifères d'un vert sombre, exhalant une
odeur balsamique, des bouquets de hêtres dont l'aspect
réjouissait la vue, des bouleaux élancés et des arbrisseaux innombrables, occupaient chacun la station où ils
s'étaient cantonnés. Ce spectacle s'offrait à nous dans
des forêts plus ou moins bien aménagées, qui s'étendaient sur une étendue de plusieurs lieues carrées.

Puisqu'il était question d'exploitation, il fallait bien
prendre connaissance des qualités de chaque espèce de bois. A propos des incisions pratiquées aux
arbres résineux, on s'entretenait de ces sucs balsami-
ques, répandus de la racine au sommet, qui entretiennent souvent pendant deux cents ans la vie et la ver-
dure éternelle de ces arbres.

La famille des mousses se montrait ici dans sa plus
grande diversité. Notre attention se tourna même du
côté des racines cachées sous la terre, et voici pourquoi. Depuis les temps les plus reculés, ils existait dans
ces forêts des herboristes possesseurs de recettes mystérieuses. De père en fils ils préparaient des extraits
et des esprits, dont la réputation thérapeutique s'était
étendue au loin, grâce à des charlatans qui savaient en
tirer profit. Les gentianes jouaient ici un grand rôle, et
la détermination des formes diverses de la plante et de
la fleur dans les nombreuses espèces de ce genre, devint
pour nous une occupation pleine de charme; sa racine
salutaire n'était pas oubliée. Ce genre est le premier qui
m'ait séduit, et le seul dont je me sois efforcé par la
suite de connaître les espèces.

Il est bon de remarquer combien l'histoire de mon
éducation botanique ressemble à celle de la Botanique
elle-même. Des apparences extérieures et générales qui
frappent tous les yeux, je passai à l'application, à l'utile;
la nécessité m'avait forcé d'apprendre. Quel est le botaniste qui ne reconnaît ici en souriant le caractère de

l'époque où les Rhizotomes jetèrent les fondements de
la botanique ?

Mais puisque mon but principal est de faire connaître
comment j'ai abordé la science, je dois avant tout parler
d'un homme qui a mérité, sous tous les points de vue,
la haute estime dont il jouissait à Weimar; cet homme,
c'est le docteur Buchholz, possesseur de la seule pharmacie de la ville. Riche, plein d'ardeur et d'activité, il
se livrait avec un zèle des plus louables à l'étude des
sciences naturelles, réunissait autour de lui les aides
les plus intelligents, et Gœttling est sorti de son labora-
toire avec la réputation d'un excellent chimiste. Un fait
nouveau de physique ou de chimie, découvert en Allemagne ou ailleurs, arrivait-il à sa connaissance? on le
vérifiait à l'instant même, sous la direction du patron
qui communiquait libéralement ses résultats à une
société avide de s'instruire.

Dans la suite, je dois le dire à son honneur,
lorsque le monde savant s'occupa de la nature des gaz,
il refit toutes les expériences. Sous sa direction, un des
premiers aérostats s'éleva de nos terrasses, et à l'admiration des savants on ne saurait comparer que la stupeur
de la foule, qui ne pouvait revenir de son étonnement,
et la frayeur des pigeons effarouchés qui s'abattaient
par bandes de tous les côtés.

On me reprochera peut-être d'entrer ici dans des
détails étrangers à mon sujet. Je répondrai que je ne
saurais parler avec quelque suite de mes études, si je
ne faisais ressortir tout ce que la société de Weimar,
une des plus avancées d'alors, réunissait de goût et de
connaissances. Les sciences et la poésie, les études profondes et la vie active se partageaient notre temps, et
nous faisaient rivaliser de zèle.

Tous ces détails se lient intimement à ce qui précède;

la chimie et la botanique doivent leur existence à la médecine, et en même temps que Buchholz s'élevait de la pharmacie à la chimie, il sortait du cercle étroit de la flore médicale pour entrer dans le vaste champ de la botanique. Il cultivait dans son jardin non seulement les plantes officinales, mais encore des végétaux rares ou peu connus, qui n'avaient qu'un intérêt scientifique.

Un prince qui, jeune encore, se livrait déjà à l'étude des sciences, sut faire tourner au profit de tous l'activité de Buchholz. De vastes terrains aérés et exposés au soleil, près desquels existaient des lieux humides et ombragés, furent consacrés à une école de botanique. Des jardiniers instruits prêtèrent la main avec zèle à cette entreprise, et des catalogues, encore existants, témoignent de l'ardeur avec laquelle ces travaux furent commencés.

Toutes ces circonstances me forcèrent à étudier de plus en plus la botanique. J'avais fait relier ensemble la terminologie de Linnée, les fondements sur lesquels est bâti son système artificiel, les dissertations que J. Gessner a écrites pour éclaircir les éléments de Linnée; et ce petit volume m'accompagnait dans toutes mes excursions. Encore aujourd'hui la vue de ce cahier me rappelle des jours purs et heureux, pendant lesquels ces pages si remplies de sens m'ouvraient un monde nouveau. La philosophie botanique de Linnée était mon étude de tous les jours, c'est ainsi que j'avançais continuellement dans la connaissance méthodique de cette science, en cherchant à m'approprier tout ce qui pouvait me donner une idée générale de l'ensemble du règne végétal.

La suite de ces communications apprendra peut-être au lecteur le succès de ces études, pour ainsi dire étrangères à ma vocation, et l'influence qu'elles ont eu

sur moi. Qu'il me suffise d'affirmer ici qu'après Sha-
kespeare et Spinosa, Linnée est l'homme qui a agi sur
mon esprit avec le plus de force, et cela précisément
à cause de la lutte intérieure qu'il provoquait en moi.
En effet, tandis que je cherchais à m'approprier son
ingénieuse méthode analytique, à connaître ces lois
claires, faciles à appliquer, mais arbitraires, je sentais
en moi-même le besoin impérieux de rapprocher toutes
ces choses, qu'il séparait si violemment les unes des
autres.

Le voisinage de l'Université d'Iéna favorisait mes
études scientifiques. On y cultivait depuis long-temps
avec un soin particulier toutes les plantes officinales ;
et les professeurs Prætorius, Schlegel et Rolfink avaient
contribué dans leur temps à l'avancement de la botanique. La Flore d'Iéna, publiée en 1718 par Ruppe, fit
une vive sensation. Elle ouvrit aux explorateurs un
champ immense, et, au lieu de se borner à l'étude de
quelques espèces médicinales, parquées dans un jardin
claustral, on put se livrer à la contemplation de la
belle nature tout entière.

Les cultivateurs des environs, qui jusque-là s'étaient
contentés de fournir des plantes aux pharmaciens et
aux herboristes, s'efforçaient de prendre part à nos
travaux, et quelques-uns avaient appris peu à peu la
nouvelle terminologie. A Ziegenhayn, une famille se
distinguait entre toutes; l'aïeul avait été connu de Linnée, et la lettre autographe de ce grand homme, qu'il
montrait avec orgueil, était pour lui un titre de no-
blesse botanique. Après sa mort, le fils continua son
commerce qui consistait à apporter chaque semaine
aux professeurs et aux étudiants, une collection des plantes qui se trouvaient en fleur dans les champs. Pour-
voyeur habile et jovial, il poussait quelquefois jusqu'à
Weimar, et c'est ainsi que j'appris à connaître peu à

peu les nombreux végétaux qui croissent dans les environs d'Iéna.

Le petit-fils, Frédéric GottliebDietrich, contribua plus que tous les autres à mes progrès; c'était un jeune homme d'une belle stature, d'une physionomie aimable et prévenante; dans son ardeur impatiente il aurait voulu embrasser à la fois l'étude du règne végétal tout entier; son heureuse mémoire retenait tous les noms les plus bizarres, et les lui rappelait à l'instant même, dès qu'il en avait besoin. Il me plut, parce que son caractère franc et ouvert se peignait dans toutes ses actions, et je l'emmenai avec moi à Carlsbad.

Dans les pays de montagnes il courait toujours à pied, et ramassait tout ce qu'il trouvait en fleur, puis il apportait son butin dans ma voiture, le plus souvent au lieu même où il l'avait recueilli, et proclamait, avec l'aplomb d'un homme sûr de son fait, les noms linnéens, non sans blesser souvent les règles de la prosodie.

J'entrai ainsi, d'une manière nouvelle, en communication avec la nature; je jouissais de ses merveilles, et, en même temps, les dénominations scientifiques qui frappaient mon oreille étaient l'écho lointain de la science qui me parlait du fond de son sanctuaire.

A Carlsbad, Dietrich était toujours avant le jour dans les montagnes, et, avant que j'eusse bu mes verres d'eau, il m'apportait à la source une riche collection de fleurs. Tout le monde, mais surtout ceux qui s'occupaient de cette belle étude, prenaient part à mes plaisirs. C'était en effet une science bien faite pour séduire, que celle qui se présentait sous la forme d'un beau jeune homme chargé de plantes en fleurs, et donnant à chacune son nom d'origine grecque, latine ou barbare; aussi la plupart des hommes et même quelques dames cédèrent à l'entraînement général.

Les savants de profession trouveront peut-être notre

méthode bien empirique, mais elle eut l'avantage de
nous attirer la faveur d'un habile médecin qui accompagnait aux eaux un grand seigneur fort riche. Ses
connaissances en botanique étaient très étendues, et,
voulant profiter de son séjour à Carlsbad pour les
augmenter encore, il se réunit à nous. Nous l'ai-
dâmes de tout notre pouvoir; il séchait, déterminait et
classait les plantes rapportées par Dietrich, et y joignait le plus souvent quelques observations. Je ne
pouvais que gagner à tout cela; les noms souvent répétés
finissaient par se graver dans ma mémoire; je devins
aussi plus habile dans l'art d'analyser les fleurs, sans
arriver néanmoins à un grand résultat. Séparer et
compter n'étaient pas dans ma nature.

Nos travaux assidus trouvèrent des opposants dans la
haute société. Nous entendions souvent répéter que
cette Botanique, dont nous poursuivions l'étude avec
tant d'ardeur, n'était qu'une science de mots, fondée
presqu'en entier sur des chiffres, qui ne pouvait satisfaire ni la raison ni l'imagination, parce que personne
ne pourrait jamais y découvrir une série de lois enchaî-
nées les unes aux autres. Nous laissions dire et poursuivions tranquillement notre chemin, car chaque
jour était marqué par nos progrès dans la connaissance des végétaux.

La vie de Dietrich ne démentit pas les espérances
qu'il avait données. Il marcha sans relâche dans la voie
qu'il s'était ouverte, se fit connaître comme écrivain,
obtint le grade de docteur, et dirige maintenant avec
zèle et intelligence les jardins du grand-duc à Eisenach.

Charles-Auguste Batsch était le fils d'un homme
universellement aimé et estimé à Weimar; il fit de
bonnes études à Iéna, s'appliqua principalement aux
sciences naturelles, et ses progrès furent tels qu'on
le fit venir à Koestritz pour classer une collection d'his-

toire naturelle appartenant aux comtes de Reuss, et la diriger pendant quelque temps. Il revint ensuite à Weimar, et pendant un hiver fatal aux plantes par sa rigueur, je fis sa connaissance, sur un étang où la bonne société avait coutume de se rendre pour patiner. J'appréciai bientôt son assurance pleine de modestie et l'ardeur qu'il cachait sous un calme apparent. Nous nous entretenions librement et avec suite, en courant sur la glace, des grandes questions de la botanique et des méthodes les plus propres à faire avancer cette science.

Il avait des idées qui répondaient singulièrement à mes besoins et à mes désirs. Ranger les plantes dans un ordre ascendant, par familles de plus en plus complexes, tel était son plan favori. La méthode naturelle, dont Linnée appelait l'apparition de tous ses vœux, et que les botanistes français suivaient dans la théorie comme dans la pratique, l'occupa pendant toute sa vie, et je fus heureux d'en tenir quelque chose de la première main.

Ces deux jeunes gens avaient favorisé singulièrement mes progrès, mais je ne leur devais pas tout. Un homme avancé en âge y contribua beaucoup pour sa part; c'était le conseiller Büttner. Il avait apporté sa précieuse bibliothèque de Goettingue à Iéna; je reçus du prince, qui en avait fait l'acquisition pour nous et pour lui, la mission de la mettre en ordre d'après les idées du fondateur qui en demeurait possesseur; nous fûmes donc en relation habituelle. Lui-même était une bibliothèque vivante, ayant à toutes les questions une réponse satisfaisante et longuement motivée; la botanique était son sujet de conversation favori.

Contemporain de Linnée, non seulement il ne niait pas, mais il exprimait avec passion combien il avait toujours lutté en secret contre cet homme qui remplissait le monde de son nom. Son système ne l'avait jamais satisfait; toujours il s'était efforcé de ranger les plantes par familles et de s'élever de la plus simple de toutes qui est presque invisible, aux végétaux les plus grands et les plus complexes. Il aimait à faire voir un tableau écrit avec soin, où les genres étaient ainsi disposés. Pour mon compte, j'y puisais l'assurance que je n'étais pas engagé dans une fausse voie.

On voit par ce qui précède combien la position dans laquelle je me suis trouvé était avantageuse pour me livrer à ce genre d'étude. De grands jardins dans le voisinage de la ville et annexés au palais, un pays couvert de nombreuses plantations d'arbres et d'arbustes, le secours d'une flore locale complète, le voisinage d'une université florissante, tout me favorisait pour avancer dans la connaissance du règne végétal.

Pendant que mes idées sur la botanique s'étendaient, en se complétant par l'influence d'un commerce habituel avec des hommes actifs et laborieux, j'appris à connaître un ami de la solitude et des plantes, qui s'était voué à leur étude avec une sérieuse persévérance. Qui n'a pas suivi, dans ses promenades solitaires, cet illustre J.-J. Rousseau que nous révérons tous? Dégoûté des hommes, il se détourne vers le monde fleuri des végétaux, et son esprit droit et ferme s'applique à connaître intimement ces aimables enfants de la nature.

Je ne sache pas qu'il ait eu, dans ses premières années, d'autre goût pour les fleurs que celui qui résulte d'un penchant naturel ou de quelques tendres souvenirs. D'après ses mémoires, c'est après une vie littéraire des plus orageuses, que toute la richesse du règne végétal se dévoila, pour ainsi dire, à ses yeux dans l'île Saint-Pierre, sur le lac de Bienne. Ses lettres écrites d'Angleterre prouvent que ses idées avaient gagné en étendue, et sa liaison avec la duchesse de Portland et d'autres botanistes ou amateurs de plantes, contribua

à leur donner encore plus de portée. Un esprit
comme le sien, qui se sentait appelé à être le législateur
des nations, ne pouvait méconnaître le dessin primitif
qui se retrouve dans les formes si variées des organes
végétaux, et les ramène tous à un type unique. Il
s'abîme dans cette pensée qui l'absorbe, il comprend
qu'il faut suivre une marche méthodique pour se guider
dans ces recherches, mais il n'ose pas s'avancer. Je ne crois
pas inutile de rappeler ce qu'il dit lui-même à ce sujet.

« Pour moi qui ne suis, dans cette étude ainsi que
dans beaucoup d'autres, qu'un écolier radoteur, j'ai
songé plutôt en herborisant à me distraire et m'amuser
qu'à m'instruire, et n'ai point eu, dans mes observations tardives, la sotte idée d'enseigner au public ce que
je ne savais pas moi-même. J'avoue pourtant que les
difficultés que j'ai trouvées dans l'étude des plantes,
m'ont donné quelques idées sur les moyens de la faciliter et de la rendre utile aux autres, en suivant le fil du
règne végétal, par une méthode plus graduelle et moins
abstraite que celle de Tournefort et de tous ses successeurs, sans en excepter Linnæus lui-même; peut-être
mon idée est-elle impraticable; nous en causerons, si
vous voulez, quand j'aurai l'honneur de vous voir. »

Voilà ce qu'il écrivait au commencement de l'année
1770; depuis, ces idées ne lui laissèrent aucune trève:
au mois d'août 1771 il fut amené, par d'aimables sollicitations, à vouloir instruire les autres, et eut l'art de
rendre la science accessible à ses écolières, qui n'en firent
pas le sujet d'une simple récréation, mais pénétrèrent,
grâce à lui, jusque dans le sanctuaire.

Il consacre ses connaissances à introduire ses élèves
dans les premiers éléments de la botanique, à leur faire
connaître et déterminer les parties isolées de la plante;
reconstruisant ensuite la fleur par l'assemblage de
ses diverses parties, il les nomme soit avec les noms

vulgaires, soit en ayant recours à la terminologie de
Linnée, dont il proclame hautement les immenses avantages ; mais à peine ce travail préparatoire est-il achevé,
qu'il donne à ses élèves une idée des groupes de végétaux, et leur fait passer successivement en revue les
Liliacées, les Siliqueuses et les Siliculeuses, les La-
biées et les Personnées, les Ombellifères, les Composées.
Exposant ainsi successivement les différences qui séparent des familles dans lesquelles la complication et la
diversité des caractères vont toujours en croissant, il
nous amène graduellement à un point de vue général
d'où nous pouvons embrasser l'ensemble. S'adressant à
des femmes, il insiste sur l'utilité, l'emploi et les propriétés dangereuses des végétaux, avec d'autant plus de
raison et d'à-propos qu'il choisit tous ses exemples dans
la flore locale, ne parlant que des végétaux indigènes,
et négligeant complétement les plantes exotiques,
même celles que l'on connaît et que l'on cultive généralement dans les jardins.

En 1822, il parut une belle édition de tous les écrits
de Rousseau sur ce sujet, réunis en un seul volume petit
in-folio, sous le titre de Botanique de Rousseau. Des
planches coloriées dues à Redouté représentaient toutes les plantes dont il a parlé. En parcourant ces figures,
on observe avec intérêt que c'est dans les champs que
Rousseau faisait ses paisibles études, car toutes les plantes sont de celles qu'on peut recueillir pendant une
courte promenade.

Sa méthode de rapprocher les végétaux a la plus
grande analogie avec la distribution en familles naturelles; comme j'étais occupé à cette époque de considérations de la même nature, ses leçons firent une
grande impression sur moi.

De même que les étudiants aiment les jeunes professeurs, de même un amateur aime assez avoir pour

maître un autre amateur. L'enseignement est sans doute moins substantiel, mais l'expérience prouve que les amateurs contribuent beaucoup à l'avancement des sciences, et cela se conçoit facilement. Les gens du métier s'efforcent d'être complets et d'étendre le cercle de leurs connaissances; l'amateur, au contraire, cherche à gagner, à l'aide de quelques faits isolés, un point culminant d'où sa vue puisse embrasser, sinon la totalité, du moins une portion de l'ensemble.

Pour terminer ce qui a rapport à Rousseau, je dirai qu'il mettait un soin et un amour extrême dans la préparation et l'arrangement de ses herbiers, dont il eut souvent à déplorer amèrement la perte; il n'avait cependant, comme il le dit lui-même, ni l'adresse, ni le soin nécessaire pour ce genre de préparations. Ses changements continuels d'habitation en rendaient la conservation impossible; il les considérait comme du foin, et ne les appelait jamais autrement.

Mais lorsqu'il recueille avec soin des mousses pour le compte d'un ami, alors nous reconnaissons que le règne végétal excitait chez lui un intérêt passionné qu'il est facile de retrouver dans ses Fragments pour un Dictionnaire des termes d'usage en botanique.

Ce qui précède suffit pour faire voir ce dont je suis redevable à Rousseau durant cette période de mes études.

Libre de tout préjugé national, il s'abandonnait sans réserve à l'impulsion de Linnée, qui était incontestablement dans la voie du progrès; nous remarquerons ici que c'est un grand avantage de commencer l'étude d'une science dans un moment de crise déterminé par les efforts d'un homme extraordinaire qui cherche à faire triompher la vérité. On est jeune avec la méthode qui l'est aussi, on commence avec une ère nouvelle, on s'identifie à la masse des travailleurs qui s'avance toujours et vous emporte avec elle.

C'est ainsi que j'ai cédé, avec tous mes contemporains, au pouvoir entraînant et au génie vainqueur de Linnée. Je m'abandonnais à lui et à ses doctrines en toute sécurité; cependant je sentais peu à peu que, sans m'égarer en suivant cette voie, je n'irais pas aussi loin que je le voulais.

· Pour traduire avec vérité l'état dans lequel je me trouvais alors, je suis forcé de rappeler que, né poëte, j'ai toujours cherché à modeler mes expressions sur les choses pour arriver à les peindre. Au lieu de cela, il fallait maintenant apprendre par cœur une terminologie complète, avoir un certain nombre de substantifs et d'adjectifs tout prêts, pour les appliquer avec discernement à chaque nouvelle forme qui se présentait et la désigner d'une façon caractéristique. Un travail de ce genre m'a toujours fait l'effet d'une mosaïque où l'on place des pièces préparées d'avance les unes à côté des autres, afin que leur ensemble produise l'effet d'un tableau; sous ce rapport, ce mode de travail me répugnait un peu.

Cependant je reconnaissais la nécessité de cette méthode, qui a l'avantage de désigner toutes les apparences extérieures des végétaux, par des mots généralement adoptés, et de rendre inutiles des dessins souvent infidèles et difficiles à acquérir. Mais l'extrême variabilité des organes me paraissait un obstacle insurmontable. Quand je voyais sur la même tige des feuilles d'abord entières, puis incisées, puis presque pennées, qui se simplifiaient, se contractaient de nouveau pour devenir des petites écailles et disparaître enfin tout-à-fait, alors je n'avais plus le courage de planter un jalon ou de tracer une ligne de démarcation quelconque.

Caractériser les genres avec certitude et leur subor-

donner les espèces, me parut un problème insoluble. Je
lisais bien dans les livres comment il fallait s'y prendre,
mais je ne pouvais espérer que jamais une détermination resterait incontestée, puisque, du vivant même de
Linnée, ses genres furent divisés, morcelés, et quelques
unes de ses classes détruites.

J'en concluais que le plus sagace, le plus ingénieux
des naturalistes, n'avait soumis *qu'en gros* la nature à
ses lois ; mon admiration pour lui n'en était pas diminuée, mais j'étais dans une perplexité singulière, et l'on
peut se figurer quels efforts un écolier *autodidactique*
comme moi, dut faire pour sortir d'embarras.

Je crus voir clairement que Linnée et ses successeurs
ont agi à la manière des législateurs, qui, plutôt préoc-
cupés de ce qui devrait être que de ce qui est, ne s'in-
quiètent pas des habitudes et des besoins des citoyens,
mais cherchent uniquement la solution du problème si
difficile, de faire vivre en bonne intelligence tous ces
hommes indisciplinés, à idées et à intérêts opposés.
En considérant sous ce point de vue le plan de Linnée
tel qu'il est exposé dans le volume chéri dont j'ai déjà
parlé avec tant d'éloge, je me sentais plein d'admiration
pour cet homme unique, plein d'estime pour ses successeurs, qui ont toujours tenu d'une main habile les
rênes qu'il leur avait confiées, et guidé sagement dans
sa course le char de la science.

Un seul moment de contemplation calme et réfléchie
suffisait pour me faire comprendre qu'il aurait fallu toute
la vie d'un homme inspiré et soutenu par une vocation
innée, pour embrasser et coordonner les phénomènes
innombrables que présente un seul règne, mais je compris en même temps qu'il me restait une autre voie plus
conforme à la tournure de mon esprit. Les phénomènes
de la formation et de la transformation des êtres organisés m'avaient vivement frappé ; car l'imagination et

la nature semblaient lutter à qui des deux serait plus hardie et plus conséquente dans ses créations.

Je poursuivais cependant le cours de ma carrière. Heureusement mes occupations et mes plaisirs m'appelaient souvent à la campagne; la contemplation de la nature elle-même m'apprit que chaque plante choisit la localité qui réunit toutes les conditions qui peuvent la faire prospérer et multiplier. Ainsi, les sommets élevés ou les lieux bas, la lumière, l'obscurité, la sécheresse, l'humidité, les divers degrés de chaleur, et mille autres conditions encore, exercent, ensemble ou séparément, une influence réelle sur les espèces et sur les genres de plantes qui ne sont fortes et nombreuses que dans les localités où les conditions favorables à leur développement se trouvent réunies. Placées dans certains lieux, exposées à certaines influences, les espèces semblent céder à la nature en se laissant modifier; elles deviennent alors des variétés, sans abdiquer leurs droits à une forme et à des propriétés particulières.

Je pressentis cette vérité en étudiant la nature sauvage, et elle jeta un jour tout nouveau pour moi sur les jardins et sur les livres.

Le botaniste qui voudra bien se reporter en imagination à l'année 1786 pourra se faire une idée de l'état dans lequel je me suis trouvé pendant dix ans. Le psychologiste n'oubliera pas d'ajouter, comme éléments moraux du problème, les devoirs, les obligations, les goûts et les distractions qui remplissaient ma vie.

Qu'on me permette d'intercaler ici une observation générale. Tous les objets dont nous sommes entourés dès l'enfance conservent toujours à nos yeux quelque chose de commun et de trivial; quoique nous ne les connaissions que très superficiellement, nous vivons près d'eux dans un état d'indifférence tel, que nous devenons incapables de fixer sur eux notre attention. Des objets nouveaux et variés éveillent au contraire l'imagination et excitent un noble enthousiasme; ils semblent nous désigner un but plus élevé, que nous nous sentons dignes d'atteindre. C'est là que réside le grand avantage des voyages, et il n'est personne qui n'en profite à sa manière. Les choses connues sont rajeunies par les rapports inattendus qui les lient à des objets nouveaux, et l'attention excitée amène des jugements comparatifs.

Le passage des Alpes réveilla vivement en moi le goût que j'avais pour la nature en général et pour les plantes en particulier; les melèzes, plus nombreux que dans la plaine, les cônes du pin pignon, nouveaux pour moi, me rendirent attentif aux influences climatériques. Malgré la rapidité du trajet, je remarquai d'autres plantes plus ou moins modifiées; mais en entrant dans le jardin botanique de Padoue, je fus ébloui par l'aspect magique d'un *Bignonia radicans*, dont les rouges campanules tapissaient une longue et haute muraille qui paraissait tout en feu. Je compris alors toute la richesse des végétations exotiques; plus d'un arbrisseau que j'avais vu végéter misérablement dans nos serres, s'élevait librement dans la campagne. Les plantes qu'un léger abri avait défendues contre les froids passagers d'un hiver peu rigoureux, jouissaient en pleine terre de l'influence bienfaisante de l'air et du soleil. Un palmier en éventail (*Chamærops humilis*) attira toute mon attention. Les premières feuilles, qui sont simples et lancéolées, sortaient de terre; leur division allait en se compliquant de plus en plus, et enfin elles apparaissaient complétement digitées. Une petite branche chargée de fleurs s'élevait au milieu d'une gaîne spathiforme, et semblait une création singulière, inattendue, complétement étrangère à la végétation transitoire qui l'entourait. A ma prière, le jardinier me coupa des échantillons représentant la série de ces transformations, et je me chargeai de plusieurs grands cartons pour emporter cette trouvaille. Je les ai encore sous les yeux tels que je les recueillis alors, et je les vénère comme des fétiches qui, en éveillant et fixant mon attention, m'ont fait entrevoir les heureux résultats que je pouvais attendre de mes travaux.

La variabilité des formes végétales que j'avais suivies dans leur marche, me confirmait dans cette idée, que ces formes qui nous frappent ne sont point irrévocablement déterminées d'avance, mais qu'elles joignent à une fixité originelle, générique et spécifique, une souplesse et une heureuse mobilité qui leur permettent de se plier, en se modifiant, à toutes les conditions variées que présente la surface du globe.

C'est ici qu'il faut tenir compte des diversités du sol. Hypertrophiés dans la plaine sous l'influence d'une nutrition surabondante, rabougris dans une station sèche et élevée, protégés contre la chaleur ou le froid, ou bien exposés à leur action, les genres se transforment en espèces, les espèces en variétés, et celles-ci se modifient à l'infini par l'action de certains agents. Et cependant la plante reste toujours plante, quand même elle incline çà et là vers la pierre brute ou vers une vitalité plus relevée. Les espèces les plus éloignées conservent un air de famille qui permet toujours de les comparer ensemble.

Comme on peut les comprendre toutes dans une notion commune, je me persuadai de plus en plus que cette conception pouvait être rendue plus sensible, et cette idée se présentait à mes yeux sous la forme visible d'une plante unique, type idéal de toutes les autres. Je suivis les diverses formes dans leurs transmutations, et à mon arrivée en Sicile, terme de mon voyage, l'iden-

tité primitive de toutes les parties végétales était pour
moi un fait démontré dont je cherchais à rassembler
et à vérifier les preuves.

Il en résulta un goût passionné pour la botanique
qui ne me quitta pas au milieu des occupations forcées
et volontaires qui m'absorbèrent à mon retour. Quiconque a ressenti le pouvoir d'une pensée féconde, soit
qu'il l'ait conçue lui-même, soit qu'elle lui ait été communiquée par d'autres, conviendra qu'elle excite
dans notre âme des mouvements véritablement pas-
sionnés ; on se sent inspiré, parce que l'on prévoit, dans
leur ensemble, les développements dont elle sera le
germe et les conséquences qui seront la suite de ces
développements. On concevra donc aisément que cette
idée devenue dominante et pressante comme une passion, m'ait occupé sans relâche pendant tout le cours
de ma vie.

Cependant, quelque vif que fut le goût qui s'était em-
paré de moi, je ne pus me livrer à aucune étude suivie pendant tout le temps de mon séjour à Rome. La
poésie, l'art et l'antiquité réclamaient tour à tour mon
activité tout entière, et je n'ai jamais passé dans ma
vie des jours plus remplis d'occupations pénibles et fa-
tigantes. Les gens du métier me trouveront peut-être
bien candide si j'avoue que tous les jours, dans les jardins, à la promenade, dans de petites parties de plaisir,
je ramassais toutes les plantes que je voyais. C'était à
l'époque de la maturité des graines, et il était important
pour moi d'examiner comment elles germent lorsqu'on
les confie à la terre. Ainsi je suivis avec attention la
germination du *Cactus opuntia*, qui est un végétal tout-
à-fait difforme, et je reconnus avec joie qu'il commen-
çait par porter tout bonnement deux cotylédons, et ne
devenait difforme que dans la suite de son développement.

Des capsules me présentèrent aussi un phénomène frappant. J'avais rapporté des environs de Rome plusieurs de celles qui succèdent aux fleurs de l'*Acanthus mollis*, et les avais placées dans une boîte ouverte; au milieu de la nuit, je fus réveillé par une crépitation singulière, et j'entendis que des petits corps sautaient contre la muraille ou allaient frapper le plafond. Je m'expliquai le fait à l'instant même, et le lendemain je trouvai des capsules ouvertes et les graines répandues çà et là. La sécheresse de la chambre avait achevé en peu de jours de communiquer à ces fruits une force élastique si prononcée.

Parmi le grand nombre de graines que je soumis à mon examen, j'en dois encore mentionner quelques unes, qui ont perpétué plus ou moins long-temps mon souvenir dans l'antique cité romaine. Des graines de pin germèrent d'une manière bien remarquable; les plantules s'élevaient comme si elles avaient été enfermées dans un œuf, et laissaient deviner, dans le verticille des cotylédons verts et aciculaires qui entouraient la tigelle, les rudiments des feuilles à venir. Avant mon départ, je plantai cette ébauche d'un arbre futur dans le jardin d'Angelika Kauffmann. L'arbre s'éleva à une assez grande hauteur et prospéra pendant plusieurs années. Des voyageurs bienveillants m'en ont donné des nouvelles qui nous causaient un plaisir réciproque.

Malheureusement, le propriétaire qui succéda à mon amie trouva que ce pin, qui se dressait seul au milieu de son parterre, n'était pas à sa place et il le bannit à l'instant.

Quelques dattiers, que j'avais élevés de graines, pour observer leur développement, furent plus heureux. Je les confiai à un de mes amis de Rome, qui les plaça dans son jardin, où ils continuent à prospérer. Un illustre voyageur a bien voulu me donner l'assurance,

qu'ils avaient atteint la hauteur d'un homme. Puissent-
ils ne pas devenir à charge à leur propriétaire, et croître encore long-temps !

Tout ce qui précède a trait à la reproduction par
graines. Le conseiller d'Etat Reifenstein attira mon attention sur celle qui se fait par boutures ; dans nos promenades, il arrachait çà et là une branche, et soutenait,
avec une insistance qui allait jusqu'à la pédanterie,
que toute branche fichée en terre devait nécessairement
prendre racine. Il donnait en preuve le grand nombre
de ces boutures qui avaient très bien pris racine dans
son jardin. Combien ce mode de multiplication n'a-t-il
pas acquis d'importance pour l'horticulteur commer-
çant, et combien je regrette que Reifenstein n'ait pas
vécu assez long-temps pour être témoin des succès de sa
méthode!

Un œillet qui s'était élevé à la hauteur d'un sous-ar-
brisseau rameux me frappa plus que tout le reste. On
connaît la force vitale et reproductive de cette plante.
Sur ses branches, un bourgeon touche l'autre, un nœud
est enchâssé dans l'autre. Cette disposition s'était encore accrue sous l'influence d'une longue durée; les
bourgeons à l'état latent s'étaient développés autant que
possible et au point que l'on voyait sortir du sein d'une
fleur quatre petites fleurs parfaites.

Ne voyant aucun moyen de conserver cette merveille,
je pris le parti de la dessiner, ce qui me força à me pénétrer plus profondément encore de l'idée fondamentale
des métamorphoses. Mais j'étais malheureusement dis-
trait par une foule d'occupations variées, et vers la fin
de mon séjour à Rome, dont le terme approchait, je me
trouvai de plus en plus fatigué et surchargé de be-
sogne.

Pendant mon retour, je poursuivis la série de mes
idées; je composai en moi-même l'exposé de ma doctrine,

et peu de temps après mon arrivée, je le rédigeai pour le livrer à l'impression. Il parut en 1792, et j'avais l'intention de le faire suivre d'un commentaire accompagné des planches nécessaires. Mais le torrent de la vie qui m'entraînait, annula mes bonnes intentions.

Dans les pages précédentes, je me suis efforcé de faire voir comment j'ai été amené, poussé, pour ainsi dire, à m'occuper de botanique ; quelle direction j'avais donné à ces études, que je poursuivis par goût pendant un grand nombre d'années. Peut-être le lecteur ne pourra-t-il, malgré toute sa bienveillance, s'empêcher de me blâmer de ce que j'ai tant insisté sur de petits événements qui me sont personnels ; je dois donc déclarer ici que je l'ai fait à dessein, afin de pouvoir, après tant de détails, présenter quelque chose de général.

Depuis un demi-siècle et plus, je suis connu comme poëte dans mon pays et même à l'étranger, et on ne songe pas à me refuser ce talent. Mais ce qu'on ne sait pas aussi généralement, ce qu'on n'a pas suffisamment pris en considération, c'est que je me suis occupé sérieusement et longuement des phénomènes physiques et physiologiques de la nature, que j'avais observés en silence avec cette persévérance que la passion seule peut donner. Aussi, lorsque mon Essai sur l'intelligence des lois du développement de la plante, imprimé en allemand depuis quarante ans, fixa l'attention d'abord en Suisse, puis en France, on ne sut comment exprimer son étonnement de ce qu'un poëte, occupé ordinairement des phénomènes intellectuels qui sont du ressort du sentiment et de l'imagination, s'étant un instant détourné de sa route, avait fait en passant une découverte de cette importance.

C'est pour combattre cette fausse croyance que cet Avant-propos a été fait. Il est destiné à montrer que j'ai consacré une grande partie de ma vie à l'histoire naturelle, vers laquelle m'entraînait un goût passionné.

Ce n'est point par l'inspiration subite et inattendue d'un génie doué de facultés extraordinaires, c'est par des études suivies que je suis arrivé à ce résultat.

Sans doute j'aurais pu accepter l'honneur qu'on voulait bien faire à ma sagacité, et m'en targuer à loisir; mais comme il est également nuisible, dans les études scientifiques, de s'en tenir exclusivement à l'observation immédiate ou aux théories abstraites, j'ai pensé qu'il était de mon devoir d'écrire, pour les hommes sérieux, l'historique fidèle, quoique peu détaillé, de mes études botaniques.

LA MÉTAMORPHOSE

DES PLANTES.

(1790.)

> Non quidem me fugit nebulis subinde hoc
> emersuris iter offundi, ista tamen dissi-
> pabantur facile ubi plurimum uti licebit
> experimentorum luce. Natura enim, sibi
> semper est similis, licet nobis sæpe ob ne-
> cessarium defectum observationum, a se
> dissentire videatur.
>
> LINNÆI, *Prolepsis plantarum*, diss. II.

INTRODUCTION.

Tout homme, pour peu qu'il ait suivi quelques plantes dans leur accroissement, doit avoir observé que certains organes, situés à l'extérieur, se métamorphosent et
revêtent en tout ou en partie la forme des organes
voisins (*).

2.

Le plus ordinairement, par exemple, une fleur simple devient double, parce que des pétales se développent
à la place des étamines. Analogues souvent à ceux de
la corolle, pour la forme et la couleur, ces pétales
portent souvent encore des traces évidentes de leur
origine.

(*) Voy. pl. III.

14

3.

Si nous admettons que la plante peut, de cette manière, faire un pas rétrograde et rebrousser chemin dans
son accroissement, nous serons plus attentifs à observer
la marche normale de la nature, à étudier les lois de
transformation d'après lesquelles elle produit une partie au moyen d'une autre, et les formes les plus variées
par la modification d'un seul organe.

4.

La liaison secrète qui unit les feuilles, le calice, la
corolle, les étamines, appendices de la plante qui se
développent l'un après l'autre et pour ainsi dire l'un de
l'autre, est admise depuis long-temps par la plupart des
observateurs ; elle a même été le sujet d'études spéciales,
et la propriété en vertu de laquelle un seul et même
organe se présente à nous si diversement modifié, a été
appelée la *Métamorphose des plantes*.

5.

Cette métamorphose se manifeste de trois manières :
elle est *normale*, *anormale*, ou *accidentelle*.

6.

La métamorphose *normale* pourrait aussi se désigner
sous le nom de *progressive*; car c'est elle qui, à partir
des premières feuilles séminales, se montre toujours
graduellement agissante, et monte en faisant éclore une
forme d'une autre, comme sur une échelle idéale, jusqu'au point le plus élevé de la nature vivante, la propagation par les deux sexes. Je l'ai suivie attentivement
pendant plusieurs années, et c'est pour l'expliquer que

j'entreprends cet essai. C'est aussi pour cela que dans le cours de cette démonstration nous n'examinerons la plante qu'en tant qu'elle est annuelle, et s'avance incessamment, au sortir de la graine, vers une fructification nouvelle.

7.

La métamorphose anormale pourrait prendre le nom de *rétrograde*. Si dans le cas précédent la nature marche à grands pas vers l'accomplissement du grand œuvre de la reproduction, dans celui-ci elle redescend d'un ou de plusieurs degrés. Au lieu d'obéir, comme auparavant, à une tendance irrésistible, en produisant par ses efforts multipliés, les fleurs, organes de la reproduction, elle faiblit et laisse sa création dans un état vague, sans caractère, qui plaît aux yeux, mais ne recèle point de force créatrice. Les observations que nous avons eu occasion de faire sur cette métamorphose, pourront dévoiler ce que la métamorphose normale nous avait dérobé, et prouver par le fait ce que le raisonnement nous permettait de conclure. Espérons qu'en suivant cette marche nous atteindrons sûrement le but que nous nous sommes proposé.

8.

La troisième espèce de métamorphose causée *accidentellement* par des agents extérieurs, le plus souvent par des insectes, ne fixera point notre attention. Elle pourrait nous détourner de la marche simple que nous voulons suivre, et nous écarter de notre but. Peut-être trouverons-nous occasion de parler en temps et lieu de ces excroissances, monstrueuses il est vrai, mais qui sont renfermées néanmoins dans des limites certaines.

BOTANIQUE.

I.

DES FEUILLES SÉMINALES.

Les degrés successifs qui marquent l'accroissement des végétaux étant l'objet de nos recherches, nous devons observer la plante dans l'instant même où elle sort de la graine. A cette époque de sa vie, il est facile de reconnaître exactement les parties qui lui appartiennent en propre. Abandonnant à la terre ses enveloppes, que nous n'examinerons point maintenant, elle fixe sa racine dans le sol, et montre le plus souvent au grand jour les premiers organes de son accroissement en hauteur, cachés auparavant sous les téguments qui environnaient le germe.

11.

Ces premiers organes sont connus sous le nom de *cotylédons*. Ils ont aussi reçu ceux de feuilles ou masses primordiales, de lobes séminaux, valves de la graine (*valvæ seminum. Jungius*), dénominations diverses qui peignent chacune les différentes formes sous lesquelles ils se présentent.

12.

Souvent ces cotylédons sont informes, remplis pour ainsi dire d'une bourre grossière, et développés autant en largeur qu'en épaisseur. Leurs vaisseaux encore rudimentaires ne sauraient se distinguer de la masse totale. Presque rien ne décèle en eux la texture foliacée, et l'on serait presque tenté de les considérer comme des organes à part.

13.

Dans beaucoup de plantes, ils se rapprochent néanmoins de la forme des feuilles, s'aplatissent, et prennent, sous l'influence de l'air et de la lumière, une teinte
verte plus prononcée. Les vaisseaux qui les parcourent
ne tardent pas à se dessiner plus nettement et à ressembler davantage aux nervures des feuilles.

14.

Enfin, ils se montrent à nous sous la forme foliacée :
leurs vaisseaux sont susceptibles du développement le
plus parfait, et leur ressemblance avec les feuilles qui
leur succèdent ne nous permet pas de les considérer
comme des organes spéciaux ; nous devons au contraire
les regarder comme les premières feuilles caulinaires.

15.

Si l'on ne peut supposer une feuille sans un nœud
qui lui corresponde à la tige, ni un nœud sans un bourgeon, nous sommes en droit de conclure que le point
où les cotylédons sont fixés est véritablement le premier
nœud de la plante. Les végétaux tels que la Fève des
marais (*), où les bourgeons pointent immédiatement
dans l'aisselle des cotylédons, et où les premiers nœuds
poussent des branches parfaites, viennent à l'appui de
cette supposition.

16.

Les cotylédons sont le plus ordinairement au nombre de deux, et nous ferons à ce sujet une remarque
dont l'importance ressortira par la suite : c'est que les
feuilles de ce premier nœud sont souvent *opposées*,
tandis que les feuilles caulinaires subséquentes sont
alternes. Il y a donc ici un rapprochement, une réunion

(*) *Vicia faba.*

de parties que la nature éloigne et sépare ensuite les unes des autres. Mais ce qui est plus remarquable encore, c'est de voir les cotylédons rassemblés sous la forme de plusieurs petites feuilles autour d'un axe, et la tige, qui s'élève de leur centre, porter des feuilles éparses. La chose est évidente dans l'accroissement des différentes espèces du genre *Pinus*, chez lesquelles on observe, à leur germination, une collerette de folioles aiguës qui semblent former un calice. Je reviendrai bientôt sur le fait que je signale ici, à propos de phénomènes analogues.

17.

Nous passons entièrement sous silence les cotylédons amorphes des plantes qui ne germent qu'avec une seule feuille séminale.

18.

Remarquons toutefois que même les cotylédons qui paraissent se rapprocher le plus de la nature foliacée sont toujours, comparativement aux feuilles suivantes, d'une structure beaucoup moins achevée. Leur périphérie n'offre nulle trace de découpure, et leur surface ne présente ni les poils ni les autres vaisseaux que l'on remarque sur les feuilles parfaites (13).

II.

FORMATION D'UN NŒUD A L'AUTRE DES FEUILLES CAULINAIRES.

Nous pouvons maintenant suivre de près le développement des feuilles, puisque les travaux progressifs de la nature vont se passer sous nos yeux. Les cotylédons, renfermés encore dans les graines, contiennent déjà, enclavées entre eux, deux ou plusieurs des feuilles qui doivent leur succéder immédiatement. Elles sont pliées

sur elles-mêmes et connues sous le nom de plumule.
Comparées aux cotylédons et aux feuilles suivantes,
elles varient pour la forme dans des plantes différentes,
et s'éloignent le plus souvent de celle des lobes séminaux : plates, minces, et semblables tout-à-fait aux véritables feuilles, elles se colorent en vert et reposent
visiblement sur un nœud. En un mot, leur analogie
avec les feuilles caulinaires ne saurait être contes-
tée ; quoique leur structure soit moins achevée en
ceci que leur périphérie et leurs contours ne sont pas
encore à l'état parfait.

20.

Le développement ultérieur de la plante continue à
se faire, de nœud en nœud, par l'intermédiaire des feuilles. La nervure médiane s'allonge, et les nervures latérales qui en partent s'étendent plus ou moins sur les
côtés. Les différents rapports des nervures entre elles
sont la cause principale de la variété de formes que
présentent les feuilles. Celles-ci ne tardent pas à se
montrer découpées, incisées profondément, composées
de plusieurs folioles, et dans ce dernier cas elles simulent parfaitement de petits rameaux. L'exemple le plus
frappant de cette complication successive, depuis la
forme de feuille la plus simple jusqu'à la plus composée, nous est fourni par le Dattier (*Phœnix dactylifera*).
Dans une série de plusieurs feuilles, la nervure du
milieu se pousse en avant ; le limbe, d'abord simple et
en forme d'éventail, se déchire, et vous avez une feuille
des plus composées, rivalisant de forme avec un véritable rameau (14).

21.

Le pétiole se développe au même degré que la feuille,

qu'il soit uni intimement avec elle ou qu'il constitue
dans la suite une petite queue facile à séparer.

22.

Différentes plantes, les orangers en particulier, sont
une preuve que le pétiole, organe *sui generis*, n'en a
pas moins une tendance marquée à s'épanouir en
feuille (15). Son organisation sera le sujet de quelques
considérations auxquelles nous ne pouvons nous arrêter ici.

23.

Ce n'est pas non plus ici le lieu d'examiner de plus
près les feuilles anormales. Remarquons seulement en
passant qu'elles sont soumises à de singulières métamorphoses, lorsqu'elles font partie du pédoncule, et
que celui-ci subit quelque transformation.

24.

La première nourriture des feuilles consiste dans des
parties aqueuses plus ou moins modifiées qu'elles tirent
du tronc, mais c'est à l'air et à la lumière qu'elles doivent une structure plus délicate et plus achevée. Dans
les cotylédons informes produits sous les enveloppes de
la graine, nous ne trouvons qu'une accumulation de
sucs grossiers, et peu ou point d'organisation. Nous
voyons aussi que les feuilles des plantes qui végètent
sous l'eau sont d'une structure moins parfaite que
celle des autres plantes qui croissent à l'air (16). Il y a
plusieurs espèces dont les feuilles sont glabres et imparfaites dans des lieux bas et humides, qui présen-
teront, si on les transporte dans des régions plus élevées, des feuilles rudes, couvertes de poils, et d'un
plus beau développement (17).

25.

Les anastomoses des vaisseaux qui naissent des nervures et constituent l'épiderme des feuilles, sont
encore, sinon déterminées, du moins singulièrement
favorisées par l'action d'un air plus pur. Si les feuilles
d'une multitude de plantes aquatiques prennent une
forme linéaire ou semblable à celle d'un réseau, c'est
à l'absence d'un système complet d'anastomose qu'il
faut l'attribuer. Celles du *Ranunculus aquatilis* mettent
ce fait hors de doute. Sous l'eau ses feuilles ne sont que
des nervures linéaires, mais à l'air elles sont complètement anastomosées et présentent une surface continue.
On peut même voir la transition sur des feuilles de cette
plante dont une moitié est anastomosée, tandis que
l'autre ne l'est pas.

26.

L'expérience prouve que les feuilles absorbent différents gaz, qui se combinent avec les parties aqueuses
qu'elles contiennent; il est aussi à peu près hors de
doute que ces fluides mieux élaborés reviennent à la
tige et contribuent au développement des bourgeons
les plus voisins. L'examen des gaz qui se dégagent des
feuilles de différentes plantes et même de leurs vaisseaux, ne saurait laisser de doute à cet égard.

27.

Dans beaucoup de plantes chaque nœud procède de
celui qui est situé au-dessous de lui. Cela est palpable
sur les chaumes, dont la cavité est creuse dans les intervalles qui séparent les nœuds l'un de l'autre, ceux des
céréales, des graminées, de certains *Arundo*, etc. Dans
d'autres plantes où la tige est fistuleuse dans toute sa longueur, et dont le centre est rempli par une moelle, ou

plutôt par un tissu cellulaire particulier, le fait est moins évident. L'importance du rôle que la moelle est appelée à jouer comparativement aux autres parties internes, a été attaquée dans ces derniers temps, et selon nous par des raisonnements sans réplique (*). On a nié l'influence qu'on lui accordait jusqu'ici sur les phénomènes de l'accroissement, pour en doter les parties intérieures à la seconde écorce connues sous le nom de *liber*, dans lesquelles résident certainement les propriétés vitales et productrices. Cela étant, on se persuadera plus aisément que chaque nœud procédant immédiatement de ceux qui sont situés au-dessous de lui, ne recevant que par leur intermédiaire des sucs que les feuilles placées entre deux modifient encore, doit avoir une organisation plus parfaite, et envoyer à ses feuilles et à ses bourgeons une nourriture mieux élaborée.

28.

Il en résulte que les fluides grossiers sont toujours rejetés, les autres attirés au contraire. La plante grandit en devenant tous les jours plus parfaite, et arrive enfin au point qui lui est marqué par la nature. Nous voyons les feuilles atteindre en dernier lieu leur plus grand développement et leur plus haut degré de perfection. Alors un nouveau phénomène a lieu, il nous montre que la période que nous venons d'examiner finit, et que nous touchons à l'époque suivante, *celle de la floraison.*

III.

PASSAGE A L'ÉTAT DE FLEUR.

Le passage à l'état de fleur se fait *plus ou moins*

(*) Hedwig dans le 3ᵉ cahier du Magasin de Leipsig.

vite ou *plus ou moins lentement;* dans ce dernier cas, on voit chaque feuille caulinaire se resserrer peu à peu de la circonférence au centre, perdre ses nombreuses découpures, et s'étendre plus ou moins dans les parties inférieures qui sont adhérentes à la tige. En même temps les entre-nœuds de celle-ci s'allongent, elle s'amincit, devient beaucoup plus faible et plus ténue comparativement à ce qu'elle était auparavant.

30.

On a remarqué que l'abord trop abondant de sucs alimentaires retardait la floraison, tandis qu'une nourriture modérée, avare même, la favorisait. Ceci prouve la puissante influence des feuilles caulinaires signalée déjà précédemment. Tant qu'il y a des fluides grossiers à rejeter, les organes de la plante sont forcés de concourir à ce travail, qui se renouvelle sans cesse, si l'abord des sucs est trop abondant : dans ce cas la floraison est impossible ; mais qu'on retranche à la plante une partie de sa nourriture, on abrège ou favorise l'œuvre de la nature. Les organes qui composent le nœud s'achèvent, l'effet de ces fluides épurés est plus certain, plus énergique, et la transformation des parties devenue facile, s'opère sans retard (18).

IV.

FORMATION DU CALICE.

Cette métamorphose se fait souvent avec une grande rapidité. La tige pousse un jet plus fin et plus allongé depuis le nœud correspondant à la dernière feuille, et rassemble, à son extrémité, plusieurs feuilles autour d'un axe commun.

32.

Les folioles du calice sont les mêmes organes qui jusqu'ici se sont développés en feuilles caulinaires, et qui se
trouvent maintenant, rassemblés autour du même centre
sous une forme très différente. La démonstration de
cette proposition ne saurait souffrir de difficulté (19).

33.

Un phénomène analogue s'est offert à nous, lorsque
nous considérions les cotylédons; plusieurs feuilles et
même plusieurs nœuds se rapprochaient et se trouvaient réunis autour d'un même point. Les arbres
du genre *Pinus* présentent, à leur sortie de la graine, un
verticille de véritables feuilles déjà très parfaites, contre
l'ordinaire des cotylédons, et ainsi se trouve comme
préindiquée dans l'enfance de la plante, cette force
créatrice de la nature qui produira des fleurs et des
fruits, lorsque l'arbre aura atteint un âge plus avancé.

34.

Nous voyons de plus, dans certaines fleurs, des feuilles, semblables à celles dont la tige est ornée, se rassembler sans changer de forme et constituer une espèce
de calice au-dessous de la corolle. Leur figure n'étant
nullement altérée, nous pouvons nous en référer à l'intuition et à la terminologie botanique qui leur a consacré le nom de *folia floralia*, feuilles florales.

35.

Le cas déjà mentionné, où le passage à l'état de floraison a eu lieu *graduellement*, réclame aussi plus d'attention. Les feuilles caulinaires se rapprochent alors
peu à peu, elles se modifient, se glissent pour ainsi
dire dans le calice, comme on peut le voir sur les in-

volucres des fleurs radiées, surtout des Tournesols (*Helianthus annuus*) et des Soucis (*Calendula*).

36.

Cette force de la nature qui rassemble plusieurs feuilles autour d'un axe opère quelquefois une réunion plus intime, en rendant plus méconnaissables encore ces feuilles déjà modifiées et rapprochées. En effet, elle les réunit quelquefois en entier, souvent en partie seulement, et les soude par leurs bords correspondants. Les feuilles ainsi rapprochées et serrées l'une contre l'autre se trouvent souvent, lorsqu'elles sont encore délicates, dans un contact parfait, puis s'anastomosent par l'effet des sucs très épurés qui les nourrissent, et forment ainsi les calices campanulés, ou, comme on dit, *monosépales*, qui portent à leur bord supérieur des incisions plus ou moins profondes, traces évidentes de leur formation composée (20). Pour s'en convaincre il suffit d'examiner comparativement des calices profondément incisés et des calices polysépales, en prenant surtout pour exemple les involucres des fleurs radiées. Ainsi l'involucre d'une *Calendula*, qui, dans les descriptions organographiques, passe pour *monophylle* mais *polypartite*, est composé de plusieurs feuilles qui ont poussé les unes au-dessus des autres en se soudant ensemble, et auxquelles, comme nous l'avons déjà dit, les feuilles de la tige viennent s'accoler, après s'être rapprochées l'une de l'autre.

37.

Dans beaucoup de plantes, les folioles du calice, isolées ou réunies, sont toujours rassemblées autour de l'axe du pédoncule en nombre déterminé et suivant un nombre constant : c'est sur cette constance que reposent en grande partie les progrès, la certitude et

l'honneur des connaissances botaniques. Il est d'autres
végétaux où le nombre et la disposition de ces parties
sont sujets à varier. Mais cette variabilité n'a pu tromper l'œil exercé des maîtres de la science, et leurs défi-
nitions précises ont singulièrement restreint le cercle
de ces écarts de la nature.

38.

Voici donc notre manière d'envisager la formation
du calice : plusieurs feuilles, qui auparavant se déve-
loppaient *l'une après l'autre* et de distance en distance,
se *réunissent* en nombre déterminé et suivant un ordre
constant autour d'un centre. Que si un afflux trop abondant de nourriture retardait la floraison, elles s'éloigne-
raient l'une de l'autre et se présenteraient sous leur
forme ordinaire. La nature ne crée donc point un nouvel organe en formant le calice, elle réunit et modifie
seulement un organe qui nous est déjà connu, et se
rapproche ainsi d'un pas de plus du but vers lequel elle
marche.

V.

FORMATION DE LA COROLLE.

Nous avons dit que le calice était le produit des sucs
plus épurés qui s'élaborent peu à peu dans la plante.
Nous allons le voir servir d'instrument lui-même à la
formation d'un organe plus parfait encore. Cela se
comprend en examinant simplement l'action mécanique du calice. Combien en effet la ténuité de ces vaisseaux resserrés au plus haut degré sur eux-mêmes et
pressés l'un contre l'autre ne doit-elle pas favoriser la
filtration des fluides les plus déliés !

40.

La transition du calice à la corolle peut s'observer dans plus d'un cas. Quoique le calice soit ordinairement vert comme les feuilles caulinaires, cependant il se colore souvent dans quelques points de sa surface, aux dentelures, aux bords, sur les saillies, et même à sa face interne, l'externe restant néanmoins verte. Cette coloration est toujours accompagnée d'une plus grande perfection de structure : de là ces calices douteux que l'on serait presqu'en droit de regarder comme des corolles (21).

41.

On a pu remarquer qu'à partir des cotylédons, les feuilles s'étendent et prennent une structure plus parfaite, surtout dans leur contour, tandis qu'au moment de la formation du calice il y a un resserrement dans leur péripherie. Démontrons que la corolle est produite par un nouveau développement en surface. Les pétales sont d'ordinaire plus grands que les sépales, et l'on peut dire que les parties revenues sur elles-mêmes dans le calice s'épanouissent de nouveau à l'état de corolle, et parviennent au plus haut degré de perfection sous l'influence de sucs modifiés par le calice lui-même. Elles nous présentent alors de nouveaux organes tout-à-fait différents : leur texture délicate, leur couleur, leur odeur rendraient leur origine méconnaissable, si nous n'avions pris la nature sur le fait dans plusieurs cas extraordinaires.

42.

Ainsi, l'on trouve quelquefois en dedans du calice de l'œillet un second calice vert en partie, qui dénote une tendance à former un calice gamosépale incisé;

mais il est en partie lacinié et transformé à ses pointes et à ses bords en pétales rudimentaires, mous, étendus et colorés. Preuve évidente de l'affinité du calice et de la corolle.

43.

L'analogie de la corolle avec les feuilles caulinaires se fait sentir de plus d'une manière; on voit chez plusieurs plantes des feuilles colorées plus ou moins longtemps avant la floraison; d'autres se colorent entièrement lorsqu'elles sont dans le voisinage de la fleur (22).

44.

Quelquefois la nature forme immédiatement la corolle sans passer par l'intermédiaire du calice, et alors nous pouvons constater que des feuilles caulinaires se changent en pétales. Sur les tiges des tulipes, par exemple, on voit assez souvent un pétale solitaire presque entièrement coloré; ce qui est plus remarquable encore, c'est lorsqu'un tel pétale présente une moitié verte qui reste fixée à la tige, et l'autre colorée qui s'élève vers la fleur, d'où il résulte que la feuille se trouve déchirée par le milieu.

45.

L'opinion qui veut que la couleur et l'odeur des pétales soient dues à la présence du pollen, est des plus vraisemblables. Il ne se trouve probablement pas encore épuré, mais mêlé et dissous au milieu d'autres fluides, et les belles variétés de couleur que nous observons font naître l'idée que la matière qui remplit les pétales est à un haut degré de pureté, mais n'atteint la dernière limite que lorsqu'elle nous paraît blanche, c'est-à-dire incolore.

VI.

La proposition précédente acquiert un nouveau degré de probabilité, quand on songe à l'intime connexion des pétales avec les étamines. Si l'analogie de tous les autres organes était aussi apparente, aussi généralement adoptée et constatée, cet essai serait un travail inutile.

47.

Quelquefois ce passage s'observe d'une manière normale, comme dans les Balisiers (*) et autres plantes de la même famille. Un véritable pétale se rétrécit, sans presque se modifier, à son bord supérieur, et l'on voit paraître une anthère à laquelle le reste de la feuille sert de filet (23).

48.

La transition peut s'observer à différents degrés sur les fleurs qui doublent. Dans plusieurs espèces de roses, on voit au milieu de pétales parfaitement développés et colorés, d'autres pétales qui sont étranglés à leur partie moyenne et sur leurs bords. Cette constriction est opérée par un léger renflement qui ressemble plus ou moins à une anthère, tandis que la feuille se rapproche dans le même rapport de la forme plus simple du filet. Certains pavots doubles présentent à la fois des anthères parfaitement développées sur certains pétales de leur corolle, et sur d'autres des tumeurs, semblables à des

(*) *Canna.*

anthères, qui rétrécissent notablement le diamètre du limbe.

49.

Si toutes les étamines se métamorphosent en pétales, les fleurs deviennent stériles; mais si quelques étamines se développent encore dans une fleur qui double, la fructification s'opère.

50.

Ainsi une étamine est produite lorsque les organes, que nous avons vus naguère se développer en pétales, se montrent, après être revenus de nouveau sur eux-mêmes, sous une forme plus parfaite. La remarque faite plus haut se trouve donc confirmée de nouveau, et nous serons de plus en plus attentifs dans l'examen de cette force d'expansion et de resserrement au moyen de laquelle la nature arrive enfin à son but.

VII.

NECTAIRES.

Quelque rapide que soit dans certaines plantes le passage de la corolle aux étamines, la nature cependant ne peut pas toujours franchir brusquement cet espace. Elle produit alors des organes de transition qui, se rapprochant, pour la forme et les fonctions, tantôt d'une partie et tantôt de l'autre, peuvent, quoique très variés, se définir en disant qu'ils sont *des organes de passage intermédiaires entre les pétales et les étamines.*

52.

Tous ces corps si diversement conformés que Linnée a désignés sous le nom de nectaires, peuvent se ranger sous cette définition, et nous trouvons ici de nouveaux motifs d'admirer l'étonnante sagacité de cet homme extraordinaire qui, sans se rendre compte de l'exacte destination des nectaires, s'en est fié à son instinct, et a réuni sous un même nom des organes si divers en apparence.

53.

Plusieurs pétales font voir leur analogie avec les étamines par cela seul qu'ils portent, sans changer de forme le moins du monde, de petites cavités ou de petites glandes qui sécrètent un suc semblable au miel (*). D'après les motifs exposés plus haut, nous sommes conduits à considérer ce suc comme une liqueur fécondante qui ne serait pas encore parfaitement élaborée, et cette hypothèse acquerra un nouveau degré de vraisemblance lorsqu'elle sera étayée par les raisons que nous comptons exposer dans la suite.

54.

Quelquefois les nectaires paraissent des organes spéciaux, et alors leur structure se rapproche tantôt de celle des pétales, tantôt de celle des étamines. Ainsi les treize filets surmontés chacun d'un petit globule rouge que l'on voit sur les nectaires de la *Parnassia*, ont la plus grande ressemblance avec les étamines; d'autres semblent des filets sans anthères comme dans la *Vallisneria* et la *Fevillea.* Dans le *Pentapetes* ils ont la plus grande analogie avec les feuilles, et alternent réguliè-

(*) Ex les Fritillaires, les Renoncules.

rement avec les étamines en formant un cercle. Aussi,
dans la description systématique, sont-ils mentionnés
sous le nom de *Filamenta castrata petaliformia*. Des
formations indéterminées analogues s'observent dans
la *Kigellaria* et dans les Passiflores.

55.

Les petites corolles supplémentaires qui ont reçu le
nom de *Couronnes* nous paraissent aussi mériter le
nom de nectaires, pris dans l'acception précédente; car
si la formation des pétales a lieu par expansion, celle
des couronnes a lieu par resserrement, c'est-à-dire de la
même manière que les étamines. Ainsi, au dedans de
corolles bien développées en surface, on trouve de
petites couronnes revenues sur elles-mêmes, comme
dans les Narcisses, les *Nerium*, les *Agrostemma*.

56.

Dans plusieurs genres les pétales subissent d'autres
transformations plus remarquables et plus frappantes encore; c'est ainsi qu'ils présentent souvent une petite fos-
sette remplie d'une liqueur semblable à du miel. La fos-
sette se creuse parfois, et produit sur le dos de la feuille
un éperon ou une saillie qui a la forme d'une corne,
et modifie plus ou moins celle de la fleur. Ce phénomène
s'observe dans plusieurs espèces et variétés d'Ancolies.

57.

Mais c'est dans l'Aconit et la *Nigella* que cet organe
apparaît dans son plus haut degré de métamorphose.
Avec un peu d'attention, on pourra se convaincre de
son analogie avec les pétales. Dans la *Nigella* surtout, ces nectaires se changent souvent en pétales,
et leur transformation rend la fleur double. Un

examen consciencieux de l'Aconit fera sentir l'identité des nectaires avec le pétale en forme de casque sous lequel ils sont cachés (24).

58.

Si nous avons établi que les nectaires sont des organes de passage des pétales aux étamines, nous pourrons faire à cette occasion quelques remarques sur les fleurs anomales. Ainsi, par exemple, on pourrait décrire comme pétales, les cinq feuilles extérieures de la fleur du *Melianthus,* et considérer les cinq autres, qui sont situées plus à l'intérieur, comme une couronne formée par six nectaires, dont le supérieur est pétaloïde, tandis que l'inférieur qui s'éloigne le plus de la forme foliacée est connu sous le nom de nectaire. Dans le même sens on pourrait appeler nectaire la carène des fleurs papillonacées, puisque c'est, de tous les pétales de cette fleur, celui qui se rapproche le plus de la forme des étamines, et s'éloigne le plus de celle du pétale qui a reçu le nom d'étendard. La nature des corps filiformes qui s'observent à l'extrémité de la carène de quelques espèces de *Polygala* s'explique facilement, et nous donne une idée nette de la destination de ces organes (25).

59.

Il serait, je pense, superflu de repousser sérieusement le soupçon, que toutes ces remarques soient faites dans l'intention de jeter la confusion au milieu des ordres et des distributions établies par les observateurs et les classificateurs. Mon seul désir est d'expliquer quelques dispositions anomales des plantes.

VIII.

ENCORE QUELQUES MOTS SUR LES ÉTAMINES.

———

Les observations microscopiques ont prouvé que c'est par les vaisseaux spiraux que les parties sexuelles sont produites, ainsi que tous les autres organes; nous tirons de là un argument en faveur de leur identité absolue, malgré la multiplicité des formes sous lesquelles ils nous apparaissent.

61.

Ces trachées étant situées au milieu d'un faisceau de tubes séveux, nous pouvons nous figurer la contraction dont nous avons parlé, en supposant que les trachées, qui paraissent être des ressorts élastiques, arrivent à leur plus haut degré de puissance. C'est ainsi que nous nous rendons compte de leur prédominance et du rôle secondaire auquel les vaisseaux de nutrition sont alors forcés de descendre.

62.

Les faisceaux vasculaires étant raccourcis et ne pouvant s'étendre, ils ne sauraient se chercher les uns les autres pour former un réseau anastomotique; les réservoirs vésiculaires qui d'ordinaire remplissent les mailles de ce réseau, restent atrophiés, et toutes ces causes réunies, qui avaient favorisé le développement en largeur de la tige, du calice et des pétales, n'existant plus, il ne se produit qu'un simple filet grêle et faible tout à la fois.

63.

C'est à peine si les fines pellicules de l'anthère, où viennent se terminer les extrémités déliées des trachées, peuvent se former; et si nous admettons que ces vaisseaux qui, auparavant s'allongeaient et se cherchaient les uns les autres, sont maintenant dans un état fasciculaire, si nous voyons sortir de leurs extrémités un pollen parfaitement élaboré qui remplace par ses propriétés actives ce qui manque en développement aux vaisseaux qui le produisent (26), si, délivré de sa prison, il cherche les organes de l'autre sexe qui viennent à sa rencontre par une prédisposition de la nature, s'il se fixe sur eux, s'il les influence; pouvons-nous nous refuser à l'idée de nommer le rapprochement des deux sexes une anastomose idéale, et au besoin de ne plus séparer l'une de l'autre les idées de végétation et de reproduction ?

64.

La fine sécrétion des anthères nous apparaît sous la forme d'une poussière, mais ces globules ne sont que des réservoirs qui renferment une liqueur très volatile. Nous nous réunissons à l'opinion des botanistes qui pensent que ce suc est absorbé par le pistil auquel ces globules s'accrochent, et qu'il opère ainsi la fécondation. Cette hypothèse devient plus vraisemblable encore, si l'on réfléchit que quelques plantes ne sécrètent point de poussière, mais seulement un liquide (27).

65.

Rappelons à cette occasion le suc melliforme des nectaires, et son analogie probable avec le suc plus élaboré des globules du pollen. Peut-être les nectaires ne sont-

ils que des organes préparatoires, peut-être les anthères
absorbent-elles le suc qu'ils sécrètent pour le purifier
et le filtrer? Cette opinion devient très probable, si l'on
réfléchit qu'il n'existe plus après la fécondation.

66.

Remarquons aussi en passant que les filets, ainsi que
les anthères, se soudent fréquemment de diverses manières, et nous offrent les plus singuliers exemples de
ces anastomoses, de ces soudures que nous avons déjà
observées si souvent entre des parties végétales entièrement séparées à leur naissance.

IX.

FORMATION DU STYLE.

J'ai cherché jusqu'ici à démontrer l'identité qui existe
entre les différentes parties qui se développent l'une
après l'autre dans la plante, malgré les variétés de la
forme extérieure. Je me propose maintenant, comme
il était facile de le prévoir, d'expliquer de la même manière la structure des organes femelles.

68.

Examinons d'abord le style isolément et séparé du
fruit, comme nous le trouvons aussi quelquefois dans
la nature. Nous sommes d'autant plus en droit de le
faire, que sous cette forme il se distingue évidemment
du fruit.

69.

Remarquons que le style est sur le même degré de
l'échelle d'accroissement que les étamines. On a pu

voir que les étamines se formaient en vertu d'une contraction, le style est souvent dans le même cas, et si sa longueur n'égale pas toujours rigoureusement celle des étamines, elle s'en rapproche du moins beaucoup. Dans plusieurs cas, il ressemble à un filet sans anthère, et l'analogie extérieure de ces deux organes est bien plus frappante que celle de beaucoup d'autres. Produits l'un et l'autre par les trachées, nous voyons que le pistil n'est pas plus que l'étamine un organe à part, et si cette considération rend leur affinité des plus évidentes, l'idée de définir la fécondation une anastomose en deviendra plus claire et plus frappante.

70.

On trouve fréquemment qu'un style est formé par la réunion de plusieurs styles simples, et les parties qui le composent sont souvent mais non pas constamment séparées vers leurs extrémités ; les soudures, dont nous avons déjà signalé les effets, s'opèrent avec la plus grande facilité; il y a plus, puisque c'est ici que ces parties déliées sont contractées après avoir été développées dans leur état de floraison , elles peuvent par conséquent se souder d'une manière plus intime.

71.

La nature nous montre plus ou moins clairement l'étroite liaison du pistil avec les autres parties de la fleur que nous avons déjà passées en revue, dans beaucoup de cas normaux. Ainsi le style de l'Iris est surmonté d'un stigmate dont la forme est absolument identique avec celle d'un pétale. Le stigmate, en forme de parasol des *Sarracenia,* ne paraît pas composé de plusieurs feuilles, mais il conserve encore la couleur verte. Si nous recourons au microscope, nous trouverons que beaucoup de stigmates, ceux des *Crocus*, de la *Zani-chellia* sont absolument semblables à des calices ga-mosépales ou polysépales (28).

72.

La marche rétrograde de la nature nous fait voir sou-vent des styles et des stigmates métamorphosés de nou-veau en pétales. Le *Ranunculus asiaticus* devient double parce que ses styles et ses stigmates se changent en pé-tales ; tandis que les étamines se trouvent en dedans de la corolle à leur état normal.

73.

Nous répéterons ici les observations déjà faites plus haut, savoir: que le style et les étamines sont sur le même degré dans l'échelle de l'accroissement, et la théorie de l'expansion et de la contraction alternative des organes pourra s'étayer d'un nouvel exemple. De-puis la graine jusqu'au développement le plus parfait de la feuille caulinaire il y a expansion ; un resserrement produit ensuite le calice, une nouvelle expansion la co-rolle, un dernier resserrement les parties sexuelles. Bientôt nous allons voir la plus grande expansion dans le fruit, et la plus grande concentration dans la graine. Tels sont les six degrés par lesquels la nature fait passer incessamment les végétaux, pour arriver à l'accomplis-sement de l'œuvre éternelle de leur propagation par les deux sexes.

X.

DES FRUITS.

Ce sont les fruits qui vont être maintenant le sujet de nos observations. Nous ne tarderons pas à nous convaincre qu'ils suivent les mêmes lois, et que leur

origine est la même que celle des autres parties. Nous
désignons plus spécialement ici ces enveloppes que la
nature a faites pour contenir les graines qui ne sont
pas *nues*, ou plutôt pour développer par la fécondation
dans l'intérieur de ces péricarpes une plus ou moins
grande quantité de graines. Peu de mots suffiront pour
prouver que la structure de ces enveloppes peut s'expliquer par l'organisation des parties examinées jusqu'ici.

75.

C'est la métamorphose rétrograde qui de nouveau
appelle ici notre attention sur cette loi de la nature.
Ainsi l'on remarque souvent dans les œillets (fleurs si
connues et si recherchées justement à cause de leurs
dégénérescences) que les parties normales de l'ovaire
se changent en folioles semblables à celles du calice, et
que les styles diminuent de longueur dans les mêmes
rapports; il y a plus, on a vu des œillets où l'ovaire s'é-
tait métamorphosé en un calice parfaitement caractérisé, et dont les divisions portaient à leurs extrémités
des traces du style et du stigmate. Au dedans de ce calice une nouvelle corolle plus ou moins complète se
développait à la place des graines.

76.

La nature a en outre révélé par des créations régulières et constantes la fécondité que recèle la feuille.
Ainsi dans le Tilleul, une feuille, modifiée il est vrai,
quoique nullement méconnaissable, porte sur sa nervure moyenne un petit pédoncule au sommet duquel
sont attachés les fleurs et le fruit. Une espèce de *Ruscus* (*), où les fleurs et les fruits naissent sur la feuille,
est aussi très remarquable (29).

(*) *Ruscus aculeatus.*

77.

La fécondité des feuilles caulinaires est plus grande encore et je dirais presque prodigieuse dans les frondes des fougères. En vertu d'une force intrinsèque, et peut-être même, sans la participation des deux sexes, elles développent et répandent un nombre infini de graines ou plutôt de germes capables de produire de nouveaux êtres, et une seule feuille peut rivaliser en fécondité avec une plante parfaite et même avec un grand arbre.

78.

Si toutes ces observations sont présentes à notre esprit, nous ne méconnaîtrons pas dans les enveloppes des fruits, en dépit de la variété de leur forme, de leur destination, et de leur soudure, la structure foliacée. Le follicule par exemple n'est qu'une feuille repliée sur elle-même et qui s'est collée sur ses deux bords, les siliques sont formées de deux feuilles, et enfin les ovaires composés s'expliquent par l'adhérence de plusieurs feuilles réunies autour d'un point central, dont la partie interne est restée béante tandis que les bords externes se sont soudés. Les faits sont là pour prouver ces théories. Quand ces capsules composées s'ouvrent à leur maturité, chacun des carpelles se montre à nous sous la forme d'un follicule. Dans les différentes espèces du même genre, de semblables phénomènes ont lieu régulièrement. Ainsi les capsules de la *Nigella orientalis* sont composées de follicules rassemblés autour d'un axe, et seulement à moitié soudés entre eux, tandis que dans la *Nigella damascena*, ils sont réunis en totalité (3o).

79.

C'est lorsqu'elle produit des fruits charnus et succulents, ou ligneux et durs, que la nature semble vouloir nous dérober la structure foliacée des carpelles; mais elle ne saurait échapper à notre investigation, si nous la suivons attentivement dans toutes ses transitions. Qu'il nous suffise ici d'en avoir donné une idée générale et d'avoir prouvé par quelques exemples l'accord de la nature avec elle-même. La grande variété de conformation que présentent les fruits peut fournir matière à de plus amples observations.

80.

L'analogie des carpelles avec les organes précédents se montre aussi par le stigmate qui souvent est immédiatement superposé et intimement uni à l'ovaire. Nous avons fait voir plus haut combien le stigmate avait de tendance à s'élargir en feuille. Nous pouvons appuyer cette assertion par un nouvel exemple; on remarque en effet que dans les pavots qui doublent les stigmates des capsules se métamorphosent en petites feuilles délicates colorées, et absolument semblables à des pétales.

81.

Le dernier et le plus grand développement de la plante dans le cours de son accroissement, c'est la formation du fruit, qui est souvent très volumineux, je dirai même énorme eu égard à la force productrice qu'il suppose dans la plante. Il ne se fait le plus souvent qu'après la fécondation, et la graine, création plus parfaite dont la vie commence, tire de toute la plante les sucs nécessaires à sa nourriture, leur imprime une direction spéciale vers le fruit ce qui remplit et dilate les vaisseaux à tel point qu'ils sont souvent fortement distendus. Les gaz les plus déliés concourent à cet effet. Tout ce que nous avons rapporté tend à le prouver, et le fait que les gousses boursouflées du Baguenaudier (*) contiennent de l'air pur, en est une nouvelle confirmation.

XI.

DES ENVELOPPES IMMÉDIATES DE LA GRAINE.

———

Différant essentiellement du fruit, la graine est surtout remarquable par une contraction portée au plus haut degré, et par l'extrême perfection de son organisation intérieure. On remarque sur plusieurs graines qu'elles prennent des feuilles pour enveloppes immédiates, qu'elles se les adaptent, se les approprient entièrement et changent tout-à-fait leur apparence extérieure. Nous avons vu précédemment plusieurs semences se développer sur et même dans une feuille, nous ne nous étonnerons donc point de voir ici un germe seul se revêtir d'une enveloppe foliacée.

83.

Les traces de feuilles qui ne se sont pas encore identifiées avec les graines, s'observent sur les fruits ailés de l'Orme, du Frêne, de l'Érable et du Bouleau. Les trois cercles concentriques de graines plus ou moins achevées que l'on remarque dans le Souci, sont un exemple fort remarquable de la manière dont la graine se revêt d'enveloppes qui sont de plus en plus larges. Dans le plus extérieur des trois cercles l'analogie avec la forme des sépales est frappante, seulement une série

(*) *Colutea arborescens.*

de graines force la nervure médiane à s'allonger;
courbe la feuille, et cette feuille courbée est séparée
intérieurement par une petite membrane en deux
loges suivant le sens de sa longueur. Dans le cercle
suivant les changements sont déjà plus sensibles, la
feuille a diminué de largeur, sa cloison interne a disparu : en revanche, la forme de la capsule est plus
allongée, la rangée des graines disposées le long de la
nervure, plus apparente, les bosselures qui la sur-
montent plus marquées. Ces deux cercles paraissent n'avoir été que peu ou point fécondés. Vient
ensuite le troisième cercle où les capsules sont fortement courbées et revêtues d'un involucre parfaitement
adapté à toutes leurs éminences et à tous leurs enfoncements. Nous voyons ici une nouvelle et violente contraction des parties étendues primitivement en feuilles,
et cela par la force interne de la graine, comme nous
avons vu plus haut le pétale revenir sur lui-même pour
se transformer en anthère.

XII.

RÉCAPITULATION ET TRANSITION.

Jusqu'ici nous avons suivi pas à pas la marche de la
nature avec toute l'attention dont nous étions capables.
Nous avons observé l'*habitus* de la plante dans toutes
ses métamorphoses, depuis sa sortie de la graine jusqu'à la formation d'une nouvelle graine. Et sans prétendre remonter aux causes premières des phénomènes
naturels, nous avons noté avec soin les effets de ces
forces secrètes, qui modifient successivement un seul
et même organe. Pour ne point quitter le fil que nous
avons saisi, nous avons toujours supposé que la plante
était annuelle. Nous avons signalé la métamorphose des

feuilles qui accompagnent les nœuds et en avons déduit toutes les formes organiques. Il est maintenant nécessaire, pour compléter cet essai, de parler des bourgeons qui, cachés dans l'aisselle des feuilles, se développent sous l'influence de certaines circonstances, tandis que d'autres les font disparaître entièrement.

XIII.

DES BOURGEONS ET DE LEUR DÉVELOPPEMENT.

Chaque nœud recèle la propriété de produire un ou plusieurs bourgeons ; ils naissent dans le voisinage des feuilles, qui semblent préparer et favoriser leur formation ou leur accroissement.

86.

C'est sur le développement successif d'un nœud par un autre, la formation d'une feuille à chaque nœud, et d'un bourgeon à chaque feuille, qu'est fondée la propagation lente et progressive des végétaux dans sa plus grande simplicité.

87.

On sait que les bourgeons ont une analogie des plus marquées avec les graines mûres, et que l'on peut y reconnaître mieux encore que dans la graine la forme de la plante future.

88.

Si l'organe des racines n'est pas aussi visible dans les bourgeons que dans la graine, il n'en existe pas moins, et se développe facilement et avec promptitude sous l'influence de l'humidité.

89.

Le bourgeon n'a pas besoin de cotylédons; il reçoit une nourriture suffisante de la plante-mère tant qu'il végète sur elle : s'il se trouve greffé sur une autre plante, il sait en tirer les sucs nécessaires à son existence. Quand le rameau est confié au sol, c'est la terre qui les lui fournit par l'intermédiaire des racines qui poussent à l'instant même.

90.

Le bourgeon est formé d'un nœud et d'une feuille qui sont plus ou moins développés, et destinés à l'accroissement futur du végétal. On peut donc considérer les rameaux axillaires qui sortent des bourgeons de la plante comme de petits individus séparés, vivant sur le tronc comme celui-ci vit sur le sol (31).

91.

Leurs rapports et leurs différences ont été souvent signalés, mais surtout depuis peu, et avec tant de sagacité et d'exactitude, que nous nous en référons sans restriction au bel ouvrage de Gærtner (*).

92.

Disons seulement que la nature différencie, dans les plantes parfaites, le bourgeon d'avec la graine : mais si nous descendons dans les derniers degrés de l'échelle végétale, cette différence disparaît aux yeux de l'observateur même le plus attentif. On voit des organes qui sont incontestablement des graines, d'autres qui sont incontestablement des bourgeons; mais le point où des graines fécondées par la conjonction

- (*) Gærtner, de fructibus et seminibus plantarum, cap. 1.

16

des deux sexes, et séparées ensuite de la plante-mère, se confondent avec les bourgeons qui poussent sur la plante et s'en détachent sans cause connue ; ce point, dis-je, peut être fixé par le raisonnement, mais ne saurait être apprécié par les sens.

93.

Tout cela étant bien considéré, nous pouvons en conclure, que les graines qui se distinguent des bourgeons par leurs enveloppes, des sporules par les causes apparentes de leur développement et de leur séparation, sont néanmoins analogues à chacun de ces deux organes en particulier.

XIV.

FORMATION DES FLEURS ET DES FRUITS COMPOSÉS.

Jusqu'ici nous avons tâché d'expliquer comment la métamorphose des feuilles caulinaires peut produire les fleurs simples et les graines qui sont renfermées dans les capsules. En examinant la chose de plus près, nous verrons que, dans ces différents cas, le développement des bourgeons n'a point lieu, et même qu'il est impossible; mais pour expliquer les inflorescences composées, aussi bien que les agrégations des fruits en cône, en fuseau et en capitule, il faut revenir au bourgeon.

95.

On voit souvent des tiges qui, sans se préparer et se réserver long-temps pour une seule inflorescence, poussent des fleurs immédiatement insérées sur les

nœuds et continuent ainsi de suite jusqu'à leur sommet.
Les phénomènes qui se manifestent alors peuvent
s'expliquer par la théorie qui précède. Toutes les fleurs
qui se développent des bourgeons doivent être considérées comme des plantes isolées, insérées sur la
plante-mère comme celle-ci l'est dans le sol. Recevant
des nœuds un suc plus élaboré, les premières feuilles
de rameaux sont beaucoup mieux formées que les
premières feuilles qui dans la plante-mère succèdent
immédiatement aux cotylédons. Il y a plus : souvent la
nature peut, dès ce moment, former un calice et une
corolle.

96.

Ces fleurs qui éclosent des bourgeons seraient devenues des rameaux si elles avaient reçu une nourriture plus abondante, et auraient subi le destin de la
tige-mère, auquel cette circonstance les eût, pour ainsi
dire, forcées de se soumettre.

97.

Tandis que les fleurs se développent ainsi de nœud
en nœud, les feuilles caulinaires subissent les mêmes transformations par lesquelles nous les avons
vues passer, dans leur transition graduelle à l'état de
calice. Elles se resserrent de plus en plus, et disparaissent enfin presque entièrement. On les désigne alors
sous le nom de bractées, parce qu'elles s'éloignent plus
ou moins de la forme des feuilles ; le pédoncule s'a-
mincit en proportion, les nœuds se rapprochent, et
l'on voit apparaître tous les phénomènes mentionnés
ci-dessus. Seulement, à l'extrémité de la tige il n'y a
point d'inflorescence terminale, parce que la nature
a déjà usé de ses droits à chaque nœud en particulier.

98.

Pour expliquer *les fleurs composées*, il suffit de considérer attentivement une tige portant des fleurs axillaires, en se rappelant ce que nous avons dit plus haut sur la formation du calice.

99.

La nature forme *un calice commun*, en réunissant *plusieurs feuilles* qu'elle presse les unes contre les autres, et qu'elle rassemble autour d'un axe central. La vigueur de son accroissement est telle, qu'elle pousse tout d'un coup *une tige avec tous ses bourgeons à fleurs, serrés autant que possible les uns contre les autres*, et chaque fleuron féconde l'ovaire placé au-dessous de lui. Les feuilles qui accompagnent les nœuds ne disparaissent pas toujours entièrement. Dans les Dipsacées, la feuille est le satellite fidèle de la petite fleur qui s'est développée dans le bourgeon voisin, et tout ce que nous avançons dans ce paragraphe pourrait s'appliquer mot pour mot au *Dipsacus laciniatus*. Dans beaucoup de Graminées, chaque fleur est accompagnée de cette petite feuille qui se nomme la glume.

100.

Il est évident d'après cela *que les graines, développées sur le réceptacle d'une fleur composée, sont de véritables bourgeons produits et fécondés par l'influence des deux sexes*. Saisissons cette idée, et considérons, sous ce rapport, plusieurs plantes : leur accroissement, leur fructification et leur examen comparatif nous persuaderont mieux que tout le reste.

101.

Il ne nous sera pas difficile non plus d'expliquer l'existence de plusieurs fruits rassemblés autour d'un axe
dans le centre d'une fleur. Peu importe, en effet, qu'une
seule et même fleur contienne un assemblage de fruits
qui, soudés entre eux, recueillent par leurs pistils
le pollen des anthères et le transmettent aux graines,
ou bien que chaque graine ait un pistil séparé, des
anthères, et des pétales à elle.

102.

Je suis convaincu qu'en suivant cette marche on
parviendrait à expliquer les formes si variées des fleurs
et des fruits. Seulement il faudrait que les notions
d'extension, de contraction, de compression et d'anastomose, fussent bien fixées et qu'on pût les manier
comme des formules algébriques, pour les employer
quand elles peuvent l'être. Il serait de la plus haute importance d'observer avec soin, et de comparer entre
elles les différentes gradations par lesquelles la nature
fait passer les êtres en créant des races, des espèces,
des variétés, ou même des individus isolés. Une collection de dessins formée dans ce but et accompagnée
d'une terminologie botanique applicable, sous ce point
de vue spécial, aux différentes parties des plantes, serait à la fois intéressante et utile. Nous allons présenter deux exemples de plantes monstrueuses, comme
preuve de notre théorie dont elles sont une confirmation irrécusable.

XV.

ROSE PROLIFÈRE (*).

Tout ce que notre esprit s'est efforcé jusqu'ici de se figurer à l'aide de l'imagination, une rose monstrueuse va le réaliser de la manière la plus complète. Le calice et la corolle sont rassemblés autour d'un axe commun, mais l'ovaire *resserré* sur lui-même ne se trouve pas au milieu, *entouré* et *surmonté* des organes mâles et femelles ; c'est la tige qui s'élève du centre de la fleur : elle est colorée *d'un vert entremêlé de teintes rougeâtres* ; de petits pétales d'un rouge foncé et plissés sur eux-mêmes, dont quelques uns portent les traces de l'insertion des anthères, se développent *successivement* le long de ce nouveau pédoncule armé d'aiguillons qui continue la tige. Les pétales isolés diminuent de grandeur et finissent par passer, sous nos yeux, à l'état de feuilles caulinaires, moitié rouges et moitié vertes. Une série de nœuds s'établit de nouveau, et, de leurs bourgeons, sortent des boutons de rose qui cependant sont toujours imparfaits.

104.

Cet exemple est une preuve palpable de ce que nous avons avancé plus haut, savoir que tous les calices ne sont que des feuilles florales rétrécies ; car ici le calice régulier est formé de cinq feuilles parfaitement développées, composées de trois à cinq folioles, et telles enfin qu'on les voit ordinairement sur les tiges des rosiers.

(*) Voy. planche V. fig. 1.

XVI.

ŒILLET PROLIFÈRE.

———

Si nous avons bien examiné le phénomène précédent, celui qui va suivre et que nous présente un œillet monstrueux paraîtra au moins aussi remarquable, si
ce n'est plus. Nous avons sous les yeux une fleur parfaite, munie d'un calice et d'une corolle pleine; au
centre se trouve un ovaire qui n'est pas entièrement
développé; sur les parties latérales de la corolle se
montrent quatre nouvelles fleurs parfaites, élevées au-
dessus de la fleur centrale par des pédoncules qui présentent trois ou plusieurs nœuds. Elles ont aussi des
calices et sont doubles, non seulement parce qu'elles
sont pleines de pétales isolés, mais encore parce que
des corolles gamopétales, résultat de la soudure des
onglets, se sont formées à l'intérieur. On y découvre
encore d'autres pétales qui par leur réunion semblent
former de petits rameaux, et sont implantés autour d'un
pétiole commun. Malgré ce développement extraordinaire, les filets des étamines et les anthères existent
dans quelques unes de ces fleurs. Les enveloppes du
fruit et les styles sont étendus en feuilles ainsi que le
réceptacle; et même, dans une de ces fleurs, les enveloppes du fruit formaient, par leur soudure, un véritable calice et renfermaient les rudiments d'une nouvelle fleur double.

106.

Dans la rose, nous avons vu une fleur ébauchée du
centre de laquelle s'élevait un nouveau pédoncule de

feuilles. Dans l'œillet, nous avons un calice parfait, une corolle régulière, *des ovaires existant au centre*, et de plus *des bourgeons qui se développent au-dedans de la corolle*, et représentent de véritables rameaux et de véritables fleurs. Ces deux cas nous font voir que la nature, en formant la fleur, termine en général l'accroissement de la plante, et arrête, pour ainsi dire, l'addition, afin de prévenir la possibilité d'un développement graduel, mais indéfini, et d'atteindre plus rapidement son but en produisant la graine.

XVII.

THÉORIE DE LINNÉE SUR L'ANTICIPATION.

Si j'ai bronché çà et là dans une route qu'un de mes prédécesseurs (qui ne la suivit que sous la direction de son illustre maître) a jugée si dangereuse et si perfide(*); si je ne l'ai pas suffisamment aplanie; si je n'ai pas levé, dans l'intérêt de mes successeurs, tous les obstacles dont elle est semée, je ne croirai point avoir pour cela fait un travail tout-à-fait inutile.

108.

Il est temps de parler de la théorie au moyen de laquelle Linnée s'est efforcé d'expliquer les phénomènes dont nous venons de parler. Les faits qui ont donné l'idée de cet essai n'ont pas échappé à la pénétration de son esprit; et s'il nous est accordé de dépasser maintenant le point où il s'était arrêté, nous le devons aux efforts réunis

(*) Ferber, *in prefatione dissertationis secundæ de prolepsi plantarum*.

de tant d'observateurs et de penseurs qui ont surmonté
bien des difficultés et détruit bien des préjugés. Une
comparaison de sa théorie et des idées que nous avons
émises nous mènerait trop loin. Le lecteur instruit y
suppléera. Il faudrait d'ailleurs entrer dans des considérations qui manqueraient de clarté pour ceux qui
n'ont pas encore réfléchi sur ce sujet. Contentons-nous
donc de noter les circonstances qui, empêchèrent Linnée d'aller jusqu'au bout de la carrière.

109.

C'est sur des arbres, plantes vivaces et des plus compliquées, qu'il fit ses premières observations. Il remarqua qu'un arbre placé dans une caisse très grande et
nourri avec profusion, poussait pendant plusieurs années des rameaux qui s'élevaient les uns sur les autres,
tandis que le même arbre placé dans une caisse plus
étroite se chargeait promptement de fleurs et de fruits.
De là, le nom de *prolepsis, anticipation*, sous lequel il
désigna ce phénomène, parce que la nature par les six
pas progressifs qu'elle fait en avant semble anticiper sur
six ans. Il appliqua principalement sa théorie aux bourgeons des arbres, sans s'inquiéter des plantes annuelles,
sentant bien qu'elle cadrait beaucoup mieux avec les
phénomènes des végétaux vivaces. Car, d'après sa doctrine, il faudrait admettre que toute plante annuelle
est prédestinée par la nature à croître six ans; mais
qu'elle anticipe sur cet espace de temps par une floraison et une fructification prématurées, pour se faner
aussitôt après.

110.

Nous avons, au contraire, suivi d'abord l'accroissement d'une plante annuelle; puis nous en avons fait

une application facile aux végétaux vivaces; car le rameau qui se développe sur l'arbre le plus vieux, n'est à vrai dire qu'une plante annuelle, quoiqu'il pousse sur un tronc qui existe déjà depuis plusieurs années, et que lui-même puisse durer fort long-temps.

111.

Une seconde circonstance qui empêcha Linnée de pousser plus loin ses recherches, c'est qu'il considéra les différents cercles concentriques du tronc, savoir : l'écorce extérieure, le liber, le bois et la moelle, comme des parties agissant simultanément et ayant une vitalité et une importance égales. Il attribua à ces couches concentriques du tronc la production de la fleur et du fruit, qui, disait-il, se développent l'un de l'autre, et se recouvrent mutuellement comme les couches corticales et ligneuses. Mais cette observation superficielle n'a pu soutenir un examen approfondi. L'écorce la plus extérieure est inapte à produire quoi que ce soit, et dans les vieux troncs, c'est une masse durcie et séquestrée au dehors, comme le bois l'est au dedans. Dans beaucoup d'arbres, elle tombe; dans beaucoup d'autres, on peut l'enlever sans leur causer le moindre préjudice. Elle ne saurait donc produire ni un calice, ni une corolle, ni une portion vivante quelconque; c'est le liber qui renferme le principe de la vie, et sa lésion entraîne un désordre proportionnel dans la végétation. Une observation attentive prouve que c'est de lui que toutes les parties externes se développent successivement si c'est le long de la tige, ou simultanément si c'est dans la fleur et le fruit. Linnée ne lui attribue que le rôle secondaire de produire la corolle, le bois étant chargé de la création des étamines; mais il est facile de s'assurer que le bois est une partie

que la solidification rende inerte, qui persiste, mais est
morte quant à la vitalité de ses fonctions (32). La moelle,
d'après lui, donne naissance aux organes femelles, et se
trouve ainsi chargée de l'important ministère d'assurer
la propagation de l'espèce. Les doutes que l'on a élevés
sur cette haute dignité de la moelle, et les raisonnements dont on les a étayés, me paraissent également
solides et irrécusables; quoique, en apparence, le style
et le fruit semblent sortir de la moelle, parce qu'au
premier moment de leur apparition leur tissu est mou,
parenchymateux, analogue à celui du tissu médullaire,
et qu'ils se trouvent groupés au centre de la tige, précisément sur le point où nous sommes habitués à découvrir la moelle.

XVIII.

RÉCAPITULATION.

Je désire vivement que cet Essai, destiné à expliquer
les métamorphoses des plantes, ait contribué à la solution du problème; qu'il provoque des recherches, et
qu'on puisse en tirer quelques corollaires utiles. Les
faits sur lesquels je me fonde ont déjà été observés isolément, on les a même rassemblés et classés (*). Reste
à savoir si le pas que nous croyons avoir fait faire à la
science nous rapproche de la vérité. Récapitulons en
peu de mots les résultats principaux contenus dans ce
mémoire.

113.

Les forces vitales de la plante se manifestent de deux

(*) Batsch, Anleitung zur Kenntniss und Geschichte der Pflanzen I, th. 19 e.

manières : d'une part par la *végétation,* en poussant une
tige et des feuilles; de l'autre, par la *reproduction,* qui
s'accomplit au moyen des fleurs et des fruits. Si nous
examinons la végétation de plus près, nous verrons
que la plante, en se continuant de nœud en nœud, de
feuille en feuille, et en poussant des bourgeons, ef-
fectue un genre de reproduction, différent de celui
qui se fait *d'un seul coup,* en ce qu'il est *successif* et se
manifeste par une série de développements isolés. Cette
force qui produit les bourgeons et qui se montre ainsi
peu à peu à l'extérieur, a la plus grande analogie avec
celle qui détermine tout d'un coup la grande propagation. On peut contraindre, dans différents cas, une
plante *à pousser sans cesse des bourgeons,* on peut aussi
hâter l'époque de la floraison; le premier effet a lieu
si les sucs affluent; le second, lorsque les fluides très
élaborés sont plus abondants que les autres.

114.

En définissant le *bourgeonnement* une propagation
successive, *la floraison et la fructification* une propagation simultanée, nous avons désigné le mode sous lequel chacune d'elles se manifeste. Une plante qui *bour-
geonne* s'étend plus ou moins ; elle pousse un pédoncule ou un pétiole, les entrenœuds sont bien marqués,
et les feuilles se développent en tous sens à partir de
la tige. Une plante, au contraire, qui *fleurit,* se resserre
dans toutes ses parties. L'extension en longueur
et en largeur s'arrête, tous les organes sont pressés
l'un contre l'autre et dans un état de concentration.

115.

Ainsi donc, que la plante pousse des bourgeons,
qu'elle fleurisse ou qu'elle porte des fruits, ce sont tou-

jours *les mêmes organes* dont la destination, dont les formes changent, mais qui n'en remplissent pas moins les intentions de la nature. Le même organe qui s'étend en feuille sur la tige et présente des apparences si variées, se contracte pour constituer le calice, s'étend de nouveau pour former le pétale, pour se resserrer encore dans les organes génitaux, et s'étendre, pour la dernière fois, sous la forme de fruit.

116.

A ces phénomènes naturels vient se joindre encore une autre circonstance, celle *de la réunion des différents organes autour d'un centre* en nombres constants et dans de certaines limites de développement : nombres variables toutefois sous l'influence de certains agents; limites que la nature ne respecte pas toujours.

117.

Une *anastomose* a lieu dans la *formation* de la fleur et du fruit. Elle réunit intimement l'un à l'autre les organes délicats de la fructification pour tout le temps de leur durée, ou seulement pour un temps limité.

118.

Ces phénomènes de *rapprochement*, de *centralisation*, *d'anastomose*, ne sont pas bornés uniquement aux fleurs et aux fruits. Nous voyons quelque chose d'analogue dans les cotylédons, et d'autres parties pourraient fournir ample matière à de nouvelles réflexions.

119.

De même que nous avions tenté d'expliquer, au moyen de la *feuille caulinaire seule*, les formes si différentes en apparence de la plante, poussant des bour-

geons et des fleurs, de même nous avons osé déduire
de la structure foliacée celle de ces fruits qui enveloppent
étroitement leurs graines.

120.

On conçoit qu'il faudrait créer un terme général pour
dénommer cet organe qui revêt des formes si variées,
et ramener à ce type primitif toutes les modifications
secondaires. Contentons-nous, pour le moment,
de comparer chaque apparence avec celle qui la précède
et celle qui la suit. Car il est aussi exact de dire :
une étamine est un pétale contracté, que de prétendre
qu'un pétale est une étamine développée. Un sépale est
une feuille caulinaire revenue sur elle-même et douée
d'une organisation plus parfaite, ou si l'on veut, la
feuille est un sépale étendu en surface par l'abord de
sucs plus grossiers.

121.

On pourrait définir le pédoncule, un réceptacle allongé,
avec autant de raison que nous avons appelé
celui-ci un pédoncule élargi.

122.

J'ai pris en considération, dans la dernière partie de
cet Essai, le développement des bourgeons au moyen
duquel je crois avoir rendu compte des fleurs composées
et des graines nues.

123.

Je me suis donc efforcé d'établir aussi solidement et
aussi complétement qu'il m'a été possible, une opinion
qui a beaucoup de vraisemblance à mes yeux. Que si

elle n'est pas encore arrivée au dernier degré d'évidence, si elle est sujette à bien des difficultés, si la théorie ne cadre pas avec tous les faits, il est de mon devoir de recueillir tous les documents et de traiter dans la suite ce sujet avec plus de précision et de détail, afin de rendre mon explication convaincante et de lui concilier l'universalité des suffrages auxquels elle n'est pas en droit de prétendre actuellement.

ADDITIONS.

(1817.)

Les plus beaux moments de ma vie sont ceux que j'ai consacrés à l'étude de la métamorphose des plantes; l'idée de leurs transformations graduelles anima mon séjour de Naples et de Sicile; cette manière d'envisager le règne végétal me séduisait chaque jour davantage, et dans toutes mes promenades je m'efforçais d'en trouver de nouveaux exemples. Mais ces agréables occupations ont acquis une valeur inestimable à mes yeux depuis que je leur dois l'une des plus belles liaisons que mon heureuse étoile m'ait réservées. Elles me valurent l'amitié de Schiller, et firent cesser la mésintelligence qui nous avait long-temps séparés.

A mon retour d'Italie, où mes idées artistiques avaient acquis une pureté et une netteté nouvelles, je ne m'étais nullement inquiété de ce qui s'était passé en Allemagne pendant mon absence, et je trouvai généralement admirés et imités des écrits poétiques qui de tout temps m'avaient été fort antipathiques : c'étaient, par exemple, l'Ardingbello de Heinse et les Brigands de Schiller. Je haïssais ce dernier, parce qu'il cherchait à relever et à anoblir par l'art, le matérialisme des sens et des idées les plus excentriques; l'autre, parce que, doué d'un talent énergique, mais sans maturité, il avait répandu à flots sur l'Allemagne ce torrent de paradoxes sociaux et dramatiques dont je m'efforçais d'arrêter le cours.

Je n'en voulais pas à ces poëtes éminents; car l'homme

ne peut pas s'empêcher d'obéir à l'impulsion secrète
de son génie; il essaie d'abord une ébauche imparfaite
sans savoir ce qu'il fait; mais bientôt il persévère
sciemment dans la même voie. Voilà pourquoi tant de
bonnes choses et tant de sottises inondent le public, et
pourquoi la confusion n'engendre que confusion nouvelle.

La sensation que ces œuvres monstrueuses avaient
faite en Allemagne, l'enthousiasme qu'elles excitaient
aussi bien chez les grandes dames que dans la tête ardente des étudiants, m'épouvanta, car je crus avoir perdu
ma peine. On ne voulait plus entendre parler de moi; on
déclarait frappés d'impuissance, et la manière dont je
traitais mes sujets, et les sujets eux-mêmes. Henri et
Maurice Meyer, ainsi que tous les artistes qui suivaient
la même voie, tels que Tischbein et Bury, se trouvaient
dans la même perplexité. J'étais fort embarrassé, et fus
sur le point de dire adieu à l'art et à la poésie; car
comment pouvais-je espérer de surpasser jamais ces
productions empreintes d'un génie sauvage et inculte?
Qu'on se figure l'état dans lequel je devais être! je cherchais à communiquer aux autres les impressions les
plus pures, et on me laissait le choix entre François
Moor et Ardinghello!

Maurice, qui s'arrêta quelque temps chez moi à son
retour d'Italie, me fortifiait dans mes idées. J'évitais
Schiller, qui demeurait à Weimar dans mon voisinage.
L'apparition de son Don Carlos n'était guère faite pour
nous rapprocher. Je fus sourd à toutes les insinuations
de nos amis communs, et nous continuâmes à vivre l'un
près de l'autre, sans nous voir.

Sa dissertation sur la grâce et la dignité dans les arts
avait augmenté notre éloignement réciproque. Schiller
avait embrassé avec amour la philosophie de Kant, qui
élève si haut le sujet en paraissant rétrécir son cercle d'ac-

tion. Elle développait tout ce que la nature avait mis en lui d'extraordinaire, et, plein du sentiment de sa force et de sa liberté, il reniait la nature sa mère, qui lui avait prodigué tous ses dons. Au lieu de la voir vivante et active dans la création successive des êtres, depuis le plus imparfait jusqu'au plus achevé, il l'admirait dans quelques propriétés empiriques de l'esprit humain. Je pouvais m'appliquer quelques passages assez durement explicites de sa dissertation, et ils montraient ma profession de foi sous un jour complétement faux. C'eût été encore pis, s'il se fût abstenu de toute allusion personnelle, car la profondeur de l'abîme qui nous séparait n'en eût été que plus évidente. Un rapprochement était donc impossible; les sollicitations pleines de séduction de Dalberg lui-même, qui savait apprécier l'immense mérite de Schiller, restèrent sans effet; les raisonnements que j'opposais à ses désirs de conciliation étaient difficiles à combattre; car tout le monde conviendra qu'il y a plus que le diamètre du globe terrestre entre deux antipodes intellectuels, chacun d'eux étant personnellement doué d'une force de polarité qui les tient nécessairement écartés à jamais. La suite prouvera que nous avions cependant un point de contact.

Schiller alla s'établir à Iéna, où je ne le voyais pas plus qu'à Weimar. A la même époque, Batsch était parvenu, à force d'activité, à fonder une société d'histoire naturelle qui devait avoir des collections et des séances solennelles. J'assistais ordinairement aux réunions périodiques. Un jour Schiller s'y trouvait aussi; par hasard, nous nous rencontrâmes à la porte; la conversation s'engagea. Il paraissait avoir pris part à ce qui s'était fait; mais, à ma grande satisfaction, il observa avec beaucoup de fondement et de justesse, que la méthode fragmentaire et morcelée qui paraissait adoptée

dans l'étude de la nature, n'était guère propre à séduire le profane qui a le désir de s'en occuper.

Je répondis que cette méthode répugnait même aux
initiés, mais qu'il existait certainement une autre
manière d'envisager l'action de la nature créatrice, en
procédant du tout à la partie, au lieu de l'examiner isolément et par fragments séparés. Il désira des éclaircissements sans me dissimuler ses doutes, et sans vouloir
convenir qu'une pareille méthode fût, comme je le sou-
tenais, d'accord avec l'observation.

Nous arrivâmes à sa demeure; j'entrai tout en causant,
et lui exposai avec chaleur toute la théorie de la métamorphose des plantes. En quelques traits de plume
caractéristiques, je lui traçai l'esquisse d'une plante
symbolique. Il écoutait et regardait avec beaucoup
d'attention, saisissant tout avec une extrême facilité;
lorsque j'eus fini, il branla la tête et dit : Tout ceci n'est
pas de l'observation, c'est une idée. Ma surprise fut pénible, car ces mots indiquaient clairement le point qui
nous séparait. L'opinion qu'il avait soutenue dans sa
dissertation sur la grâce me revint à l'esprit, ma vieille
rancune était prête à se réveiller; cependant je me
contins, et répondis que j'étais enchanté d'avoir des
idées sans le savoir, et de pouvoir les contempler de
mes propres yeux.

Schiller avait plus d'expérience et de savoir vivre que
moi, et il cherchait du reste plutôt à m'attirer qu'à m'é-
loigner, à cause de la publication des Heures (*die Horen*) qu'il projetait alors. Il me répondit en kantien
bien élevé : mon réalisme inexorable amena une vive
contestation, et après avoir disputé longtemps, nous
conclûmes une trêve; ni l'un ni l'autre ne pouvait s'attribuer la victoire, et chacun de nous se crut invincible.
Des propositions telles que la suivante me rendaient
tout-à-fait malheureux : Comment, disait-il, l'observa-

tion peut-elle être jamais d'accord avec une idée, puisque c'est le propre de celle-ci, de ne jamais concorder
avec l'observation? Mais puisqu'il appelait idée ce que
je regardais comme de l'observation, il devait nécessairement y avoir entre nous un moyen de conciliation, un
rapport inconnu. Le premier pas était fait; Schiller,
doué d'une grande force d'attraction, s'attachait tous
ceux qui s'approchaient de lui. Je pris part à ses projets,
et lui promis de réserver pour son journal les idées qui
dormaient en moi. Sa femme, que j'avais appris à aimer
et à estimer dès mon enfance, contribua pour sa part
à rendre notre liaison durable. Nos amis communs
étaient enchantés, et c'est par une lutte entre le sujet
et l'objet, la plus grande, la plus interminable de toutes
les luttes, que commença cette amitié, qui fut éternelle
et féconde en heureuses influences.

DESTINÉE DU MANUSCRIT.

(1817.)

De l'Italie, ce pays où tout a une forme, j'étais exilé
en Allemagne, où tout est amorphe; j'échangeais un ciel
pur contre un ciel sombre; mes amis, au lieu de me
consoler en m'attirant à eux, me réduisaient au déses-
poir. On ne prenait aucune part à mes chagrins; mes
plaintes sur ce que j'avais perdu, mon enthousiasme
pour des objets éloignés, à peine connus, parurent
offensants.

Personne ne me comprenait. Je ne pouvais me faire
à cette situation douloureuse; la privation à laquelle
mes sens extérieurs étaient condamnés devenait trop
pénible, l'esprit s'éveilla alors pour rétablir l'équilibre.

Pendant deux ans, j'avais constamment observé,
recueilli, réfléchi et cultivé toutes mes dispositions.

J'avais compris jusqu'à un certain point pourquoi ces Grecs, si heureusement doués, avaient poussé l'art jusqu'à ses dernières limites; je pouvais espérer arriver peu à peu à une intuition de l'ensemble, afin de me préparer des jouissances artistiques pures et dégagées de préjugés. En outre, je croyais avoir deviné que la nature procède suivant certaines lois pour produire des formes vivantes, modèles des créations de l'art. Les mœurs des peuples m'intéressaient vivement, je cherchais à comprendre comment la combinaison de l'arbitraire et de la nécessité, de l'instinct et du vouloir, du mouvement et de la résistance engendre un troisième élément qui n'est ni l'art, ni la nature; mais tous les deux à la fois, produit du hasard et de la fatalité, aveugle et intelligent, je veux dire *la société*.

Tout en me mouvant dans ce cercle d'idées, désireux que j'étais de perfectionner mon intelligence, je voulus fixer sur le papier tout ce qui se présentait clairement à mon esprit; de cette manière, je régularisais mes efforts, je coordonnais mes observations, et je saisissais l'occasion par les cheveux. J'écrivis presqu'à la même époque un morceau sur l'art, la manière et le style, un autre sur la métamorphose des plantes, et le carnaval romain ; tous les trois peuvent donner une idée de ce qui se passait alors en moi, et de la position que j'occupais vis-à-vis de ces trois points cardinaux. L'essai sur la métamorphose des plantes, destiné à ramener à un principe unique tous ces phénomènes si variés de l'admirable jardin de l'univers, fut terminé le premier.

C'est une vieille vérité littéraire que celle-ci : Ce que nous écrivons nous plaît, car sans cela nous ne l'eussions pas écrit. Content de mon opuscule, je me flattais de commencer une carrière nouvelle dans les champs de la science; mais je devais éprouver ce qui m'était déjà arrivé avec mes premières poésies: dès le début on me força à me replier sur moi-même. Les premiers obstacles m'en faisaient pressentir bien d'autres; aussi depuis ce temps suis-je retiré dans un monde idéal d'où j'ai peu de chose à communiquer aux autres. Le sort du manuscrit fut le suivant.

J'avais tout lieu d'être satisfait de M. Goeschen, éditeur de mes œuvres complètes; malheureusement l'édition parut à une époque où l'Allemagne m'avait oublié et ne voulait plus entendre parler de moi; aussi crus-je remarquer que mon éditeur ne trouvait pas que le débit allât suivant ses désirs. Cependant j'avais promis de lui donner, à l'avenir, la préférence sur d'autres pour la publication de mes ouvrages, condition que j'ai toujours regardée comme équitable. Je lui écrivis donc que je désirais faire paraître un petit opuscule dont le contenu était scientifique. Mais, soit qu'il n'ait pas espéré grand profit de mes écrits, ou qu'il ait pris des informations chez les gens du métier (qui n'auront pas, je suppose, approuvé cette incursion dans leurs terres), bref, j'eus quelque peine à comprendre pourquoi il refusait d'imprimer le manuscrit. Ce qui pouvait lui arriver de pis, c'était d'avoir six feuilles de maculatures, et il se conservait à jamais un auteur peu difficile, fécond, et qui rentrait de nouveau dans la carrière. Je me trouvai dans la même position que lorsque j'offris au libraire Fleischer mon ouvrage intitulé Les Complices (*Die Mitschuldigen*); mais cette fois-ci je ne me laissai pas effrayer. Ettinger, à Gotha, désirant entrer en relation avec moi, accepta le manuscrit, et l'opuscule, imprimé avec soin en lettres romaines, fut lancé dans le monde.

Le public parut surpris; car, désirant être bien servi et d'une manière uniforme, il aime que chacun reste dans sa partie, et il a raison; en effet pour produire quelque chose d'excellent, ce qui est une tâche sans

limites, il ne faut pas vouloir imiter Dieu et la nature,
en s'engageant dans plusieurs voies. C'est pourquoi l'on
ne souffre pas qu'un homme de talent qui s'est distingué
dans un genre, et dont tout le monde aime et apprécie
le mérite, sorte de sa sphère pour essayer un genre
tout opposé. S'il l'ose, on ne lui en sait aucun gré, et
s'il réussit, on ne lui accorde pas l'approbation qu'il a
méritée.

Mais l'homme énergique sent qu'il est au monde pour
lui, non pour le public, et il ne veut pas se fatiguer
et s'user à faire toujours la même chose; il cherche ailleurs de la distraction. Aussi tous les vrais talents ont-ils
quelque chose d'universel; ils cherchent et trouvent
partout l'occasion d'exercer leur activité. Nous avons
des médecins qui se livrent avec passion à l'architecture, à l'horticulture et à l'industrie; des chirurgiens qui
ont des connaissances en numismatique et possèdent de
précieuses collections. Astruc, chirurgien de Louis XIV,
a, le premier, porté le scalpel de l'analyse sur le Penta-
teuque; et combien les sciences ne doivent-elles pas
aux amateurs et aux hôtes désintéressés qui leur donnent asile! Nous connaissons des négociants qui sont
grands liseurs de romans ou grands joueurs de cartes;
de respectables pères de famille qui préfèrent un spectacle grivois à tout autre plaisir. Depuis plusieurs années on répète à satiété cette vieille vérité, que la vie se
compose de choses sérieuses et de choses plaisantes;
que l'homme heureux et sage est celui qui sait se maintenir dans un juste équilibre, et, chacun malgré lui,
tend à s'y maintenir.

Ce besoin se manifeste de mille manières chez les
hommes actifs; qui pourrait contester le mérite de
Chladni, cette gloire de l'Allemagne? Le monde lui
doit son admiration, car il a su tirer de chaque corps le
son qui lui est propre et le rendre visible à l'œil. Et quoi

de plus éloigné de semblables travaux que l'étude des
pierres météoriques? Connaître et apprécier les circonstances qui accompagnent un phénomène devenu
si fréquent de nos jours, analyser ces produits terres-
tres qui nous tombent du ciel, suivre les traces de ce
phénomène merveilleux dans toute la série des temps
historiques, c'était là un beau et vaste plan. Quel rapport y a-t-il entre ces travaux et les autres? serait-ce le
bruit de tonnerre qui accompagne la chute de ces corps
atmosphériques? nullement; mais un homme doué
du génie de l'observation éprouve le besoin de s'occuper de deux phénomènes divers qui sollicitent également son attention, et il poursuit sans relâche l'un et
l'autre. Sachons, à notre tour, accepter avec reconnaissance l'instruction qui nous en revient.

DESTINÉE DE L'OPUSCULE IMPRIMÉ.

(1817.)

Celui qui poursuit en silence un sujet digne de ses
recherches, et qu'il s'efforce sérieusement d'approfondir, ne se figure pas que ses contemporains soient habitués à penser tout autrement que lui; et c'est un bonheur, car il n'aurait plus confiance en lui-même s'il ne
croyait pas être jugé favorablement par les autres.
Mais dès qu'il produit son opinion au grand jour, il ne
tarde pas à s'apercevoir que le monde est en proie à
des idées contradictoires qui jettent la confusion dans
l'esprit des savants et de ceux qui ne le sont pas. Cha
que jour voit naître des partis divers qui s'ignorent
mutuellement, comme s'ils habitaient aux antipodes les
uns des autres. Chacun fait ce dont il est capable, et va
aussi loin qu'il peut aller.

Et moi aussi, je fus singulièrement frappé par une
nouvelle qui me parvint avant que je connusse le jugement du public sur mon opuscule scientifique. Une
société s'était formée dans une ville considérable d'Allemagne; elle avait donné une grande impulsion sous
le point de vue théorique et pratique. L'attrait de la
nouveauté fit qu'on y lut ma brochure avec intérêt ;
mais tout le monde en fut mécontent, tous assurèrent
qu'on ne savait pas où je voulais en venir. Un de mes
amis de Rome, qui partageait mon goût pour les arts,
et avait pour moi de l'estime et de l'affection, fut blessé
de voir mon travail ainsi critiqué et rejeté avec dédain ;
car pendant notre liaison, qui dura long-temps, il m'a-
vait entendu parler sur toute sorte de sujets d'une façon tout-à-fait logique et raisonnable. Il lut donc la
brochure avec attention, et quoiqu'il ne comprît pas
bien clairement ce que tout cela signifiait, le contenu
lui plut; il l'envisagea sous un point de vue artistique,
et lui prêta une signification bien extraordinaire, mais
bien ingénieuse.

« L'auteur, dit-il, a une intention secrète et ca-
chée que j'ai parfaitement devinée; il veut enseigner
aux artistes à composer les arabesques avec des végétaux grimpants ou germants qu'il suit dans leur
développement successif, en imitant la manière
des anciens. La plante aura d'abord des feuilles très
simples qui iront en se composant, se découpant, se
multipliant peu à peu, et deviendront de plus en plus
compliquées à mesure qu'elles s'approcheront de l'extrémité; là elles se réuniront pour former la fleur, dis-
séminer les graines ou recommencer une vie nouvelle.
A la Villa-Médicis, il existe des pilastres de marbre qui
sont ainsi décorés, et c'est maintenant que je suis pénétré de leur signification. La fleur dépasse souvent la
masse des feuilles, et, au lieu de graines, ce sont des

animaux ou des génies qui sortent de son sein, sans·
que l'œil soit blessé de cette invraisemblance à laquelle·
il est préparé par l'heureux développement qui y conduit graduellement. Je me réjouis d'avoir une indication
d'après laquelle j'inventerai plus d'un ornement que
j'avais auparavant servilement copié d'après l'antique. »

Cette explication était peu faite pour plaire aux
savants ; ils l'adoptaient à la rigueur, mais ils n'en disaient pas moins qu'on ne doit pas faire semblant de
travailler pour la science, qui n'admet pas les rêveries , quand on n'a rien autre chose en vue que l'art de
composer des ornements. L'artiste m'assura depuis
qu'en appliquant ces lois de la nature, telles que je les
ai exposées, il avait réussi à marier des figures ima-
ginaires avec des objets réels, et à produire un ensemble satisfaisant et d'un effet agréable ; mais il n'osa
plus présenter ses explications à ces messieurs.

De toute part c'était le même refrain. Personne ne
voulait m'accorder qu'on pût réunir la science et la
poésie. On oubliait que la poésie est la mère de la
science ; on ne réfléchissait pas qu'après une période de
siècles écoulée, l'une et l'autre pouvaient très bien se
rencontrer dans les régions élevées de la pensée, et
contracter une sainte alliance utile à toutes les deux.

Au plus fort de la désapprobation générale dont mon
opuscule était l'objet, j'arrivai, dans le cours d'un
voyage, chez un homme âgé que j'honorais et que
j'aimais parce qu'il m'avait toujours voulu du bien.
Après les premiers embrassements, il me dit d'un air
tout soucieux qu'on lui avait appris que je m'occupais
de botanique : J'ai de bonnes raisons, me dit-il, pour
vous détourner de cette étude ; car, moi aussi, j'ai essayé d'apprendre cette science, et cet essai a été malheureux. Au lieu de la belle nature, j'ai trouvé de la no-
menclature, de la terminologie et un minutieux esprit

de détail qui tue l'intelligence, et arrête, en le paraly-
sant, l'essor du génie. Il me conseillait amicalement de
ne pas échanger les champs toujours fleuris de la littérature contre des flores locales, des jardins botaniques, des serres chaudes, et encore moins contre des
herbiers.

Je vis combien il serait difficile de faire comprendre
à cet excellent ami le but de mes efforts, et de le convaincre de leur utilité; je me contentai de lui dire que
j'avais publié un petit volume sur la métamorphose des
plantes. Il ne me laissa pas achever, et m'interrompit
joyeusement en s'écriant : Je suis content, et rassuré
sur votre compte, car je vois que je m'étais trompé, et
que vous avez traité la chose à la manière d'Ovide; aussi
suis-je bien impatient de lire vos gracieuses descriptions
des narcisses, des jacinthes et des daphnés. La conversation tomba sur d'autres sujets où j'étais sûr de son
assentiment.

C'est d'une manière aussi positive que l'on mécon-
naissait le but de mes vœux et de mes efforts, car j'é-
tais tout-à-fait en dehors des idées du temps. Tous les
genres d'activités restaient isolés; la science et l'art, les
affaires et les métiers, se mouvaient dans un cercle
à part. Chacun pensait à soi, travaillait pour lui-même
et à sa manière, étranger totalement à son voisin, dont
il s'éloignait à dessein. L'art et la poésie avaient à peine
un point de contact, et ne réagissaient nullement l'un
sur l'autre; quant à la poésie et à la science, on les
regardait comme tout-à-fait incompatibles.

Tandis que chacun s'isolait et tournait dans le cercle
de ses travaux, la division du travail allait à l'infini;
on craignait jusqu'à l'ombre d'une théorie, car depuis
plus d'un siècle on les fuyait comme des épouvantails,
et l'on se contentait d'observations morcelées et des
conceptions les plus vulgaires. Personne ne voulait

avouer qu'une idée, une conception, devait servir de
base à toute observation, si l'on voulait avancer la
partie expérimentale et faire naître les découvertes et
les inventions.

Lorsque dans un écrit ou dans la conversation on
énonçait une idée qui plaisait à ces braves gens, et qui
leur paraissait juste en elle-même, alors ils vous com-
blaient d'éloges, appelaient cela une heureuse inspiration, et vous accordaient de la sagacité, parce qu'ils
avaient aussi de la sagacité pour remuer leurs petits
détails. Ils sauvaient ainsi leurs inconséquences en ac-
cordant à d'autres une bonne idée sans prémices et
sans conséquences.

Mes amis, auxquels, dans la joie de mon âme, j'avais
donné des exemplaires de mon Essai, me répondaient avec
les phrases de Bonnet; car sa Contemplation de la nature
avait séduit les esprits par une clarté apparente, et pro-
pagé l'usage d'une langue avec laquelle on croyait dire
quelque chose et s'entendre mutuellement. Quant à mon
langage, personne ne voulait le comprendre. N'être pas
compris est le plus grand supplice qui existe, surtout
lorsqu'après de laborieux efforts on croit être enfin arrivé à se comprendre soi-même. C'est à devenir fou que
d'entendre toujours répéter des erreurs dont on a eu
tant de peine à s'affranchir, et rien n'est plus pénible
que de voir les circonstances mêmes qui auraient dû
nous rapprocher des hommes instruits et intelligents,
amener des scissions éternelles.

Mes amis ne me ménageaient nullement, et cette
fois je fis de nouveau une expérience qui s'est renouvelée bien souvent pendant ma longue carrière, c'est
que les exemplaires donnés par l'auteur sont toujours
une source de désagrément et de chagrin pour lui.
Que le hasard ou la recommandation d'un autre vous

fasse tomber un livre entre les mains, vous le lisez,
vous l'achetez même; mais qu'un ami vous donne son
ouvrage avec une confiante sécurité, alors il semble
qu'il veuille vous accabler sous le poids de sa supériorité intellectuelle; le mal originel se montre sous sa
forme la plus hideuse, la jalousie et la haine envers
des gens bien intentionnés qui vous confient, en quelque sorte, une affaire de cœur. Plusieurs auteurs auxquels j'en ai parlé avaient observé comme moi ce phénomène anti-social du monde civilisé.

Cependant je dois citer ici avec orgueil le nom
d'un ami, d'un protecteur, qui m'a constamment soutenu pendant le travail et après son achèvement, c'est
Charles de Dalberg. Personne n'était plus digne de
goûter en paix le bonheur que le sort lui préparait;
d'occuper la première place qu'il eût remplie avec une
activité infatigable, et de faire jouir les siens d'une fortune noblement acquise. Il était toujours prêt à prendre une part désintéressée à mes peines, à m'aider
dans mes travaux. Lors même qu'on ne pouvait partager entièrement ses opinions, on y trouvait toujours de
ces aperçus ingénieux dont on fait son profit. Je lui dois
l'achèvement de mes travaux scientifiques, parce qu'il
savait animer et vivifier la stérile contemplation de la nature, à laquelle je me livrais habituellement. Il avait
le talent de rendre ce qu'il voyait, et de se faire comprendre par des expressions frappantes de vérité.

Un compte-rendu favorable de mon ouvrage, inséré
dans les Annonces scientifiques de Goettingue pour
février 1791, fut loin de me contenter. Le critique convenait que j'avais traité mon sujet avec clarté; mais après
en avoir exposé les points principaux d'une manière
nette, quoique abrégée, il ne faisait pas ressortir la portée
de cet écrit; aussi ne fus-je nullement satisfait de cette
analyse. Puisque l'on convenait que j'avais frayé une

voie nouvelle dans la science, j'aurais souhaité que les savants vinssent à ma rencontre; car je tenais fort peu à m'établir dans un endroit ou dans l'autre; j'aurais voulu traverser aussi vite que possible ces régions en m'éclairant et en m'instruisant en chemin. Mais, comme tout ne réussissait pas à mon gré, je restai fidèle à mes premiers projets; je ramassai des plantes que je dessinais; les plus remarquables étaient conservées dans l'alcool; je fis faire des dessins et graver des planches. Tout cela devait servir à la continuation de mon travail. Je voulais établir d'une manière incontestable la réalité du phénomène capital, et faire voir de combien d'applications mon principe était susceptible. Mais je fus entraîné à l'improviste dans le tourbillon de la vie active. Je suivis mon prince, avec l'armée prussienne, en Silésie, en Champagne et au siége de Mayence. Ces trois années furent très favorables à mon développement scientifique. Je vis les phénomènes naturels en plein air, et n'eus pas besoin de faire pénétrer un rayon de soleil par le trou d'un volet, pour savoir que le mélange du clair et de l'obscur produit les couleurs. Je ressentis à peine les ennuis inséparables d'une longue campagne, lorsque l'idée du danger ne vient pas animer l'existence. J'observais continuellement, et je consignais toutes mes observations sur le papier. J'avais heureusement auprès de moi, qui suis si paresseux pour écrire, un bon génie qui déjà tenait la plume à Carlsbad et auparavant.

N'ayant aucune occasion de consulter les livres, je mis les exemplaires de mon opuscule à profit pour prier ceux de mes savants amis que ce sujet intéressait, de noter tout ce qu'ils trouveraient dans leurs lectures qui fût relatif à ce sujet; car j'étais convaincu depuis long-temps qu'il n'y a rien de nouveau sous le soleil, et qu'on trouve presque toujours indiqué dans les traditions ce que l'on croit avoir pensé, ou même produit le premier.

Ce désir fut accompli lorsque mon respectable ami F.-A. Wolf me fit connaître son homonyme, qui avait depuis long-temps ouvert la voie que je suivais moi-même; on verra plus bas tout l'avantage qui résulta pour moi de cette découverte.

DÉCOUVERTE D'UN ÉCRIVAIN ANTÉRIEUR.

(1817.)

Gaspard-Frédéric Wolf naquit à Berlin en 1733; il étudia à Halle, et fut reçu docteur en 1759. Sa dissertation intitulée *Theoria generationis* suppose beaucoup de recherches microscopiques, et une puissance, une persévérance dans la méditation que l'on n'est pas en droit d'attendre d'un jeune homme de vingt-six ans. Il se livra, à Breslau, à la pratique de la médecine, et fit un cours de physiologie à l'hôpital de cette ville. Appelé à Berlin, il y continua ses leçons, en s'efforçant surtout de donner à ses auditeurs une idée complète des phénomènes de la génération. En 1764, il publia un volume in-8° en allemand, dont la première partie est historique et polémique; la seconde, dogmatique et didactique. Bientôt il devint membre de l'académie de Saint-Pétersbourg, et prit une part active aux mémoires et commentaires de cette société, de 1767 à 1792. Tous ses travaux prouvent qu'il resta fidèle à ses études et à ses convictions jusqu'à sa mort, qui eut lieu en 1794. Ses confrères s'expriment à son égard de la manière suivante :

« Il arriva à Saint-Pétersbourg, au commencement de l'année 1767, et y apporta une réputation bien établie comme anatomiste et physiologiste profond, réputation qu'il soutint et augmenta dans la suite par le grand nombre d'excellents mémoires répandus dans les actes et nouveaux actes de l'Académie. Il s'était déjà rendu célèbre par sa profonde dissertation sur la génération, et par la controverse qu'il eut à ce sujet avec l'immortel Haller, qui, nonobstant la diversité de leurs opinions, l'honora toujours de son estime et de son amitié. Aimé et estimé de ses confrères, autant pour son savoir que pour sa droiture et sa douceur, il mourut dans la soixante et unième année de son âge, regretté de toute l'Académie, dont il a été pendant vingt-sept ans un membre actif et laborieux. Ni la famille du défunt, ni les papiers qu'on a trouvés après sa mort n'ont rien fourni dont on eût pu composer un précis un peu plus circonstancié de sa vie; mais l'uniformité de la vie d'un savant solitaire et retiré, qui n'a vécu pour ainsi dire que dans son cabinet, donne si peu de matière à la biographie, que nous n'avons apparemment que peu de chose à regretter de ce côté. La partie véritablement utile et intéressante de la vie d'un savant est renfermée dans ses ouvrages; c'est par ceux-là que sa mémoire est transmise à la postérité; ainsi, à défaut d'une biographie du défunt, nous donnerons ici la liste de ses ouvrages académiques, qui vaudra un éloge, parce qu'elle fera voir, mieux que ne feraient de belles phrases, la grandeur de la perte que l'Académie a soufferte par la mort, toujours prématurée, d'un homme qui a tant fait pour l'avancement de la science qu'il avait professée. » (Mém. de l'Acad. de Pétersbourg, vol. XXII, p. 7. 1801.)

C'est ainsi qu'une nation étrangère honorait déjà publiquement, il y a vingt ans, notre respectable compatriote, pour le venger de l'exil injuste auquel l'école régnante, avec laquelle il ne pouvait pas s'ac-

corder, avait osé le condamner. Quant à moi, je suis
heureux de dire combien j'ai appris de lui directement
et indirectement depuis vingt-cinq ans, et notre
savant Meckel a démontré qu'il est bien peu connu
en Allemagne, à l'occasion d'une traduction de son
mémoire sur la formation du canal intestinal dans
l'œuf couvé par la poule, qui parut à Halle en 1812.

Puisse la Parque m'accorder la faveur de faire voir
un jour avec détail que depuis long-temps je suis les
traces de cet homme célèbre; que j'ai cherché à pénétrer son caractère, ses convictions et ses doctrines; de
montrer sur quels points je suis tombé d'accord avec
lui, et de prouver que jamais, dans les derniers pas que
j'ai faits, je ne l'ai perdu de vue. Il ne sera question ici
que de ses idées sur la métamorphose des plantes, qu'il
a déjà exposées dans sa dissertation inaugurale, puis dans
l'édition plus étendue qu'il en a donnée en allemand,
enfin, et de la manière la plus explicite, dans le mémoire que nous venons de citer. J'emprunte avec reconnaissance ces citations à la traduction de Meckel,
et je les ferai suivre de quelques observations pour indiquer les points que j'ai cru devoir développer ulté-
rieurement avec plus de détails.

Du développement des plantes,

par

Gaspard-Frédéric Wolf.

« La nature de presque tous les organes végétaux, que
leur extrême analogie rend comparables entre eux,
s'explique par leur mode de développement. Ce sont
les feuilles, le calice, la corolle, le péricarpe, la graine,
la tige et la racine. Je reconnus que les différentes parties dont les plantes se composent sont très semblables

18

entre elles, ce qui résulte surtout de leur nature intime
et de leur mode de développement. En effet, il ne faut
pas être doué d'une grande sagacité pour remarquer
que, dans certains végétaux, le calice se distingue à
peine des feuilles, et qu'il n'est, en réalité, qu'un assemblage de feuilles plus petites et moins développées.
C'est ce qu'il est facile de voir dans plusieurs plantes
annuelles à fleurs composées ; les feuilles deviennent
plus petites, plus imparfaites, plus nombreuses, plus
rapprochées, à mesure qu'elles s'élèvent le long de la
tige, jusqu'à ce qu'enfin les dernières, qui se trouvent
immédiatement sous la fleur, représentent les sépales
du calice (tant elles sont petites et serrées les unes contre les autres), et forment par leur réunion l'involucre lui-même. Le péricarpe résulte encore évidemment de la réunion de plusieurs feuilles, avec cette
différence que ces feuilles se confondent intimement. La justesse de cette opinion est prouvée par la
déhiscence d'un grand nombre de capsules qui se divisent en segments ; ceux-ci ne sont autre chose que
les différentes feuilles dont se compose le fruit ; d'ailleurs la seule inspection du péricarpe à l'extérieur suffit
pour convaincre de ce fait. Quoique les graines n'aient,
au premier abord, aucune ressemblance avec les feuilles, elles ne sont cependant que des feuilles réduites ;
en effet, les cotylédons sont des feuilles, mais celles de
toutes qui se sont développées de la manière la plus
imparfaite ; car elles sont petites, épaisses, dures,
blanches, dépourvues de sucs et à peine ébauchées.
Le doute se change en certitude quand on voit que
ces graines, confiées à la terre afin de continuer la végétation interrompue dans le sein de la plante-mère, se
métamorphosent en expansions vertes et succulentes,
appelées feuilles primordiales. Des observations isolées
rendent aussi très probable que la corolle et les étami-

nes ne sont que des feuilles modifiées. Il n'est pas rare, en effet, de voir des sépales se métamorphoser en pétales, *et vice versâ*. Si les sépales sont des feuilles et si les pétales ne sont que des sépales, alors il n'est pas douteux que les pétales ne soient de véritables feuilles : de même on voit souvent, dans les fleurs polyandres, les étamines se changer en pétales et donner ainsi naissance aux fleurs doubles, ce qui prouve que les étamines ne sont réellement que des feuilles. En un mot, la plante, dont les différentes parties semblent, au premier coup d'œil, si étrangères l'une à l'autre, se réduit en dernière analyse aux feuilles et à la tige, car la racine fait partie de celle-ci. Tels sont les organes complexes et immédiatement apparents de la plante ; les organes médiats et élémentaires qui les composent sont des utricules et des vaisseaux.

« Si donc toutes les parties du végétal, la tige exceptée, peuvent se ramener à la feuille dont elles ne sont que des modifications, la théorie de la génération des plantes ne sera pas difficile à expliquer, et l'on voit à l'instant même quelle route on doit suivre pour la découvrir. Il faut avant tout apprendre, par l'observation, comment se développent les feuilles caulinaires, ou, ce qui revient au même, comment procède la végétation ordinaire ; quels sont les éléments et les forces qui la déterminent. Ceci bien établi, on recherchera les causes, les circonstances et les conditions qui, dans la partie supérieure de la plante, changent le mode de végétation ordinaire, de telle façon qu'au lieu de feuilles caulinaires, on voit apparaître des organes différents et nouveaux en apparence, ayant chacun leur forme et leur organisation spéciales. En suivant cette méthode, j'ai trouvé que toutes ces modifications sont dues au décroissement de la force végétative, qui va en diminuant à mesure que la plante pousse, et finit par

disparaître tout-à-fait : par conséquent, tous ces changements ne tiennent qu'à un développement incomplet
des feuilles. J'ai pu constater facilement cette diminution de la force végétative dans une foule d'essais, et
si je ne craignais d'être entraîné trop loin, je pourrais
en déduire l'explication de tous les phénomènes que
présentent le périanthe et le péricarpe, qui paraissent si différents des feuilles, et celle d'une foule de
petits faits qui sont en rapport avec les précédents.

» C'est ainsi que les choses se passent dans la formation des plantes, mais tout est différent lorsque l'on
considère les animaux. »

Observations.

Je ne veux pas, en ajoutant quelques réflexions à
ce qui précède, pénétrer profondément dans la doctrine et la pensée de cet homme éminent. Je le tenterai
peut-être quelque jour; ce que je vais dire suffira
pour faire naître des réflexions utiles dans l'esprit du
lecteur intelligent.

Wolf reconnaît de la manière la plus positive l'iden-
dité des parties de la plante, malgré toute la mobilité
de leurs formes. Mais la théorie qu'il a adoptée d'avance
l'empêche d'aller jusqu'au bout. Pour combattre la
doctrine de la préexistence des germes, qui repose sur
une spéculation de l'esprit, et ne peut jamais devenir
appréciable aux sens extérieurs, il avait établi comme
base fondamentale de toutes ses recherches, qu'on ne
doit admettre, accorder ou soutenir que ce qu'on a vu
de ses propres yeux, et ce qu'on pourrait, au besoin,
faire voir aux autres. C'est pourquoi il ne se lasse point
d'épier, à l'aide du microscope, les premiers commencements des organes, pour suivre les embryons orga-

niques depuis leurs premiers rudiments jusqu'à leur
développement le plus parfait. Cette méthode, par laquelle Wolf est arrivé à de si beaux résultats, est excellente; mais il n'avait pas réfléchi qu'il y a voir et
voir, que les yeux de l'esprit sont dans une connexion
intime et vivante avec les yeux du corps, et que, sans
cela, on court le risque d'avoir entrevu sans avoir vu.

Dans la métamorphose des plantes, il a constaté que
le même organe allait toujours en se contractant, et
par conséquent en diminuant; mais il n'a pas reconnu
que cette contraction alterne avec une dilatation. Il a
vu que son volume devenait moindre, sans observer
que son organisation était plus parfaite, et, par conséquent, il a fait un contresens en appelant dégé-
nérescence ce qui n'est qu'un progrès continuel.

C'est ainsi qu'il s'est lui-même coupé le chemin qui
l'aurait conduit infailliblement à reconnaître la métamorphose des animaux; aussi dit-il de la manière la
plus positive, que dans les animaux les choses se passent tout autrement. Mais comme sa méthode est infaillible, son exactitude comme observateur incontestable; comme il insiste sur ce principe qu'on doit
suivre scrupuleusement les développements organiques avant de passer à la description de l'organe à l'état
parfait; il arrive à la vérité malgré ses contradictions.

Tandis qu'il nie dans un passage de son livre
l'analogie de formes qui existe entre certains organes
intérieurs de l'animal, il la reconnaît spontanément
dans un autre. Il la nie, parce qu'il compare entre eux
des organes isolés qui n'ont aucune analogie; par
exemple, les intestins avec le foie, le cœur avec le
cerveau; cette analogie le frappe au contraire, à l'instant même, dès qu'il compare un système à un autre,
et c'est alors qu'il émet cette proposition hardie que

certains animaux pourraient bien être le résultat de l'agrégation de plusieurs individus réunis.

Je m'arrête ici, car un de ses ouvrages les plus remarquables est maintenant connu généralement en Allemagne, grâce à notre illustre compatriote Meckel.

TROIS CRITIQUES FAVORABLES.

(1820.)

C'est une chose bizarre que le métier d'auteur! celui qui s'occupe trop du succès de son ouvrage et celui qui ne s'en inquiète nullement, ont également tort. Sans doute l'homme actif veut agir sur ses semblables, et désire que ses contemporains ne soient pas sourds et muets quand il leur parle. Je n'ai pas à me plaindre de l'accueil qu'on a fait à mes travaux esthétiques, cependant mon parti était pris d'avance, et si l'approbation me causait peu de joie, la critique ne me faisait aucune peine. Orgueilleux et rempli d'amour-propre, comme le sont les jeunes gens, je passais légèrement sur tout ce qui aurait pu me chagriner; et puis le sentiment si relevé que l'on est appelé à créer et que l'on crée en effet, seul, sans que personne puisse vous aider, communique à l'âme une telle énergie que l'on est supérieur à tous les obstacles. Par une sage disposition de la nature, la production emporte avec elle sa récompense qui consiste dans le plaisir qu'elle nous fait, de telle façon qu'il semble que l'on n'a plus rien à demander.

J'ai trouvé qu'il en était autrement dans les sciences: car pour atteindre un but, pour s'approprier un sujet, il faut un travail persévérant et souvent pénible; il y a plus, on sent que les efforts d'un seul sont insuffisants. Lisez l'histoire et vous verrez qu'une longue série d'hommes éminents, se succédant pendant plusieurs siècles, ont à peine suffi pour dévoiler quelques uns des secrets de la nature extérieure et de celle de l'homme. D'année en année, nous voyons surgir de nouvelles découvertes, et cependant un champ infini s'étend toujours devant nous.

Ainsi donc, nous travaillons sérieusement, non pas pour nous, mais pour la science, et nous voulons qu'on rende justice à nos efforts comme nous rendons justice à ceux des autres. Nous demandons à être aidés, soutenus, encouragés. Ces secours ne m'auraient pas manqué si j'avais fait attention à ce qui se passait dans le monde scientifique; mais le désir incessant que j'avais de me perfectionner sous tous les points de vue s'empara de moi précisément à l'époque où d'immenses événements politiques troublaient le domaine de la pensée et nous pressaient de tous les côtés. Je ne pus donc pas m'enquérir de ce qu'on pensait de mes travaux scientifiques. Il en résulta que deux comptes-rendus favorables à mon ouvrage, insérés, l'un dans le Journal des savants de Gotha, du 23 avril 1791; l'autre dans la Bibliothèque allemande, vol. 116, p. 477, ne me tombèrent que fort tard sous les yeux. Il semblait qu'un heureux hasard m'eût réservé une surprise agréable, précisément pour une époque où l'on se permettait de traiter mes productions d'un autre genre avec la dernière barbarie.

AUTRES SURPRISES AGRÉABLES.

(1820.)

A ces encouragements il faut ajouter l'insertion de mon opuscule dans l'Encyclopédie de Gotha; c'était reconnaître, ce me semble, qu'il pouvait être de quelque utilité.

Jussieu, dans son introduction à l'ouvrage intitulé *Genera plantarum*, avait parlé de la métamorphose, mais seulement à propos des fleurs doubles et monstrueuses. Il n'était pas évident pour lui qu'on pût y retrouver les lois du développement normal.

Usteri, dans son édition de l'ouvrage de Jussieu, publiée à Zurich en 1791, promet, dans ses additions à la préface, de s'expliquer un jour sur ce sujet, lorsqu'il dit dans les notes: *De metamorphosi plantarum egregiè nuper Goethe V. Cl. egit, ejus libri analysim uberiorem dabo.* Les orages politiques m'ont privé, ainsi que le monde savant, des observations de cet homme célèbre.

Wildenow, dans ses éléments de botanique (1792) ne s'occupe point de mon travail, dont il n'ignorait cependant pas l'existence; car il dit, page 343 : « La vie de la plante est donc, comme M. Goethe le dit *fort joliment*, une expansion et une contraction, dont la succession constitue les différentes périodes de son existence. » A la rigueur, je pouvais ne pas me fâcher du *fort joliment* de Wildenow en songeant à la place honorable où se trouve la citation, mais l'*egregiè* de M. Usteri est encore bien plus joli et bien plus aimable.

Quelques autres naturalistes m'honorèrent de leur gratitude. Batsch, pour me témoigner sa bienveillance et son attachement, me dédie le genre *Goethia*, qu'il rapproche du genre *Sempervivum*, attention flatteuse dont j'ai senti tout le prix. Ce genre n'a pas été conservé, et je ne saurais dire comment s'appelle maintenant la plante qui lui servait de type (*).

(*) Nees d'Esenbeck et Martius ont établi, dans le XIᵉ volume des Actes de

Des savants du Westerwald découvrent un beau
minéral, qu'ils nomment *Goethit* en mon honneur et
par affection pour moi. Ma reconnaissance envers
MM. Cramer et Atchenbach sera toujours la même ,
quoique cette dénomination ait disparu de la nomen-
clature oryctognosique. Ce minéral se nomme maintenant pyrosidérit; autrefois on l'appelait *Rubinglimmer*;
mais l'idée que la vue d'un beau produit de la nature
a fait penser à moi, me suffit.

Le professeur Fischer fit, en mémoire de notre ancienne liaison, un dernier effort pour perpétuer mon
nom par la science. Dans son livre publié à Moscou,
sous le titre de *Prodomus craniologiæ comparatæ*, on
trouve consignées quelques observations *de osse epac-
tali sive Goethiano palmigradorum*, et il me fait l'honneur de donner mon nom à une partie de l'occipital,
dont je m'étais occupé dans mes recherches.

Malgré la bonne volonté de l'auteur, je crois que
je serai forcé de me résigner à voir cet aimable souvenir rayé du nombre des dénominations scientifiques.

Mais si ma vanité a dû souffrir un peu de ce qu'on
n'a pas voulu penser à moi à propos de fleurs, de
pierres ou d'os, elle a trouvé une compensation suffisante dans l'intérêt touchant d'un ami respectable.
Alexandre de Humboldt m'a envoyé la traduction allemande de ses idées sur la géographie des plantes, avec
un dessin flatteur qui représente la poésie soulevant
le voile de la nature. Qui oserait le nier, puisqu'il le dit?
et je me crois obligé de lui en témoigner publiquement
ma reconnaissance.

C'est peut-être ici le cas de rappeler avec gratitude
que plusieurs académies des sciences, plusieurs sociétés

Bonn, le genre *Goethia* voisin des *Eriolœna* et des *Wallichia* dans la famille des
Byttneriacées , et M. de Candolle l'a admis dans le *Prodromus systematis regni
vegetabilis*, tom, **I**, p. 5o.

travaillant à leur avancement, ont bien voulu me recevoir parmi leurs membres ; si l'on était tenté de
m'en vouloir de ce que je parle aussi ouvertement de
moi, si l'on y voyait la preuve d'un amour - propre
exagéré, je rappellerais que j'ai raconté avec la même
franchise que mes travaux sur l'optique ont été méconnus et attaqués pendant vingt-six ans.

TRAVAUX POSTÉRIEURS

LA MÉTAMORPHOSE

DES PLANTES.

(1820.)

La doctrine de la métamorphose n'ayant pas été traitée à fond dans un ouvrage spécial, mais seulement présentée comme un modèle, comme un mètre auquel on pourrait comparer les êtres organisés afin de les apprécier, il était indispensable, afin de pénétrer plus profondément la nature intime des végétaux, de me faire une idée nette des différentes formes qu'ils présentent, et de la manière dont ces formes individuelles se développent. Mon intention était de donner suite à mon travail, et d'appliquer à des faits particuliers les principes généraux que j'ai émis précédemment. J'avais réuni un grand nombre de ces exemples de formations, de transformations et de déformations qui sont si fréquents dans la nature. Je fis dessiner et graver les cas les plus instructifs. C'est ainsi que je me préparais à publier une suite à mon mémoire, en ayant soin de noter, en marge de chacun de ses paragraphes, les observations les plus probantes.

Batsch avait attiré mon attention sur les rapports des familles entre elles. L'édition de Jussieu donnée par Usteri, me fut on ne peut plus utile. Je négligeai les Acotylédones, et ne m'en occupai que lorsqu'ils présenaient une forme bien caractérisée. Je compris bientôt que l'examen des Monocotylédones me mènerait plus vite à une solution désirable, parce qu'ils semblent, en vertu de la simplicité de leur organisation, dévoiler à nos regards les secrets de la nature, sans démentir leur affinité avec les Cryptogames d'un côté, et les Phanérogames de l'autre.

Une vie animée, d'autres occupations, des distractions nombreuses et des goûts variés me détournèrent de ce projet ; je me contentai d'élaborer en moi-même et de m'approprier ce que j'avais appris. Je suivais avec intérêt la nature dans ses caprices sans mettre personne dans la confidence de mes idées. Les beaux travaux de M. de Humboldt, les ouvrages complets que chaque nation produisait à l'envi, faisaient naître en moi mainte réflexion. Un moment mon activité fut près de se réveiller ; mais lorsque je voulus réaliser mes rêves, les cuivres ne se trouvèrent plus et je ne me sentis pas le courage de faire faire d'autres planches. Cependant mes idées avaient agi sur de jeunes imaginations, elles s'y étaient développées plus vite et mieux que je ne l'aurais espéré ; et j'acceptai bientôt toutes les excuses qui favorisaient ma paresse.

Lorsque après tant d'années je considère ce qui ne reste de tous ces travaux, en plantes, en parties le plantes desséchées, en dessins, gravures, notes marginales à mon premier opuscule, collections, extraits de livres et de critiques, ouvrages imprimés, etc. je ne puis me dissimuler que, dans ma position, avec ma manière de penser et d'agir, je n'aurais jamais ateint le but que je m'étais proposé. Car cette entreprise n'eût été rien moins que de matérialiser aux yeux du corps, par mille exemples isolés, en suivant un ordre systématique et successif, cette idée que j'avais formulée en général, pour la présenter, à l'aide de mots, aux yeux de l'intelligence. De cette idée, encore en germe, se serait élevé, grand et majestueux, l'arbre de la science végétale qui couvre le monde de son ombre immense.

Je ne saurais m'affliger en aucune façon de ce que
je n'ai pas accompli cette tâche, car depuis cette époque la science a fait un pas immense, et les hommes
capables ont beaucoup plus de ressources à leur disposition pour lui faire faire de nouveaux progrès. Combien nos dessinateurs, nos peintres, nos graveurs ne
sont-ils pas remarquables même comme botanistes ! Celui, en effet, qui s'efforce de représenter, de reproduire
un objet, est forcé de le comprendre, de s'en pénétrer ;
sans cela son image ne donnerait qu'une idée de l'apparence extérieure de l'objet, et non pas de l'objet lui-
même. Si l'on veut que le pinceau, le crayon ou le bu-
rin expriment toutes les transitions délicates, toutes
les métamorphoses successives, il faut que l'artiste voie
avec les yeux de l'esprit, dans un organe de transition,
celui qui va lui succéder et qui doit le suivre nécessairement, il faut que dans un organe anormal il sache
toujours apercevoir l'état régulier (*).

Je conçois donc l'espoir, peut-être bientôt réalisé,
qu'un homme fort, hardi et judicieux, placé dans le
centre de cet ensemble, coordonnera les travaux, dé-
terminera la valeur des observations, et accomplira
d'une manière satisfaisante une œuvre auparavant impossible.

Pour ne point nuire à la bonne cause, comme on l'a
fait jusqu'ici, on prendrait comme point de départ la
métamorphose normale et physiologique ; ensuite on
passerait à l'exposition des déformations pathologiques,
résultat des errements de la nature ; on mettrait ainsi
un terme à cette méthode vicieuse et rétrograde, qui
ne parle de métamorphose que lorsqu'il s'agit de formes
irrégulières et de monstruosités. Sous ce dernier point
de vue, l'ouvrage de Jaeger sur la déformation des végétaux est un progrès réel dans le sens de mes idées. Cet
observateur exact et consciencieux aurait accompli nos

(*) Voy. planche III.

vœux en créant l'œuvre dont nous parlons, s'il avait suivi le développement normal des plantes, comme il a étudié leurs évolutions anormales.

Je joins ici quelques notes que je fis en lisant, pour la première fois, son ouvrage.

Dans le règne végétal, on regarde avec raison comme étant à l'état sain et purement physiologique tout ce qui est réellement normal; mais tout ce qui est anormal ne doit pas être considéré par cela même comme pathologique. C'est tout au plus si ce mot s'applique à ce qui est véritablement monstrueux. De même, il est beaucoup de cas dans lesquels on parle de *défaut*, mot qui veut dire qu'il manque quelque chose; mais il peut aussi y avoir *hypertrophie*, c'est-à-dire développement sans balancement des organes. On devrait aussi employer avec la plus grande circonspection les mots de développement irrégulier (*Missentwickelung*), déformation (*Missbildung*), difformité (*Verkruepelung*), atrophie (*Verkuemmerung*), parce que, dans le règne végétal, la nature peut agir avec la plus grande licence, sans toutefois s'écarter de certaines règles fondamentales.

L'état normal existe lorsque les innombrables créations isolées de la nature obéissent à une loi générale qui détermine leurs conditions d'existence et fixe leur usage. Mais ses productions sont anormales, lorsque les créations isolées l'emportent, et se développent d'une manière arbitraire et fortuite en apparence. Comme ces deux états ont beaucoup d'affinité entre eux, et que le normal et l'anormal vivent de la même vie, il en résulte des formations et des transformations alternatives, une oscillation entre le normal et l'anormal, qui est telle, que la règle sera prise pour l'exception et *vice versa*.

La forme d'une partie du végétal peut être effacée

ou détruite sans que nous appelions cela une défor-mation. La rose double n'est pas monstrueuse, mais seulement anormale, une rose prolifère est déformée, parce que la corolle rosacée n'existe plus, et qu'elle a franchi ses limites régulières pour se prolonger à l'infini.

Toutes les fleurs doubles sont anormales, et c'est un fait à noter que toutes ces fleurs nous paraissent plus belles et exhalent une odeur plus forte et plus suave. La nature dépasse les limites qu'elle s'est elle-même imposées, mais elle atteint un autre genre de perfection, et nous faisons sagement de nous abstenir des locutions négatives. Les anciens disaient τέρας, *pro-digium*, *monstrum*, un prodige, un augure digne de toute notre attention. Dans ce sens, Linnée avait ima-giné fort heureusement le mot *peloria*.

Je voudrais qu'on se pénétrât bien de cette vérité, qu'il est impossible d'arriver à une intuition complète, si l'on ne considère pas le normal et l'anormal comme agissant ensemble, et réagissant en même temps l'un sur l'autre. Je vais en donner quelques exemples par-ticuliers.

Lorsque Jaeger parle (p. 7) des déformations de la racine, il nous rappelle involontairement la métamor-phose normale de cette partie dont l'identité avec le tronc et les branches est évidente. Dans les travaux né-cessaires pour tracer une route sur une colline couverte de hêtres, on mit à nu les vieilles racines de ces arbres : à peine eurent-elles vu la lumière, à peine eurent-elles éprouvé l'influence vivifiante de l'air atmosphérique, qu'elles se couvrirent de feuilles et se transformèrent en un vert buisson. C'était un phénomène remarquable, dont on observe tous les jours des exemples. Les jardi-niers sont sans cesse occupés à détruire les rejetons que les racines qui s'étendent sous terre poussent de tous côtés, en même temps qu'ils les utilisent assez souvent pour multiplier certaines espèces.

Si nous examinons les changements de forme de la racine, nous verrons qu'au lieu d'être ramifiée, elle se gonfle quelquefois, et prend la forme d'une carotte ou d'un tubercule (*). Ceux-ci sont des racines tuméfiées formant un tout absolu et portant des germes nombreux à leur surface (33). Telles sont les pommes de terre, dont les modes variés de multiplication tiennent à l'identité de toutes les parties; les tiges et les branches poussent des racines lorsqu'on les met en terre, et la plante peut ainsi se propager à l'infini. Nous avons observé un cas de ce genre fort intéressant. Un pied de pomme de terre avait poussé au milieu d'autres légumes, ses branches se couchèrent sur le sol, et restèrent ainsi abritées par les feuilles dans une atmosphère humide. En automne, les tiges se renflèrent et formèrent de petites pommes de terre allongées, au sommet desquelles on observait une couronne de feuilles.

Le chou-rave nous présente de même une tige renflée, organe préparatoire sur lequel la fleur se développe immédiatement; et dans l'ananas, la tige est un organe achevé, fructifère.

Sous l'influence d'une nourriture plus abondante, une plante acaule devient caulescente. Au milieu des pierres, sur des rochers calcaires exposés au soleil, la *Carlina* justifie complétement son épithète *acaulis;* sur un sol moins compacte, elle commence à s'élever; et dans une bonne terre on ne la reconnaît plus, tant sa tige est haute : on la nomme alors *Carlina acaulis, caulescens.* C'est ainsi que la nature nous force de varier nos dénominations, et de les plier à ses libres allures. Il faut aussi reconnaître, à l'honneur de la botanique, que sa terminologie se prête à toutes les exigences de

(*) Voy. Pl. III.

détail, dont les derniers numéros du *Botanical Magazine* de *Curtis* nous offrent des exemples frappants.

———

Lorsque la tige se divise, lorsque le nombre de ses angles se multiplie, lorsqu'elle s'élargit, se fascie en un mot (Jaeger, p. 9—20), on peut affirmer que ces trois phénomènes prouvent que, dans les productions organiques, plusieurs parties analogues peuvent se développer parallèlement les unes à côté des autres : elles indiquent une multiplicité dans l'unité.

Chaque feuille, chaque bourgeon a le droit de devenir un arbre ; la force prédominante de la tige ou du tronc les retient seule. On ne se rappelle jamais assez que toute organisation renferme plus d'un élément vital ; si nous examinons la tige, nous voyons qu'elle est ordinairement ronde, et elle doit être considérée comme telle en procédant de dedans en dehors. C'est parce qu'elle est ronde, qu'elle tient écartées, dans son unité, les unités des feuilles et des bourgeons, et les laisse monter dans un ordre déterminé et avec un développement successif jusqu'à l'état de fleur et de fruit. Si une telle entélechie végétale (*) est arrêtée ou détruite, le milieu perd sa force prédominante, la périphérie se rapproche du centre, et chaque organe isolé exerce ses droits individuels.

Ce phénomène s'observe souvent sur la plante nommée Couronne impériale (*Fritillaria imperialis*) : sa tige aplatie, très élargie, semble composée de tubes minces rapprochés en faisceaux. Des arbres, les frênes en particulier, le présentent quelquefois, mais leurs

(*) 'Εντελέχεια est un mot employé par Aristote ; il veut dire le résultat d'une action, une action en tant qu'elle est achevée : l'expression de Goethe est presque synonyme d'action vitale, c'est l'action vitale exerçant son pouvoir.

branches ne s'aplatissent pas complétement; le rameau paraît cunéiforme, et c'est sur son côté tranchant que la configuration normale disparaît, tandis que la lignification continue toujours supérieurement sur la partie la plus large. La partie inférieure, qui est plus étroite, s'atrophie, se contracte, reste en arrière; la face supérieure au contraire pousse des rameaux parfaits, mais finit par se courber, parce qu'elle est unie à ces parties atrophiées. Il en résulte une configuration analogue à celle d'une crosse d'évêque, modèle fécond en applications artistiques.

Cet aplatissement est aussi très remarquable en cela que nous pouvons l'appeler une véritable *prolepsis ;* car nous y voyons une force hâtive qui pousse et produit prématurément des bourgeons, des fleurs et des fruits. Sur la tige fasciée de l'Impériale et de l'Aconit, on voit beaucoup plus de fleurs que la tige ordinaire n'en eût produit. La crosse qui termine la branche fasciée du frêne est couverte d'un nombre immense de bourgeons qui ne se développent pas et persistent après s'être desséchés, comme les débris d'une végétation avortée.

Cet état est pour ainsi dire normal dans la *Celosia argentea;* un grand nombre de fleurs se développent sur la crête de coq qui termine la plante ; la plupart sont stériles ; cependant, quelques unes, celles en particulier qui sont rapprochées de la tige, produisent des graines et transmettent les propriétés du sujet. En général, on voit que la monstruosité tend à revenir à l'état normal ; que la nature n'a point de règle qui n'ait ses exceptions, ni d'exceptions qui ne puissent être ramenées à quelque règle.

Si l'on voulait toujours considérer la division des
feuilles (Jaeger, p. 3o) comme une monstruosité, on
se ferait une idée très incomplète de ce phénomène.
Quand des feuilles se divisent, ou plutôt quand elles se
diversifient, c'est qu'elles s'élèvent à un état plus parfait en ce sens, que chaque feuille tend à devenir une
branche, et chaque branche un arbre. Toutes les
classes, tous les ordres, toutes les feuilles, ont le droit
de chercher à s'élever ainsi.

On trouve dans les fougères des feuilles admirablement découpées. Avec quelle puissance le palmier se
dégage de la loi des feuilles simples commune aux Monocotylédones! Quel amateur de plantes ignore le développement du dattier, qu'on peut très bien faire
germer même dans notre climat? Sa première feuille
est aussi simple que celle du maïs, puis elle se sépare en deux parties; et ce qui prouve qu'il ne se fait
pas ici une simple déchirure, c'est qu'on trouve à la
base de l'incision une petite suture végétale pour cou-
dre les deux parties et les réunir en une seule. La séparation ultérieure a lieu en ce que la nervure moyenne
se pousse en avant, d'où résulte un rameau pinnatifide.

Dans le jardin botanique de Padoue, j'ai suivi tout
le développement du palmier à éventail (*Chamœrops
humilis*) jusqu'à la formation de la fleur , et il est évident qu'il a lieu sous l'influence et en vertu des lois
préexistantes d'une métamorphose normale et successive, sans point d'arrêt, sans trouble et sans fausse direction. Il faut surtout bien remarquer la suture qui
réunit toutes ces feuilles lanciformes, divergentes, et
donne à l'ensemble, en les fixant sur un pédoncule commun, l'apparence d'un éventail. On devrait reproduire
tous ces phénomènes par la gravure. Les feuilles rami-
formes des Légumineuses sont surtout remarquables;
leur développement, leur irritabilité, annoncent les

vertus qui résident dans la racine, l'écorce, le tronc, les fleurs, le péricarpe, les graines, et se manifestent par l'énergie de leurs propriétés médicales.

Cette division des feuilles est soumise à des lois qu'il est facile de faire comprendre par des figures, mais qu'il serait difficile d'exprimer par des paroles. La feuille simple se fend des deux côtés du pédoncule de manière à devenir tripartite ; le lobe moyen se divise de nouveau en deux, d'où résulte encore un limbe tripartite, et la feuille devient enfin une feuille digitée à cinq folioles; on observe en même temps que les deux folioles les plus inférieures ont une tendance à se fendre le long de leur bord inférieur, ce qui ne tarde pas à s'effectuer, et nous avons ainsi une feuille digitée à sept divisions. Le bord supérieur des feuilles inférieures finit lui-même par se fendre et se séparer, d'où une feuille à neuf divisions, et ainsi de suite.

Ce phénomène est frappant dans l'*Ægopodium podagraria*, sur lequel on peut se procurer facilement une collection complète de ces divisions successives, qui, toutefois, sont beaucoup plus communes dans les endroits humides et ombragés que dans les lieux secs et exposés au soleil.

Le phénomène contraire à la division se manifeste de la manière la plus merveilleuse sur plusieurs espèces d'*Acacia* originaires de la Nouvelle-Hollande. Au moment de sa germination, la plante se présente avec des feuilles pennées; mais peu à peu les feuilles deviennent simples et lanciformes, parce que le pétiole s'élargit, et finit par absorber les parties pennées qui persistaient encore au commencement. Ceci nous prouve que la nature a une marche tantôt progressive, tantôt rétrograde.

Sur une plante remarquable, du reste, sous plusieurs points de vue, le *Bryophyllum calycinum*, j'ai vu,

au bout de six mois, des feuilles trilobées; en hiver, viennent des feuilles simples qui vont jusqu'à la neuvième
paire; puis, au milieu de l'été, lorsque la plante a un
an, les feuilles qui repoussent sont de nouveau trilobées.
Il serait curieux de voir ce qui arrive ensuite aux
feuilles subséquentes, qui quelquefois sont quinque-
lobées.

Nous rangeons, par hasard ou à dessein, au nombre
des végétations anormales, les plantes étiolées. Lorsque, privées de la lumière qui leur est nécessaire, elles
germent dans l'obscurité, alors elles se comportent
comme des racines souterraines ou comme des stolons
qui rampent à la surface du sol. Elles restent toujours
blanches, s'allongent sans cesse comme les racines, et
portent des bourgeons qui sont incapables de s'élever
par la métamorphose à un degré de développement
plus élevé. Les grands végétaux sont arrêtés ainsi dans
leur croissance. Il y aurait beaucoup de faits particuliers de ce genre à signaler.

On étiole souvent les feuilles à dessein pour les faire
blanchir en les liant en faisceau, et l'intérieur, soustrait
à l'action de la lumière et de l'air, revêt des qualités particulières.

La nervure moyenne et ses divisions augmentent de
volume, la feuille reste plus petite parce que les intervalles des nervures ne se remplissent pas. Voilà pour la
forme : quant à la couleur, la feuille devient blanche
parce qu'elle n'est pas soumise à l'action de la lumière;
sa saveur est douce, parce que le développement de la
matière verte ou chlorophylle est lié à la production
d'un principe amer; la fibre reste tendre, et tout tend à
faire de la feuille, ainsi modifiée, une substance alimen-
taire.

Les plantes germent souvent dans les caves. Le
chou-rave pousse des tiges molles et incolores portant

un petit nombre de feuilles aiguës; leur goût se rapproche de celui de l'asperge.

En Espagne, on étiole les feuilles des palmiers en les liant en faisceaux. Les pousses intérieures continuent à croître, mais elles restent blanches, et sont réservées pour les hauts dignitaires du clergé. Le dimanche des Rameaux, le pape et les cardinaux en tiennent à la main lorsqu'ils se rendent à la chapelle Sixtine.

Emboitement des fruits (Jaeger, p. 218 et 221). Dans l'automne de 1817, on remarqua, sur des têtes de pavots doubles défleuries, de petites fleurs de pavot dont chacune contenait une fleur encore plus petite, mais accomplie dans toutes ses parties. Le stigmate de la fleur intérieure était quelquefois au niveau de celui de la fleur extérieure; d'autres fois, au contraire, il se rapprochait du réceptacle. On a conservé les graines de ces plantes, mais on ne s'est pas encore assuré si cette monstruosité peut se transmettre par voie de génération.

En 1817, on trouva dans le champ d'Adam Lorenz, cultivateur à Niederhausen sur la Nahe, près de Creuznach, un épi de blé merveilleux qui portait de chaque côté dix épis plus petits (*). On nous en a communiqué un dessin.

Je pourrais rapporter ici encore beaucoup de remarques que j'ai faites sur l'ouvrage de Jaeger, mais tous ces exemples seraient isolés, amorphes, incomplets; je me contenterai donc de désigner l'homme qui a déjà prouvé qu'il était en état de résoudre tous ces problèmes et de montrer le chemin qui doit nous

---

(*) Cette variété que l'on peut propager a été désignée sous le nom de *Triticum hibernum compositum.*

conduire au but, et nous éviter les tâtonnements d'une observation consciencieuse mais privée de guide. Il n'est point de naturaliste allemand qui n'ait déjà nommé, sans hésiter, l'honorable président de l'Académie des Curieux de la nature, Nées d'Esenbeck. Le premier, il a apprécié des phénomènes presque invisibles, qu'une sagacité comme la sienne pouvait seule reconnaître ; il a montré qu'il existait deux modes de vitalité engendrés l'un par l'autre, et fait voir par des exemples pris dans des genres fort éloignés comment il fallait procéder dans la distinction des espèces qui se développent successivement l'une de l'autre. Son génie, ses connaissances, son talent, sa position scientifique, tout l'appelle au grand rôle de législateur.

Qu'il célèbre avec nous le triomphe de la métamorphose, qu'il prouve que le tout se divise et se transforme en familles, les familles en genres, les genres en espèces, celles-ci en variétés, jusqu'à ce que nous arrivions enfin à l'individu. Ce travail de la nature va à l'infini ; mais tout ce qu'elle a créé ne s'est point maintenu, puisque nous possédons des restes irrécusables d'êtres organisés qui n'ont pas pu se propager par voie de génération. Les plantes qui se développent de graines sont différentes entre elles, les rapports de leurs parties ne sont pas les mêmes, ainsi que l'ont constaté des observateurs attentifs auxquels de nouvelles découvertes sont encore réservées.

Combien ne faut-il pas être pénétré de l'importance de ces considérations lorsqu'on veut s'occuper des limites des familles naturelles, car là se trouve le point de contact de la forme normale et de la monstruosité. Qui pourrait nous critiquer si nous prétendons que les Orchidées sont des Liliacées monstrueuses ?

INFLUENCE

DE L'ESSAI

SUR LA MÉTAMORPHOSE DES PLANTES

ET

DÉVELOPPEMENT ULTÉRIEUR DE CETTE DOCTRINE.

(1831.)

Les événements divers qui ont agité notre époque arrêtèrent d'abord, puis annulèrent ensuite totalement le projet, d'abord bien arrêté dans mon esprit, dont j'ai parlé à la fin de mon mémoire sur la métamorphose des plantes. J'étais résolu à continuer ce travail intéressant, et à communiquer avec détail aux amis de la science les résultats ultérieurs auxquels je serais arrivé; maintenant je suis embarrassé pour faire apprécier l'influence de cette idée, qui a souvent été débattue dans ces derniers temps.

J'ai dû, en conséquence, avoir recours à ceux de mes amis qui s'occupent de sciences, et les prier de me communiquer ce qu'ils savaient sur ce sujet. Je suis redevable de ces notes à la complaisance de plusieurs personnes; et en les réunissant j'ai conservé leurs propres expressions; voilà pourquoi cet écrit a quelque chose d'aphoristique qui ne saurait lui nuire, en ce que l'on voit plus clairement que tout, dans cette matière, a été fait isolément sans suivre un plan uniforme et déterminé. J'indique par un astérisque les paragraphes qui ne sont pas de moi.

Le docteur Batsch est le premier auquel je fis part de

mes idées ; il les accueillit à sa manière et n'était pas éloigné de les adopter. Cependant elles paraissent avoir eu peu d'influence sur l'ensemble de ses travaux, quoiqu'il s'occupât spécialement de ranger le règne végétal par familles.

Pendant mes fréquentes visites et mon séjour à Iéna, je m'entretenais souvent, sur les points scientifiques qui m'intéressaient, avec les hommes distingués qui faisaient partie de l'Université. Parmi eux, le docteur J.-C. Starke, qui jouissait, comme médecin praticien, de la confiance universelle, et joignait à cela un esprit élevé, s'était pris d'affection pour mon idée. Les usages académiques lui conféraient le titre, nominal seulement, de professeur de botanique, parce qu'il appartenait à la seconde section de la Faculté de médecine. Il ne s'était jamais occupé spécialement de cette science, mais il avait saisi avec sagacité les avantages que présentait ma manière de voir ; il sut l'appliquer aux connaissances botaniques qu'il avait acquises antérieurement, et résolut, moitié sérieusement, moitié par plaisanterie, de remplir ses fonctions de professeur honoraire et de faire un cours de botanique. Dans l'hiver de 1791, il publia le programme de ses leçons sous le titre suivant : *Publicè introductionem in physiologiam botanicam ex principiis perillust. de Goethe tradet.* Je lui confiai tout ce que j'avais de dessins, de gravures et de plantes sèches pour animer ses leçons, qui eurent le plus grand succès. Je ne sais si les semences qu'il a répandues ont porté leurs fruits, mais cet essai fut pour moi une preuve encourageante que des considérations de ce genre pourraient dans la suite avoir une influence très grande sur la marche de la botanique.

Pendant que l'idée de la métamorphose se développait lentement dans le champ de la littérature et de la science, j'eus le plaisir de rencontrer, en 1794, un

homme pratique parfaitement initié dans ces secrets de
la nature.

Le vieux jardinier J.-H. Seidel, de Dresde, me montrait
plusieurs plantes que je connaissais par des gravures,
et qui m'intéressaient parce qu'elles offraient des preuves manifestes à l'appui de la métamorphose. Je lui
avais toutefois caché le motif qui me faisait recourir
à sa complaisance; à peine m'eut-il présenté quelques
unes des plantes que je lui demandais, qu'il me dit en
souriant : je devine aisément quel est votre but, et puis
vous faire voir des exemples analogues et bien plus frappants. Il le fit à notre étonnement réciproque : moi, j'ad-
mirais combien il s'était accoutumé, pendant une longue
vie remplie tout entière par une pratique intelligente, à
reconnaître partout ce principe dans les phénomènes
si variés de la végétation; lui s'étonnait de ce qu'un
profane avait acquis, en observant attentivement et
consciencieusement, la même faculté d'intuition.

Nous nous entretînmes long-temps sur ce sujet, et
il m'assura que cette idée l'avait mis en état de résoudre plus d'un problème difficile et qu'il en avait fait
une application fréquente à l'horticulture pratique.

* L'influence de cet écrit sur les progrès de la botanique en Allemagne sera fort difficile à apprécier, jusqu'à ce que le conflit des opinions ait un peu cessé,
et que les combattants puissent se reconnaître. L'idée
de la métamorphose s'est emparée de beaucoup de savants qui ne s'en doutent pas, tandis que d'autres pro-
clament la nouvelle doctrine sans savoir ce dont ils parlent.

Il est très rare qu'une idée qui prend place dans la
science soit assez puissante pour pénétrer en même
temps dans l'enseignement, condition nécessaire pour
qu'elle devienne féconde. Examinons seulement les pas
qu'elle a faits successivement.

*Le docteur F.-S. Voigt en fit, dans l'année 1803, la base de son cours de botanique; il en parle aussi dans la première édition de son Dictionnaire de botanique, publié la même année. Dans le Système de botanique (1808), il lui consacre un chapitre à part où il l'expose sans arrière-pensée.

* Dans ses Aphorismes sur la philosophie de la plante, de 1808, Kieser reconnaît et applique heureusement l'idée de la métamorphose des plantes, comme devant amener un heureux changement dans la manière d'envisager la science. Il dit (p. 61), après avoir parlé de la *Prolepsis* de Linnée : « Goethe en a tiré avec une sagacité remarquable son idée générale de la métamorphose, et c'est certainement la conception la plus vaste que l'on ait eue depuis long-temps en physiologie végétale.» On ne saurait juger cet écrit, qui se rattache si étroitement à la philosophie de Schelling, d'après l'effet qu'il produit actuellement sur nous. A son apparition, il obtint un succès mérité à cause de la profondeur des vues qu'il renferme.»

*En 1811, F.-S. Voigt publia un petit mémoire intitulé : Analyse du fruit et de la graine, etc., dans lequel il témoigne son mécontentement de ce que les botanistes ne veulent pas adopter cette doctrine. Il dit, p. 145 : « Je me fonde sur la doctrine incontestable de Goethe, sur la métamorphose des plantes, que la plupart des botanistes rejettent uniquement par entêtement; on y voit clairement que la plante atteint le but de son existence par des dilatations et des contractions successives; elle produit aussi les organes les plus parfaits, qui sont toujours les mêmes, mais deviennent de plus en plus délicats, et se revêtent de couleurs différentes en vertu des mêmes lois, etc. La métamorphose s'applique surtout à la formation de la fleur, mais l'illustre auteur de cette doctrine a attiré le premier l'attention sur celle des mérithalles, etc. »

*En 1812, parut un ouvrage dont l'économie tout entière repose sur la doctrine de la métamorphose ; c'est celui de Jaeger sur les monstruosités dans les végétaux. Il y est dit, p. 6 : « Dans les deux modes de propagation, le développement du nouvel individu suit à peu près la même marche que dans la formation successive des différents organes dont la fleur est le dernier terme. Quoiqu'elle soit un tout en elle-même, il est facile de reconnaître dans la structure des parties qui la composent l'affinité qui les lie aux autres organes, de façon qu'ils semblent avoir été engendrés les uns par les autres, en vertu de la métamorphose. Nous devons à Goethe une exposition détaillée de cette doctrine, fondée en partie sur les monstruosités végétales. »

*On se rappelle peut-être que Schelver, dans son Examen critique de la sexualité des plantes (1812), se base entièrement sur la métamorphose, et que son livre donna lieu à une controverse qui dégénéra en injures. Si l'on n'avait pas aigri cet auteur en rabaissant son mérite pour élever outre mesure celui de son élève, dont on reconnut plus tard le peu de valeur ; si l'on s'était entendu sur ce qu'il appelait individualité végétale, (et toute la difficulté était là, puisqu'il prenait pour point de départ la non-existence de l'hermaphroditisme), on aurait assis sur des bases plus solides la doctrine de la sexualité en éliminant quelques erreurs, telles que l'action du vent et des insectes, et l'idée de la métamorphose eût amplement dédommagé de ce sacrifice. Mais cette controverse eut du moins l'avantage de faire parler de la métamorphose et de lui gagner des prosélytes, même parmi les adversaires de Schelver ; le jeune Autenrieth fut un des premiers convertis.

*La nouvelle philosophie allemande d'un côté, et l'introduction des familles naturelles de l'autre, eurent une puissante influence sur l'adoption de la métamorphose. Les méthodes naturelles étaient si intimement liées à la géographie des plantes, qui, depuis M. de Humboldt, est devenue l'étude favorite des botanistes, que le sectateur le plus obstiné de Linnée, Wahlenberg lui-même, fut obligé, dans les études de ce genre, d'adopter au moins les vieux *Ordines naturales* de son maître.

*Le mémoire de Kieser sur l'organisation des plantes, (1814) a produit une sensation durable. On peut dire que la métamorphose est non seulement entée sur la tige arrivée à son développement, mais qu'elle est la base et l'âme de tout l'ouvrage. Comme l'auteur s'en tient plus spécialement à l'observation directe, la nouveauté des idées émises par l'école à laquelle l'auteur déclare appartenir, paraît moins choquante à ceux qui pensent autrement. En France, on ne s'est occupé de Kieser que très tard, et à l'époque où ses opinions, combattues par M. Mirbel, son adversaire déclaré, ont été reproduites par M. Dutrochet et d'autres. Mais en Allemagne, Kieser avait acquis une telle autorité, que Treviranus et quelques savants qui ne se soumettaient pas aveuglément à lui, eurent beaucoup de peine à faire voir que Kieser s'était manifestement trompé sur plusieurs points. Même dans les Éléments de botanique publiés par Nées d'Esenbeck en 1820, les Recherches de Treviranus, Moldenhawer et autres, ont dû céder le pas à celles de Kieser.

* Nées d'Esenbeck s'efforça d'étendre le domaine de la métamorphose dans un autre sens. Même dans les végétaux aphylles (les Algues d'eau douce, 1814. — Système de Mycologie, 1815); il chercha à démontrer des métamorphoses successives et à les poser comme base d'une classification nouvelle. Son Manuel de botanique

est fondé sur des principes qui, sans s'accorder complétement avec ceux de Goethe, ont cependant avec eux la plus grande analogie, et dérivent de la même source, comme l'auteur lui-même se plaît à le reconnaître. Le même auteur a contribué puissamment aux progrès de la science par la rédaction consciencieuse des Mémoires de l'Académie des Curieux de la nature, par sa collaboration active au journal de Ratisbonne et à d'autres écrits périodiques, par la traduction des œuvres de Robert Brown, par sa correspondance et ses leçons orales. Aussi, doit-on reconnaître qu'il a eu la plus grande part à la propagation de cette idée.

* Dans ses Eléments d'histoire naturelle (1817) F.-S. Voigt donne une analyse succincte de mon mémoire, et l'éclaircit par l'adjonction d'une planche représentant l'*Helleborus fœtidus*.

* Kurt Sprengel, Histoire de la botanique, iie vol., p. 302 (1818), s'exprime ainsi : « Dans son écrit, Goethe expose le développement des organes d'une manière aussi claire qu'attachante ; l'épanouissement des organes est préparé par une contraction antérieure, et l'auteur présente cette loi fondamentale de la végétation d'une façon instructive et convaincante. — Il devient évident que les nectaires sont le plus souvent des formes de transition des pétales aux étamines ; que même le pistil peut, en vertu de la métamorphose récurrente, devenir semblable aux pétales qui le forment par leur réunion, lorsque les étamines deviennent semblables aux pétales, comme cela se voit dans quelques espèces de *Thalictrum* (*). Le génie de Goethe avait compris combien les monstruosités et les fleurs doubles étaient favo-

(*) Ex. : *Thalictrum petaloideum*, *L. Th. clavatum*, DC. Voy. Delessert, Icones selectæ, planches 6 et 9. — Les espèces du genre *Atragene* sont dans le même cas.

rables à sa théorie, aussi y revient-il souvent. La
métamorphose de Goethe avait un sens profond,
joint à une grande simplicité, et elle était si féconde
en conséquences, qu'il n'est pas étonnant qu'elle
ait eu besoin de commentaires, et que plus d'un botaniste fît semblant de n'y attacher aucune valeur; Voigt
est le premier qui adopta cette opinion dans un livre
destiné à l'enseignement; Meinecke émit des idées fort
ingénieuses sur l'analogie des étamines et des pétales,
ainsi que sur leurs rapports numériques, dans le premier cahier des Mémoires de la Société d'histoire naturelle de Halle pour 1809; Oken a admis l'idée de la
métamorphose dans sa Philosophie de la nature. »

*La même année, 1818, il parut dans l'Isis, p. 991,
un article intitulé: De la Métamorphose de la botanique, et dont M. Nées d'Esenbeck est probablement
l'auteur; il trace l'historique de cette doctrine, et commence ainsi : « Théophraste est le créateur de la botanique moderne; Goethe est pour elle un père tendre et
bienveillant, vers lequel elle lèvera des regards pleins
d'amour et de gratitude lorsque, sortie de l'enfance et
devenue jeune fille, elle aura le sentiment de sa beauté
et de la reconnaissance qu'elle doit à celui qui l'éleva si
haut. »

* Le docteur F. Autenrieth, dans son mémoire intitulé : *Disquisitio quæstionis academicæ de discrimine
sexuali jam in seminibus plantarum dioeciarum apparente, præmio regis ornata. Tubingæ*, 1821, in-4°, fait
une application de la doctrine des métamorphoses
lorsqu'il dit, p. 29 : « *Rationem quâ in hâc plantâ (Can-
nabi sativâ) utriusque sexûs genitalia formata sunt,
cum, quod et Goethe jam olim edixerat, plane con-
firmaretur, memoratu haud indignam credidi, quippe
qui tam antheras quam germina cum stylis ex foliolis
calycinis componi vidi.* »

J'aurais dû parler depuis long-temps de M. Ernest
Meyer, professeur à l'Université de Kœnigsberg et directeur du jardin botanique de cette ville, mais l'ordre chronologique ne me l'eût pas permis. De bonne heure, il
adopta mes idées, et quoique je n'aie pas l'avantage de
le connaître personnellement, j'eus au moins celui de
profiter de l'intérêt qu'il prit à mes travaux. On trouvera dans le 2ᵉ volume, p. 28, du journal intitulé : la
Morphologie (1823), un article de lui contenant la solution d'un problème que je lui avais proposé sur l'organisation en général, et celle des végétaux en particulier. Nos réflexions réciproques conduiront peut-
être plus tard à faire des observations nouvelles, et
acquerront ainsi une importance réelle. Sans traiter spécialement de la métamorphose dans ses écrits,
cet excellent ami a contribué à propager cette doctrine
par un enseignement dégagé de préjugés, et un zèle
qui ne s'est jamais démenti. Nous sommes heureux
de pouvoir citer le mémoire suivant, dû à l'un de ses
élèves.

* L'*Enumeratio Euphorbiarum* de Roeper est du
petit nombre des écrits dans lesquels il est peu question de métamorphose, quoique l'auteur ait pris cette
doctrine pour base de tout son travail, ce qui est très
propre à la faire adopter par ceux qui la repoussent
encore. Aussi le sujet s'y prêtait singulièrement. Déjà
L.-C. Richard, le véritable auteur de la *Flora boreali-
americana* de Michaux, avait montré que les fleurs des
Euphorbes, considérées comme simples par Linnée,
étaient de véritables fleurs composées : que le prétendu pistil était une fleur femelle centrale; les étamines articulées, un verticille de fleurs mâles monan-
dres et articulées ; la corolle un involucre, etc., etc.
Plutard, Robert Brown et Rœper s'efforcèrent de

confirmer cette remarque par la considération des genres voisins et des monstruosités.

*En 1823, je reçus un livre remarquable intitulé : *Lud. Fr. Friedlaenderi de institutione ad medicinam libri duo, tironum atque scolarum causá editi.* Après les conseils les plus éclairés sur la meilleure marche à suivre dans les études médicales, l'auteur consacre plusieurs paragraphes à la botanique ; dans le 62e, p. 102 il dit : « *Vegetabilis igitur vita nihil planè liberi et volontarii exhibet, sed αὐτοματή videtur et incrementi tantum studiosa, quod, modò partium expansione, modò contractione, ita perficitur ut è germine deducto et radicis fibrillis truncus succrescere, in folia expandi, tum in calicem, florem, petala, sexuales partes atque fructum possit conformari.* »

* Il est maintenant d'usage de consacrer un petit chapitre à la Métamorphose des plantes dans tous les éléments de botanique. Nous passerons sous silence ces analyses succinctes, parce que l'esprit qui anime et vivifie notre théorie ne saurait être circonscrit dans des limites aussi étroites ; et d'ailleurs ces livres ne sont consultés que par les commençants qui veulent y trouver l'explication d'un mot technique embarrassant.

H.-F. Link, *Elementa philosophiæ botanicæ (Berol.* 1824), s'exprime ainsi : « *Metamorphosin plantarum optimè Goethe exposuit. Plantam sistit uti alternationem expansionis et contractionis. Flos in genere contractionis momentum constituit, sed dum in calice contractio regnat, iterùm expanditur corolla, staminibus, antheris et polline rursùs et maxime contractis; pericarpio denuò expanso usque ad summam embryonis contractionem. Hæc naturæ oscillatio non solum in mechanicis pendulo scilicet undis, etc., sed quoque in corporibus vivis vitæque periodis animadvertitur.* »

Cet éloge apparent de nos travaux nous parut sus-

20

pect ; en effet, tandis qu'il devrait parler de forme et de transformation, l'auteur ne reproduit qu'une idée amorphe, dernier degré de l'abstraction, et assimile la vie organique à ces phénomènes généraux de la nature qui sont le résultat de forces inconnues.

Mais le sentiment de contrariété que nous avions éprouvé devint un véritable chagrin lorsque nous eûmes acquis la certitude que les phrases précédentes sont tellement étrangères et inutiles au reste de l'ouvrage, qu'elles semblent avoir été intercalées après coup ; car, dans les premières lignes de son livre, l'auteur prête au mot métamorphose (voyez la Table des matières) une signification toute différente de celle que moi-même et d'autres lui avons donnée ; il le prend dans un sens qu'il ne devrait jamais avoir, et dont il est lui-même embarrassé. Comment, en effet, comprendre cette proposition finale, p. 152, § 97 : *Hoc modò nulla fit metamorphosis?* Ensuite il parle d'une soi-disant anamorphose qui augmente encore la confusion.

Ce qu'il y a de plus déplorable, c'est qu'il veut ramener la formation de la fleur et du fruit à la *prolepsis* de Linnée, système insoutenable et qui le force à supposer non pas une seule, mais une douzaine de *prolepsis.* Pour expliquer la destination future des bourgeons qui n'existent pas encore, il est obligé de prendre les arbres seuls pour exemple, ce qui lui fait ajouter naïvement, p. 246, *ut prolepsis oriatur ligno robusto opus est.*

Comment les choses se passent-elles dans la plante annuelle qui n'a rien à anticiper ? Voici ce que nous disons : par une métamorphose dont les phases s'accomplissent rapidement, cet être passager, voué à une destruction prochaine, est mis en état de produire.l'avance des centaines et des milliers d'êtres semblables à lui, passagers comme lui, mais aussi, comme lui, d'une fécondité indéfinie. Ce n'est donc pas une *prolepsis* de la plante future, mais une *prodosis* de la nature toujours libérale, et l'on aurait ainsi un mot qui serait en harmonie avec la vérité.

En voilà assez, beaucoup trop même, sur ce sujet : on ne devrait jamais discuter avec l'erreur, c'est assez de la signaler.

Nous pouvons aussi nous prévaloir d'un grand nom, celui de Robert Brown. C'est l'habitude de cet homme célèbre de proclamer rarement les principes fondamentaux de la science ; et cependant chacun de ses travaux prouve combien il en est pénétré. De là des plaintes incessantes sur l'obscurité de son style. Nulle part il ne s'explique nettement sur la métamorphose. Seulement, en passant, dans une note de son mémoire sur le *Rafflesia*, il déclare que toutes les parties de la fleur sont des feuilles modifiées, et il cherche à expliquer, sous ce point de vue, la formation normale de l'anthère. Ces mots jetés en passant par le plus grand botaniste du siècle ne sont pas tombés sur un terrain stérile, ils ont fait une profonde sensation, surtout en France. C'est à ces paroles de Robert Brown, qui le cite comme un des défenseurs de cette doctrine, et en parle ailleurs avec estime, qu'Aubert du Petit-Thouars doit la considération dont il commence à jouir dans son pays, et que ses excellents travaux n'avaient pu arracher à la prévention de ses concitoyens.

A. P. Decandolle, Organographie végétale (1817). Pour apprécier comment cet homme célèbre est intervenu dans la question, nous citerons de préférence les paroles d'un autre écrivain, M. de Gingins, traducteur de notre Métamorphose, qui s'exprime ainsi dans la préface historique :

« Mais dans l'intervalle, un célèbre botaniste, sans connaître l'ouvrage de Goethe, guidé par une supériorité de talent dont il ne m'appartient pas de juger tout le mérite, et s'appuyant sur une étude profonde du règne végétal, et sur une masse considérable de faits et d'observations, exposa en 1813, dans sa Théorie élémentaire, les principes de la symétrie des organes, et l'histoire de leurs métamorphoses, qu'il nomma dégénérescences. Fondée sur des bases aussi solides, cette théorie, loin d'avoir le sort de l'ouvrage de Goethe, ne pouvait manquer de faire faire de nombreux et rapides progrès à l'étude naturelle et philosophique des végétaux, et cet ouvrage vient d'être complété par la publication de l'Organographie végétale, qui résume toutes nos connaissances actuelles sur les organes des plantes. »

P.-J.-F. Turpin; cet homme remarquable, s'est acquis une gloire méritée par son intelligence profonde de la botanique, et par son talent comme dessinateur de plantes ou de détails microscopiques. Nous lui avons emprunté une épigraphe qui se trouve sur la planche 1, vol. XIX des Mémoires du Muséum d'histoire naturelle. Nous la rappellerons ici à cause du sens profond qu'elle renferme : « Voir venir les choses est le meilleur moyen de les expliquer. » Il dit ailleurs que l'organisation générale d'un être vivant, et celle de ses organes en particulier, ne peuvent s'expliquer qu'autant que l'on suit pas à pas le développement successif de cet être depuis le premier moment de sa formation apparente jusqu'à celui de sa mort. C'est aussi là un des articles de foi de tous les savants allemands qui s'occupent sérieusement et consciencieusement de l'étude de la nature.

Un artiste qui aurait pris à tâche de copier exactement les objets qu'on lui présente, et d'indiquer nettement toutes leurs différences, ne tarderait pas à remarquer, à mesure qu'il avance dans son dessin, que les organes d'une seule et même plante n'offrent pas des différences bien tranchées. Il observerait des gradations et des développements de plus en plus parfaits, et il lui serait facile, s'il est doué d'une main exercée, de représenter cette suite d'êtres analogues, toujours différents quoique toujours semblables entre eux.

La langue française a, entre autres mots que nous devons lui envier, le verbe *s'acheminer*. Originairement il voulait dire se mettre en route ; mais une nation intelligente comme la nation française devait comprendre que chaque pas que le voyageur fait en avant a une autre valeur, une autre signification que celui qui précède ; parce que, une fois dans la bonne voie, chaque pas le rapproche du but qu'il comprend et saisit de mieux en mieux. Ce mot *acheminement* a donc une valeur et une signification intellectuelle ; c'est un voyage, un progrès, mais dans un sens relevé. C'est ainsi que toute la stratégie n'est qu'un *acheminement* énergique et bien calculé.

Le savant M. Turpin a eu maintes occasions d'appliquer ces idées élevées à la physiologie des plantes, et son crayon a reproduit fidèlement ce qu'une observation attentive lui avait dévoilé. Aussi pourrait-il rendre les plus grands services s'il voulait employer son talent à représenter par des dessins exacts la métamorphose des plantes (*).

Les planches qui accompagnent l'Organographie du profond botaniste M. Decandolle en contiennent quelques exemples très instructifs ; mais nous les voudrions plus complets, plus spéciaux, plus exacts, rendus plus intelligibles par des dessins caractéristiques et rangés suivant la méthode naturelle. Ce serait une tâche facile pour M. Turpin, préparé comme il l'est par des études préliminaires et des connaissances profondes en botanique.

(*) Voy. pl. III, IV et V.

Si nous avions le bonheur de vivre dans le même pays que ce grand artiste, nous ne cesserions de le prier chaque jour avec instance d'entreprendre cet ouvrage. Le texte se réduirait à peu de chose; on n'aurait pas recours au vocabulaire beaucoup trop riche de la terminologie botanique; mais l'ouvrage n'en aurait que plus de valeur, car ce serait la nature elle-même qui, en appliquant et développant ses éléments, parlerait un langage intelligible à tous (*).

Botanique pour les dames, contenant l'exposition du règne végétal dans les métamorphoses, par Louis Reichenbach. Leipsig 1828.

L'auteur, après avoir exposé les idées et la méthode de Linnée et de Jussieu, s'occupe de mes travaux et les apprécie de la manière suivante : «Goethe jette un regard profond dans la vie intime de la nature; son heureuse interprétation des faits particuliers appliquée à l'ensemble, sa manière neuve et originale de considérer la nature, nous obligent à reconnaître hautement que c'est à son influence que l'on doit la direction nouvelle qu'ont prise les études naturelles. Il a consacré tant d'attention au monde végétal dont il a étudié les développements, que l'on peut dire de lui avec raison : jeune homme, il a découvert le secret des dryades, mais ses cheveux avaient blanchi avant que le monde le comprît. Son mémoire, resplendissant de génie, sur la métamorphose, acquit bien tard la haute célébrité dont il est digne, car il dénote autant de sagacité dans l'observation que de justesse dans l'interprétation des faits. Cette métamorphose, cette loi du développement des plantes, appliquée à tout le règne végétal, nous indi-

(*) Le vœu de Goethe a été accompli puisque M. Turpin a bien voulu orner ce livre des planches III, IV, et V, qui sont la reproduction visible de ses idées et de celles de l'illustre poëte, dont il a accepté le legs glorieux.

que les principes de l'ordre idéal, les rapports vrais
et naturels dont nous devons tâcher de nous rapprocher, sans espérer les reproduire jamais complètement.
Les écrits du maître les font pressentir, et c'est à chacun
de chercher à les découvrir suivant la mesure de son
intelligence, de son zèle et de sa puissance créatrice. »

Nous donnons notre entière approbation aux tendances de cet homme célèbre, et nous ajouterons peu
de chose pour la lui témoigner. Une idée, du moment
qu'elle est émise, tombe dans le domaine public, et
quiconque se l'approprie s'enrichit sans faire tort à
autrui ; il l'exploite à sa manière suivant sa capacité,
sans se rendre toujours compte de ce qu'il fait. Mais
c'est par là qu'il apprend à connaître la valeur intrinsèque et réelle du bien qu'il a acquis.

L'auteur destine son ouvrage aux dames, aux artistes, aux amis de la nature. Il veut non seulement
propager l'idée d'un grand principe naturel, mais encore lui trouver des applications positives. Puisse un
heureux succès le récompenser de tous ses efforts !

L'ouvrage de Reichenbach est annoncé dans le Bulletin des sciences naturelles de M. de Férussac, en mai
1830, p. 268, de la manière suivante :

Botanik fur Damen. — Botanique pour les dames,
les artistes et les amateurs des plantes, contenant une
exposition du règne végétal dans ses *métaphores*, et
une instruction pour former des herbiers.

Et à cette traduction du titre, le rédacteur n'ajoute
pas une note, pas la moindre indication du contenu de
l'ouvrage. Dans l'annonce d'un ouvrage allemand sur
la philosophie naturelle (*), les rédacteurs disent qu'ils
en parlent uniquement afin de ne rien négliger de ce
qui peut avoir rapport aux sciences.

(*) Histoire naturelle par OKEN, partie botanique, p. 268.

Mais il nous semble que l'importance d'une doctrine qui règne depuis si long-temps en Allemagne, et qui, de l'aveu de l'un des princes de la science, commence à s'introduire en France (comme le prouve d'ailleurs la traduction de notre Essai) aurait bien permis aux rédacteurs du Bulletin de dire quelques mots du livre précité.

Quant à la singulière faute d'impression qui défigure le titre en substituant *métaphore* à *métamorphose*, nous avons une trop haute idée du sentiment des convenances qui caractérise notre siècle pour y voir une épigramme contre la manière dont les savants allemands procèdent dans l'étude de la nature. La doctrine de la métamorphose ne saurait être ignorée des rédacteurs, et ils se repentiront de n'avoir pas mieux corrigé leurs épreuves, ou d'avoir confié la rédaction et la révision de ce chapitre à des personnes étrangères à l'état actuel de la science.

J.-P. Vaucher. Histoire physiologique des plantes d'Europe, ou Exposition des phénomènes qu'elles présentent dans les diverses périodes de leur développement, in-8°. Genève, 1830.

A la rigueur, nous ne devrions pas parler de cet ouvrage, dans lequel nous avons puisé beaucoup d'instruction ; en effet, son auteur explique les phénomènes physiologiques par les causes finales. Cette manière de voir n'est et ne sera jamais la nôtre, quoique nous ne contestions à personne le droit de l'adopter.

L'auteur rejette à la fin de son introduction la théorie par laquelle M. Decandolle explique le développement organique des plantes, en même temps il repousse la mienne, qui a beaucoup d'analogie avec celle du célèbre professeur ; je saisirai cependant cette occasion pour discuter cette question délicate.

C'est avec un profond sentiment de joie que nous avons

vu un homme aussi marquant que l'est M. Decandolle reconnaître l'identité de toutes les parties de la plante, et prouver, par de nombreux exemples, l'extrême mobilité qui leur permet de revêtir des formes variées à l'infini, en vertu des métamorphoses progressives ou récurrentes. Mais nous ne saurions approuver les moyens qu'il emploie pour faire concevoir aux amis de la botanique l'idée fondamentale de laquelle tout dépend. Il a tort, selon nous, de prendre la *symétrie* pour point de départ, et même de donner ce nom à l'ensemble de sa doctrine. Il suppose que la régularité entre dans le plan primitif de la nature, et nomme tout ce qui s'en écarte des dégénérescences qui nous dérobent le type par des avortements, des hypertrophies, des atrophies et des soudures.

C'est précisément ce langage qui a effrayé M. Vaucher, et nous concevons ses scrupules. Car alors les intentions de la nature seraient fort rarement remplies; nous marcherions d'anomalie en anomalie sans savoir où nous arrêter. La métamorphose est une idée plus relevée, elle domine à la fois les productions normales et anormales; elle explique aussi bien la Rose simple que la Rose double, et la Tulipe régulière que l'Orchidée la plus bizarre.

L'adepte de ces doctrines conçoit aussi aisément les insuccès que les succès de la nature; il voit cette force incessamment mobile créer des plantes dans des circonstances favorables et défavorables, et répandre sous toutes les zones les espèces et les variétés.

Que la forme ou le rapport des parties d'une plante changent sous l'influence de conditions qui tiennent au végétal lui-même ou sous celle des agents extérieurs, cela est conforme à la loi, et aucune de ces déviations ne doit être considérée comme un avortement ou une difformité.

Que les organes s'allongent ou se raccourcissent, se soudent ou se divisent, s'élargissent ou se contractent, s'arrêtent ou se devancent, se développent ou s'atrophient, tout se passe en vertu de cette loi si simple de la métamorphose qui produit des parties symétriques ou irrégulières, fécondes ou stériles, et des phénomènes compréhensibles ou incompréhensibles.

Cette manière de présenter les choses méthodiquement et avec un grand nombre de preuves à l'appui, séduirait certainement M. Vaucher, parce qu'au lieu de détruire la doctrine des causes finales, elle lui prêterait une nouvelle force.

Ce qui frappe de plus en plus tous ceux qui étudient la nature, c'est la simplicité et le petit nombre de moyens que l'être primitif met en usage pour arriver aux résultats les plus variés. On conçoit même qu'un observateur attentif ait la faculté de voir avec les yeux du corps des choses en apparence impossibles. Qu'on nomme cette faculté prévision ou conséquence nécessaire, il n'en faut pas moins s'incliner profondément devant la cause mystérieuse de tout ce qui existe.

Si je ne m'adressais qu'à des Allemands j'irais plus loin, et je leur parlerais, comme à des intelligences amies, une langue qu'elles comprennent; mais comme je dois m'attendre à une traduction française, je m'arrête, afin de ne pas encourir auprès de cette nation, qui demande avant tout qu'on soit clair dans ses idées et dans son style, le reproche de m'être laissé aller aux rêveries du mysticisme.

OBSERVATIONS

SUR

LA RÉSOLUTION EN POUSSIÈRE, EN VAPEUR ET EN EAU.

(1820.)

Nous ne serons pas éloigné de la vérité, si nous considérons mentalement ces trois phénomènes, qui souvent sont analogues, concomitants et simultanés, comme les symptômes d'une organisation qui marche sans cesse, et puise la vie dans la vie ou dans la destruction. Je vais exposer en peu de mots le résultat de mes remarques et de mes réflexions sur ce sujet.

Il y a environ seize ans, le professeur Schelver, qui administrait l'Institut botanique du grand-duc de Saxe-Weimar sous ma direction, me fit confidence, dans les allées d'un jardin où je me promène encore souvent, qu'il avait eu depuis long-temps des doutes sur la doctrine qui attribue deux sexes aux végétaux comme aux animaux, et qu'il était maintenant tout-à-fait convaincu de sa fausseté.

J'avais adopté dans mes études botaniques le dogme de la sexualité comme un article de foi, et je fus un peu surpris en entendant énoncer une proposition toute contraire. Cependant je ne pouvais accuser cette opinion d'être une hérésie manifeste, parce que son auteur me faisait comprendre de la manière la plus ingénieuse que la doctrine de la résolution en poussière était la conséquence de ma chère théorie de la métamorphose.

Les doutes qu'on avait élevés de temps à autre contre le dogme de la sexualité des végétaux me revinrent

à l'esprit, et tout ce que j'avais pensé moi-même sur
ce sujet me frappa plus vivement; certains points de
vue sous lesquels on peut envisager la nature me parurent plus féconds, plus clairs, et en harmonie parfaite avec cette idée nouvelle. Comme je cherchais à
appliquer la théorie de la métamorphose aux phénomènes les plus opposés en apparence, je me complus
dans cette doctrine, quoiqu'il me fût difficile de me dégager tout-à-fait de l'ancienne.

Si l'on se rappelle l'état dans lequel était alors la botanique, on ne m'en voudra pas d'avoir prié instamment
Schelver de ne pas faire connaître ses idées. Il était facile de prévoir qu'elles seraient fort mal reçues, qu'on le
traiterait avec peu de courtoisie, et que la doctrine de
la métamorphose, qui n'avait point encore été adoptée,
serait bannie pour long-temps du domaine de la science.
Notre position personnelle dans l'Académie était un
motif de plus pour garder le silence, et encore aujour-
d'hui je lui sais gré d'avoir partagé mes convictions, et
de n'avoir rien laissé transpirer de sa manière de voir
tant qu'il demeura parmi nous.

Cependant le temps marchait, la science changeait
de face, une idée nouvelle succédait à l'autre, on com-
mençait à émettre des propositions plus hardies, et
lorsque Schelver produisit au grand jour son étrange
assertion, il était à prévoir que cette doctrine serait
encore quelque temps lettres closes pour le monde savant. Il eut de nombreux adversaires, et fut repoussé
avec protêt du temple de la science. Il en fut de même
de sa défense, qu'il ne put s'empêcher de publier.

Lui et son idée furent mis de côté et condamnés à
l'oubli; mais notre époque présente ceci de caractéristique qu'une semence jetée dans le monde prend toujours racine quelque part; on est toujours disposé à

tout admettre , et le vrai et le faux germent et croissent
pêle-mêle.

Henschel a donné un corps à cette théorie qui auparavant était purement abstraite; elle demande sérieusement à prendre rang dans la science, quoiqu'il soit assez
difficile de lui assigner une place. On s'est ému en sa
faveur ; les critiques, au lieu de gourmander l'auteur
au nom des anciennes idées, s'avouent convertis, et le
temps nous apprendra ce qu'il adviendra de cette idée.

Comme il y a maintenant des ultras dans tous les
partis, parmi les libéraux comme parmi les royalistes, on
peut dire que Schelver était un ultra dans la doctrine
de la métamorphose; il rompit la dernière digue qui
la tenait encore captive dans ses anciennes limites.

On ne saurait, dans tous les cas, effacer sa Dissertation et sa Défense de l'histoire de la botanique ; il y
soutient une théorie ingénieuse, et qui, par cela même,
mérite d'être prise en considération.

En général, on devrait s'habituer, dans les sciences,
à entrer dans les vues des autres. Ce m'était chose facile à moi, auteur dramatique, mais c'est une rude tâche pour des esprits dogmatiques.

Schelver prend pour point de départ l'idée la plus
complète de la métamorphose normale et régulière en
vertu de laquelle la plante, fixée au sol et tendant vers
le ciel et vers la lumière, s'élève sans cesse sur elle-
même dans son développement graduel , et répand au
tour d'elle la dernière semence, produit de sa propre vitalité. Le dogme de la sexualité implique , au contraire,
nécessairement l'idée d'un élément étranger qui agit avec
et à côté de la fleur pour amener un résultat définitif.

Schelver suit le développement tranquille et successif de la métamorphose, qui va en se perfectionnant
sans cesse, laissant peu à peu derrière elle tout ce qui
est grossier, commun et matériel, pour arriver à un

degré d'organisation plus parfait, plus noble et plus spiritualisé. Pourquoi cette dernière résolution en poussière ne serait-elle pas un affranchissement de la matière, afin que les forces latentes de l'intérieur puissent manifester leur force innée par une reproduction indéfinie?

Qu'on se rappelle le palmier qui donne le sagou (*Sagus farinifera*). Pendant que l'arbre s'apprête à fleurir, le stipe se remplit d'une farine pulvérulente, aliment excellent qu'on peut extraire en abattant l'arbre; mais dès que la plante a fleuri, la fécule disparaît.

On sait que l'Epine-vinette (*Berberis vulgaris*) en fleur répand une odeur particulière, et qu'une haie composée de ces arbustes suffit pour rendre stériles les champs de froment qu'elle entoure (34). Cette plante, ainsi que semble l'indiquer l'irritabilité des anthères, possède peut-être des propriétés très énergiques. Quand elle ne se réduit pas assez en poussière pendant sa floraison, des points pulvérulents se développent sur ses feuilles, revêtent la forme de calices et de corolles, et produisent une plante cryptogamique des plus parfaites (*). Ce phénomène se présente ordinairement sur les feuilles des branches de l'année précédente qui avaient le droit de produire des fleurs et des fruits. Les feuilles et les pousses de l'année offrent rarement ces productions anormales.

En automne, on remarque sur la face inférieure des feuilles de la rose double une poussière (**) qui se détache facilement, tandis que la face supérieure est maculée de taches d'une couleur pâle qui prouvent évidemment que la face inférieure a été détruite en partie. Si l'on ne découvre pas le même phénomène sur les

---

(*) *Æcidium Berberidis.*

(**) *Puccinia Rosæ* DC. *Phragmidium. mucronatum,* souvent mélangés avec l'*Uredo Rosæ.* Pers. Linck. Voy. Pl. V, fig. 1, *a*, et fig. 2.

rosiers à fleurs simples, il faut en conclure que cela provient de ce que l'émission de substance pulvérulente s'est faite complétement chez eux, et on ne sera pas étonné de l'observer sur des rosiers doubles où les organes de la pulvérisation manquent, et se métamorphosent plus ou moins complètement en pétales.

La carie (*Brand*) du blé (*) semble une réduction en poussière définitive et sans but. Par quelle anomalie de la végétation, une plante, au lieu de se développer et de se reproduire dans une nombreuse postérité, peut-elle rester ainsi sur un échelon inférieur et se pulvériser en définitive sans but et sans avantage?

Lorsque le maïs est affecté de cette maladie (**) il présente des phénomènes très remarquables. Les grains se gonflent et forment une masse énorme ; ils contiennent une quantité prodigieuse de poussière noire ; cette quantité dénote la puissance des forces nutritives accumulées dans ce grain qui se résolvent ainsi en unités.

On voit par là que le pollen auquel on ne peut refuser un certain degré d'organisation, a la plus grande analogie avec les sporules des champignons. Une résolution en poussière anormale est déjà admise généralement, pourquoi n'accorderait-on pas droit de cité à une pulvification normale et régulière ?

Il est hors de doute que cet acte s'accomplit en vertu de certaines lois et dans un certain ordre. Qu'on place un champignon, avant qu'il se soit ouvert et après avoir coupé son pédicule, sur une feuille de papier blanc; il ne tardera pas à se développer, et couvrira la feuille blanche d'une poussière qui reproduira exactement par sa disposition celle des plis extérieurs et intérieurs de la plante. Il en résulte que l'émission de

(*) *Uredo caries*. DC.
(**) *Uredo Maydis*. DC.

poussière ne se fait pas irrégulièrement çà et là, mais que chaque lame prend part à cette émission dans un ordre déterminé.

Chez les insectes, on observe aussi une résolution en poussière qui amène la mort de l'animal. En automne, les mouches s'attachent aux vitres dans les appartements; elles deviennent bientôt roides, immobiles, et laissent échapper une poussière blanche qui semble provenir des points de jonction entre le second et le troisième segment du corps. La résolution en poussière est successive, et continue quelque temps après la mort de l'insecte. La force avec laquelle cette matière est expulsée doit être grande, car, des deux côtés, elle est lancée à la distance d'un demi-pouce, et forme ainsi une surface dont le grand axe a plus d'un pouce de longueur. Quoique cette expulsion se fasse principalement par les côtés, cependant j'ai observé qu'elle venait quelquefois des parties antérieures, de façon que la mouche était entourée presqu'en entier d'une surface couverte de poussière (35).

Des observations répétées sur la pulvification des mouches me firent soupçonner que c'était spécialement la partie postérieure qui lançait la poussière, et cela avec une force toujours croissante. Le phénomène commence environ un jour après la mort de l'insecte. La mouche reste attachée à la vitre, et, pendant quatre à cinq jours, la fine poussière s'étend sur une surface de plus en plus grande, jusqu'à ce que le cercle ait environ un pouce de diamètre. L'insecte ne se détache du carreau que par suite d'un ébranlement ou d'une action extérieure.

Phénomène analogue à la résolution en poussière.

Dans l'automne de 1821, je trouvai dans un endroit sombre une chenille de papillon qui était sur le point de filer son cocon sur une branche de rosier sauvage ; je la mis dans un verre avec un peu de bourre de soie, elle s'en servit uniquement pour fixer quelques fils au verre. Je m'attendais à voir sortir un papillon, je fus trompé dans mon espoir, car, au bout de quelques mois, on constata le phénomène suivant : la chrysalide était crevée à sa partie inférieure et avait répandu ses œufs au-dehors ; mais, ce qui est fort bizarre, c'est qu'ils avaient été lancés à la paroi opposée du verre distante de trois pouces. C'était donc un acte analogue à celui de la résolution en poussière. Les œufs étaient ronds, pleins, et renfermaient un chenille à peine formée. Au commencement d'avril, ils étaient affaissés et desséchés.

Les entomologistes ont dû observer plus d'un cas analogue.

En histoire naturelle, on peut se faire diverses opinions sans crainte de tomber dans l'incertitude ; car quelle que soit notre façon d'envisager les faits, ceux-ci sont toujours là, invariablement les mêmes, pour notre instruction et celle de nos successeurs.

La nouvelle théorie de la pulvification serait très commode et très convenable pour enseigner la botanique à des dames ou à des jeunes personnes, car jusqu'ici le professeur était dans une grande perplexité. Lorsque ces âmes candides se trouvaient en face d'un traité élémentaire de botanique, elles se sentaient blessées dans leurs sentiments de pudeur. Ces noces continuelles dans lesquelles la monogamie, base de nos mœurs, de notre religion et de nos lois, est remplacée

par une polyandrie licencieuse, sont insupportables à
quiconque est doué de sentiments délicats.

On a souvent reproché aux érudits d'insister, plus
que la raison et la convenance ne l'exigent, sur les
passages licencieux ou équivoques des auteurs anciens,
afin de se dédommager, pour ainsi dire, de la sécheresse
inhérente à leurs dissertations. Des naturalistes ayant
surpris la nature dans quelques uns de ses moments
de faiblesse, ont trouvé une triste satisfaction à les signaler. Je me rappelle avoir vu des arabesques où les
rapports sexuels, dont le mystère se passe dans l'intérieur du calice des fleurs, étaient traités à la manière
antique de façon à ne pas laisser l'ombre d'un doute
sur les intentions de l'artiste.

Les botanistes n'avaient du reste aucune arrière-pensée mauvaise à propos du dogme de la sexualité; ils y
croyaient comme à un article de foi, et l'admettaient
sans examiner soigneusement ses bases ni son origine :
avec des mots on éludait la signification réelle des
choses. Le système nouveau n'amènerait aucun changement dans la terminologie, les anthères et le pistil
resteraient ce qu'ils étaient, seulement on ne leur accor-
derait pas un rapport analogue à celui des sexes dans
les animaux.

Passons maintenant à la résolution aqueuse, nous
trouverons qu'elle est tantôt normale tantôt anormale.
Les nectaires proprement dits et les sucs qu'ils sécrètent sont dignes de toute notre attention, et trahissent
leur affinité avec les organes de la pulvification. Ils
remplissent même, dans certains cas, des fonctions
analogues.

Un naturaliste a fait les observations suivantes sur
les excrétions mielleuses ou miellat (*Honigthau*) qui
furent si abondantes sur les végétaux en 1820.

Dans les derniers jours de juin, on les observa sur un

grand nombre de plantes. La température était fraîche
et même froide; des pluies fréquentes, mais passagères
étaient tombées pendant plusieurs semaines. Un temps
clair et un soleil très ardent succédèrent à ce temps va
riable.

Bientôt après on aperçut du miellat sur plusieurs
plantes herbacées et arborescentes. Quoique ce phénomène me fût connu déjà depuis quelques jours, cependant je fus frappé des circonstances suivantes :

En suivant une allée de vieux tilleuls en fleurs qui
bordaient un fossé; je vis que le sol, qui avait été pavé
avec des schistes argilo-siliceux, présentait çà et là des
places humides qui semblaient le résultat d'une pluie
accompagnée de vent. Je revins au bout d'une heure,
et quoique le soleil fût ardent, les taches n'avaient pas
disparu : je constatai ensuite qu'elles étaient comme
visqueuses. Quelques dalles paraissaient entièrement
enduites de ce suc, celles de schiste siliceux, en particulier, semblaient avoir été vernies.

Je remarquai bientôt que ces taches étaient disposées
dans les limites d'un cercle, dont la cime de l'arbre
avait exactement déterminé le contour; il était indu-
bitable que cette viscosité venait de l'arbre, et en effet
toutes les feuilles étaient luisantes.

Dans un jardin, j'observai un prunier de reine-claude
sur lequel cette exsudation était si abondante, qu'à
l'extrémité de chaque feuille, on voyait pendre une
gouttelette ayant la consistance du miel, et qui ne pouvait se détacher; dans quelques cas une gouttelette était
tombée de la feuille supérieure sur celle placée au-
dessous. Ces gouttes étaient jaunes, transparentes; celles
au contraire qui pendaient à l'extrémité des feuilles
étaient mêlées d'une couleur noirâtre. Des milliers de
pucerons (*) se trouvaient sur la face inférieure des

(*) *Aphis.*

feuilles, un grand nombre étaient collés à la face supérieure, les uns vivants, les autres morts. Qu'ils aient
subi leurs métamorphoses à cette place ou qu'ils y
aient péri, toujours est-il certain que ces insectes ne
sécrètent pas le suc dont il est ici question. J'ai vu des
tilleuls dont les feuilles semblaient vernies, et où on ne
voyait pas un seul insecte.

Ce suc est sécrété par la plante elle-même. Près du
tilleul dont nous parlons, il y en avait un autre qui n'en
offrait aucune trace ; de même on n'en observait pas
ou très peu sur les tilleuls en fleurs.

Le 5 juin, après une pluie légère et de peu de durée,
des abeilles bourdonnaient en nombre immense autour
des tilleuls non fleuris, et recueillaient le suc mielleux
répandu sur les feuilles. La pluie avait probablement
dissous les parties dont elles n'auraient pu faire usage,
et elles s'emparaient du résidu. Cette hypothèse est très
probable, car jamais je n'ai vu des abeilles se poser sur
les tilleuls qui présentaient des excrétions sucrées. Les
groseillers blancs étaient couverts de miellat, tandis
que les groseillers rouges qui se trouvaient à côté en
étaient complètement exempts.

Après toutes ces remarques, j'ose hasarder une explication. Pendant le mois de mai, les branches et les
feuilles s'étaient singulièrement développées ; le mois
de juin fut pluvieux et froid ; de là, un arrêt dans la
végétation ; tous les sucs qui circulaient dans les
racines, la tige et les branches s'accumulèrent dans les
rameaux et dans les feuilles ; mais l'air froid et chargé
de vapeur d'eau s'opposait à l'évaporation, et finit
par déterminer une véritable congestion (36). Tout-
à-coup l'air devint sec, et le thermomètre s'éleva
à 26 degrés.

Alors les herbes et les arbres qui tiennent en
réserve une grande quantité de sucs destinés au dé-

veloppement des fleurs et des fruits , furent soumis à une exhalation très active : mais comme ils étaient gorgés de liquides, ces sucs, que l'on serait en droit d'assimiler à ceux qu'exsudent les nectaires, quoique la chimie ne les ait pas encore analysés, furent exhalés en même temps que l'eau à laquelle ils étaient mêlés. Leur présence attira ensuite des insectes qui ne sont pas la cause de cette exsudation.

Il serait plus difficile d'expliquer comment il se fait que ce miel en tombant à terre couvre certaines places comme un enduit, tandis que d'autres fois il se répand en gouttelettes. Je serais tenté de croire qu'à sa sortie des pores situés près des nervures ou dans les cavités des feuilles , la gouttelette renferme une bulle d'air, surtout si le limbe est placé verticalement. L'air se dilate, la bulle crève et lance au loin le liquide qui lui servait d'enveloppe.

Ce qui semble confirmer nos idées, c'est qu'il n'y avait pas de miel sur les tilleuls en fleur; là les sucs préparés qui se perdent en excrétions inutiles ont trouvé leur emploi, et servent à l'accomplissement de fonctions plus relevées, au lieu de suinter ainsi d'une manière anormale et pathologique.

Des arbres plus tardifs n'absorbent peut-être pas autant de liquide, l'élaborent d'une manière plus complète, et l'éguttation n'a pas lieu.

Le prunier de reine-claude au contraire est un de ces arbres où l'abord des sucs vers le fruit est évident; si celui-ci se développe imparfaitement, tandis que le tronc, les branches et les rameaux sont gorgés de liquide, il est naturel qu'il y ait une sécrétion de liquide qui ne se fait pas dans le prunier ordinaire.

Je profitai de cette occasion pour rassembler une certaine quantité de ce liquide visqueux. Après avoir réuni en petits faisceaux quatre cents feuilles environ, je les trempai dans une certaine quantité d'eau en les laissant séjourner dix minutes environ. La dissolution se fit aussi facilement que lorsqu'on plonge un morceau de sucre dans l'eau. Cette solution était d'un jaune verdâtre sale ; M. Doebereiner voulut bien se charger de l'analyser, il y trouva les principes suivants :

Sucre non cristallisable,

Mucus animal,

Traces d'albumine,

Traces d'un acide particulier.

La fermentation à laquelle une partie de cette substance est soumise, prouvera si elle contient de la mannite, ce principe n'étant pas fermentescible.

On remarque une éguttation analogue sur les plantes connues sous le nom de plantes grasses, elle a lieu sur les organes les plus récents. Les jeunes branches et les feuilles de la *Cacalia articulata* émettent des gouttes très grosses, la tige se renfle à chaque articulation. Entre autres particularités, le *Bryophyllum calycinum* présente celle-ci : si l'on arrose fortement cette plante, et que l'action de l'air et du soleil ne soit pas assez puissante pour déterminer une évaporation proportionnelle, alors on voit suinter, du bord des feuilles caulinaires, de petites gouttes d'eau transparentes, et cela, non pas des cavités d'où le bourgeon doit surgir, mais des parties saillantes qui l'entourent. Dans les jeunes plantes, les gouttes disparaissent aux premiers rayons du soleil ; dans celles qui sont plus âgées elles se réduisent en un mucilage gommeux (37).

Pour dire quelques mots de l'évaporation, nous ferons remarquer que le pollen auquel on a attribué la fonction de la fécondation peut se montrer sous forme de vapeur ; car, dans les chaleurs de l'été, les granules polliniques de quelques Conifères s'élèvent en l'air comme de petits ballons, et en telle quantité, qu'en retombant avec des pluies d'orages, ils ressemblent à une pluie de soufre (38).

Les sporules des Lycopodes qui s'enflamment facilement forment une vapeur lumineuse.

D'autres vapeurs se condensent sur les feuilles, les rameaux, les tiges et les troncs, sous forme de matière sucrée, d'huile, de gomme ou de résine. La fraxinelle (*Dictamnus albus*) s'enflamme lorsqu'on saisit habilement le moment favorable, et une lueur vive s'élève le long de la tige et des branches.

Des mouches, des pucerons, et autres insectes de toute sorte trouvent leur nourriture sur des feuilles dont les exhalaisons subtiles nous auraient échappé sans cela.

Sur quelques feuilles des gouttes d'eau restent rondes et sphériques sans s'étendre. Nous ne saurions expliquer ce phénomène qu'en supposant l'existence d'une vapeur qui, en séjournant sur ces feuilles, entoure et maintient ces gouttes d'eau.

L'atmosphère subtile qui environne une prune mûre est trouble et d'une nature gommeuse; elle nous paraît bleue à cause du fond noir sur lequel elle se détache.

Il est reconnu que les plantes exercent l'une sur l'autre une influence relative qui peut être salutaire ou nuisible; qui sait si, dans les serres chaudes ou tempérées, quelques unes d'entre elles ne meurent pas précisément parce qu'on leur donne pour voisins des végétaux ennemis; qui sait si certains individus ne s'emparent pas à leur profit des éléments atmosphériques destinés à entretenir la vie de tous?

Des amateurs de fleurs prétendent qu'il faut planter les giroflées simples au milieu des giroflées doubles si l'on veut les rendre parfaites, comme si l'odeur suave exhalée par celles-ci rendait la fécondation plus complète.

Des actions analogues s'exercent même dans le sein

de la terre. De mauvaises espèces de pommes de terre, placées au milieu de bonnes sortes, finissent par en détériorer la qualité. Et combien d'exemples ne pourrait-on pas accumuler pour engager et même forcer l'observateur attentif et passionné de la belle nature à donner une valeur et une signification à tous les phénomènes !

L'évaporation joue un grand rôle dans le développement des insectes. Le papillon n'est pas encore un être accompli, au moment où il dépose sa dernière enveloppe : la toile très fine qui l'enveloppe laisse deviner sa forme et conserve autour de lui un suc précieux. L'organisme, en le cohobant, s'en approprie les parties les plus essentielles, tandis que tout ce qui est superflu s'évapore plus ou moins vite suivant l'état de la température. L'observation attentive de ces phénomènes nous a mis à même de noter des différences de poids bien sensibles. Voilà pourquoi la métamorphose des chrysalides, conservées dans des endroits frais, se fait attendre des années entières, tandis que placées dans un lieu sec et chaud, elles se développent bientôt. Ces dernières toutefois sont plus petites et moins parfaites que celles qui ont eu tout le temps de mûrir.

Tout cela, je le sais, n'est ni nouveau ni bien important, j'ai voulu faire voir seulement que dans la nature tout s'influence réciproquement, et que les premiers rudiments aussi bien que les plus grands phénomènes d'un organisme quelconque sont tous différents et semblables entre eux.

DE LA TENDANCE SPIRALE.

(1831.)

Dans la dernière réunion des naturalistes allemands à Munich et à Berlin, le savant et ingénieux professeur Martius a présenté, dans quelques conférences, un résumé complet de tout ce qui a été fait jusqu'ici sur la Morphologie des plantes ; en appelant l'attention sur cette tendance des végétaux à produire des fleurs et des fruits, tendance que nous serions tentés d'appeler *tendance spirale*. Voici comme l'Isis de 1827 et 1828 a rapporté ses expressions :

« Ce progrès dans la physiologie végétale est le résultat de ce point de vue morphologique qu'on désigne sous le nom de métamorphose des plantes. Tous les organes de la fleur, le calice, la corolle, les étamines et le pistil, sont des feuilles métamorphosées. Ce sont donc des parties analogues, et différant seulement par leur degré de métamorphose.

» La structure d'une fleur repose sur une position relative et un arrangement particulier dans chaque genre de feuilles métamorphosées.

» Celles-ci, identiques en réalité, polymorphes en apparence, se groupent à l'extrémité d'une branche ou d'un pédoncule, autour d'un axe commun, jusqu'à ce que leur réunion et leur liaison réciproque déterminent un point d'arrêt. »

Tel est l'exposé littéral de Martius, et nous espérons que ces mots rendent bien la pensée de l'illustre auteur. Ajoutons seulement que le célèbre professeur a osé, après avoir approfondi la matière, désigner sous le nom

de révolutions (*Umlaeufe*) organiques, ces mouvements
d'un organe identique en soi, différant à l'extérieur, et
soumis à des lois numériques et à des limites fixes.

Il détermine exactement les dispositions normales et
anormales, emploie des chiffres symboliques pour indiquer les détails, et élève sur ces bases un nouveau
système des familles naturelles.

L'étude de ces mémoires, une longue conversation
que nous avons eue avec l'auteur, et un modèle ima-
giné pour rendre sensible aux yeux cet effet problémat-
tique de la nature, nous ont mis en état de poursuivre
ces idées et d'acquérir une conviction que nous ferons
partager au lecteur, si nous sommes clairs dans l'exposition de ce qui va suivre.

Les botanistes en général et les anatomistes en particulier, connaissent très bien les vaisseaux spiraux; si
l'on n'est pas d'accord sur leurs usages, on a du moins
observé avec soin, distingué et nommé les différentes
variétés qu'ils présentent. Nous les considérons comme
des petites parties qui ressemblent au tout; ce sont des
corps *homoiomères* (*) auxquels le tout doit ses propriétés, et qui sont à leur tour influencés par lui. Ils
ont une vie propre, la propriété de se mouvoir par
eux-mêmes, et d'affecter certaines directions; le savant
Dutrochet appelle cela une incurvation vitale (**).

Laissons de côté la considération de ces parties
constituantes pour revenir à notre sujet.

On est forcé d'admettre que tout organe, toute formation nouvelle se développe dans les plantes en vertu des
lois de la métamorphose et suivant une tendance spirale combinée avec la tendance verticale.

(*) Ὁμοιος semblable, μερὶς partie.
(**) Voyez aussi Henry Johnson sur la divergence. Annales des sciences naturelles. Décembre 1835.

Les deux tendances principales, ou, si l'on veut, les deux modes de vitalité par lesquels la plante s'achève en grandissant, sont le système vertical et le système spiral. L'un ne saurait être isolé de l'autre parce qu'ils ne sont puissants qu'en vertu de leur influence réciproque. Mais pour mieux saisir et surtout pour faire mieux comprendre leur action, il est nécessaire de les considérer et de les analyser séparément. On verra comment l'un d'eux l'emporte quelquefois sur son antagoniste ou est dominé par lui, tandis qu'ils sont d'autres fois dans un équilibre parfait. Toutes ces considérations font ressortir les propriétés de ce couple inséparable.

La tendance verticale se manifeste dans les premiers instants de la germination; c'est elle qui fait que la plante s'enfonce dans la terre en même temps qu'elle s'élève verticalement. Elle persiste jusqu'à la fin de la vie du végétal, et se montre en même temps solidifiante, soit qu'elle détermine la formation des fibres allongées ou celle de la masse inflexible et verticale du corps ligneux. C'est la même force qui pousse les organes de mérithalle en mérithalle, entraîne avec elle les vaisseaux spiraux, et produit, en accroissant successivement la vitalité des parties, un tout continu et conséquent, même dans les végétaux grimpants et rampants.

Mais c'est surtout dans la fleur qu'elle se manifeste de la manière la plus évidente en produisant l'axe floral, ou lorsqu'à l'état de spadice et de spathe elle est le soutien, la colonne terminale autour de laquelle viennent se grouper les organes fructifères. Dans ces idées nouvelles, on ne doit jamais perdre de vue la tendance verticale; mais la considérer comme le principe viril, soutien de tout l'édifice.

La tendance spirale, au contraire, est le principe vital et créateur; il est intimement lié au précédent; mais

son action s'exerce surtout à la périphérie. Il se manifeste souvent à partir du moment de la germination,
ainsi qu'on l'observe dans certaines plantes volubiles.

C'est dans les organes terminaux et achevés qu'il
se montre de la manière la plus évidente. Ainsi l'on
voit des feuilles composées se contourner en vrilles ;
les petites branches, dans lesquelles la solidification
n'a pas eu lieu, et qui se remplissent de suc, forment
des fourches, des tubérosités, et se courbent plus ou
moins complètement.

Cette tendance est moins frappante dans le cours de
l'accroissement des monocotylédones. Chez eux, la force
verticale ou longitudinale semble prédominante ; les
tiges et les feuilles se composent de longues fibres parallèles, et dans cette grande section du règne végétal,
je n'ai jamais observé de vrilles (39).

Que la tendance soit évidente ou dissimulée dans le
cours de la végétation, elle se montre toujours dans la
disposition des parties de la fleur et du fruit. En s'en-
roulant autour d'un axe commun, elle produit le miracle d'une fleur unique qui puise en elle-même les
éléments d'une reproduction indéfinie.

Ceci nous ramène à notre point de départ, et nous
force à rappeler les paroles qui nous ont conduit à ces
considérations. Non seulement elles expliquent la structure de la plante à l'état normal, mais encore l'observateur philosophe y trouvera des principes à l'aide desquels il se rendra compte de ces anomalies si variées
qui semblent se jouer des lois de formation.

Des recherches plus approfondies mèneront certainement à des connaissances plus solides et plus positives, puisque Martius se propose de poursuivre ce sujet,
et que des jeunes gens pleins d'énergie et d'activité
s'efforcent de déterminer par le calcul les lois de ces
spirales. Contentons-nous de mentionner avec admira-

tion un mémoire inséré dans la première partie du quinzième volume de l'Académie des curieux de la nature, et intitulé : Examen comparatif de la disposition de écailles dans le cône des Pins et des Sapins, par le docteur Alexandre Braun.

Nous n'avons plus qu'un vœu à former, c'est de voir un jour converger vers un point commun les innombrables rayons épars et isolés qui pourraient éclairer ce sujet, afin que les résultats généraux de ces observations puissent être embrassés d'un seul coup d'œil et constituer une science compréhensible pour tout le monde, et transmissible à la postérité.

PROBLÈMES.

(MARS 1823.)

Système naturel, mots qui se contredisent mutuellement. La nature n'a point de système; elle est vivante et renferme la vie, elle est la transition d'un centre inconnu à une circonférence qu'on n'atteindra jamais. L'étude de la nature est donc sans limites, soit qu'on analyse les détails ou qu'on cherche à embrasser le tout en poursuivant une trace dans toutes les directions.

———

L'idée de la métamorphose est un don d'en haut, sublime, mais dangereux. Elle mène à l'amorphe, détruit, dissout la science. Semblable à la force centrifuge, elle se perdrait à l'infini si elle n'avait pas un contre-poids; ce contre-poids c'est le besoin de spécifier, la persistance tenace de tout ce qui est une fois arrivé à la réalité, force centripète à laquelle aucune condition extérieure ne saurait rien changer : le genre *Erica* en est la preuve.

Mais comme les deux forces agissent simultanément, il faudrait dans l'enseignement exposer simultanément leur action, ce qui paraît devoir être impossible.

Peut-être sortirons-nous d'embarras par un système artificiel qu'on pourrait comparer ou à une série successive de tons, avec les altérations qu'ils subissent dans l'intervalle des octaves. Il en résulte une musique transcendante existante par elle-même et qui semble braver la nature.

Il faudrait avoir recours à un mode d'exposition

artificiel, fonder une symbolique. Quel est l'homme capable d'un semblable travail! quels sont ceux qui sauraient l'apprécier!

———

Quand je considère les assemblages qu'on nomme des genres en botanique, je les admets tels qu'ils sont, mais il me semble toujours qu'un groupe ne saurait être traité comme l'autre. Il est des groupes dont les caractères se retrouvent dans toutes leurs espèces; on peut les reconnaître en suivant une méthode rationnelle, elles ne se perdent pas en variétés infinies et doivent être traitées avec ménagement. Je ne citerai que les Gentianes; un botaniste instruit se rappellerait d'autres exemples.

Il est au contraire des groupes mal caractérisés dans lesquels on ne saurait admettre d'espèces, et qui se perdent dans un nombre infini de variétés. Si on veut les traiter scientifiquement, on n'en vient pas à bout, on s'embrouille de plus en plus, parce qu'elles échappent à toute loi, à toute détermination. J'ai désigné quelquefois ces genres sous le nom de libertins, et j'ai osé donner cette épithète à la rose, ce qui ne saurait en rien amoindrir son charme; c'est surtout à la *Rosa canina* que je serais tenté de faire ce reproche.

L'homme, dès qu'il joue un rôle, devient législateur, d'abord dans la morale, en admettant le devoir; dans la religion, en se pénétrant de l'existence de Dieu et des choses divines, et en basant sur sa conviction certaines cérémonies extérieures : dans l'administration civile ou militaire, une action ou un fait ne sont importants que lorsqu'il les impose à d'autres : dans les arts c'est exactement la même chose; nous avons vu comment l'esprit humain s'empare de la musique; mais la cause de

l'influence que certains hommes et certaines époques
ont exercée sur les arts plastiques est encore un mystère.
Dans la science, les essais de systématisation sans nombre qui ont été faits témoignent de cette action. Nous
devons donc mettre tous nos soins à dérober à la nature son secret afin de ne pas la rendre rebelle par des
lois tyranniques et ne pas nous laisser, d'un autre
côté, détourner de notre but par ses caprices.

GÉOLOGIE.

What is the inference? Only this, that geology partakes of the uncertainty which pervades every other department of science.

DE LA GÉOLOGIE

EN GÉNÉRAL

ET

DE CELLE DE LA BOHÊME EN PARTICULIER.

1820.)

ARCHIMÈDE.

Donnez-moi un point d'appui.

NOSE.

Prenez-le.

A l'époque (1784) où l'étude des masses qui composent le globe terrestre prit de l'intérêt pour moi, je tâchai de me faire une idée de la structure intérieure et de la forme extérieure des roches prises dans leurs parties et considérées dans leur ensemble. On nous indiquait alors un point de départ invariable et qui nous suffisait, c'est le granit, qui servait à la fois de limite inférieure et supérieure; nous le regardions comme tel, et tous nos efforts avaient pour but d'approfondir sa nature et d'étudier ses apparences. Cependant on s'aperçut bientôt que l'on comprenait sous un même nom des roches de nature très variée et d'un aspect très différent. On distingua d'abord la syénite du granit, mais il restait encore bien des variétés à signaler. Toutefois, la composition caractéristique du granit proprement dit était admise par tous les savants; c'était, disaient-ils, une roche résultant de l'union intime de trois substances essentielles, dont les proportions relatives sont toujours les mêmes quoique leur aspect soit différent. Le quarz, le feldspath et le mica concouraient également à la formation de l'ensemble, sans qu'on pût dire que l'un était le contenant, les autres le contenu ; cependant il était facile de voir que, dans les combinaisons si variées des masses granitiques, l'une ou l'autre de ces parties élémentaires l'emportait sur ses congénères.

Dans mes fréquents séjours à Carlsbad, j'avais été frappé de voir que les grands cristaux de feldspath dominaient dans les roches de cette localité, quoiqu'ils continssent eux-mêmes tous les autres éléments du granit. Rappelons ici le district d'Ellbogen, où la nature a jeté le feldspath à profusion, et paraît avoir épuisé toutes ses forces à cette production. Il semble qu'à l'instant même les deux autres parties se retirent de la communauté : le mica s'agglomère en boules, et la trinité est compromise. Alors le mica commence à jouer le rôle principal ; il se dépose en feuillets, et force les autres parties à s'accommoder à cette disposition stratiforme. La séparation du principe élémentaire devient encore plus tranchée, car sur le chemin de Schlackenwald nous trouvons de grandes masses bien distinctes composées de quarz et de mica, et enfin nous parvenons à des masses formées de quarz pur, quoiqu'elles soient mouchetées par des paillettes de mica tellement pénétrées de silice, qu'il est presque impossible de reconnaître leur véritable nature.

Ces phénomènes sont la preuve incontestable d'une séparation des éléments du granit. Chaque partie devient prédominante quand et comme elle le peut, et l'étude de ces faits nous met sur la voie des accidents physiques les plus importants. Car si l'on ne peut nier que, dans son état primitif (*Urzustand*), le granit ne contienne du fer, c'est cependant l'étain qui se présente d'abord dans ce granit de la seconde époque, et qui ouvre pour ainsi dire la carrière aux autres métaux.

Plus d'un métal s'associe d'une manière singulière à celui-ci ; le fer oligiste (*Eisenglanz*) joue ici un grand rôle, le *Wolfram*, le tungstène (*Scheel*), la chaux combinée avec divers acides à l'état de chaux fluatée (*Flusspath*), d'apatite (*Apatit*), et bien d'autres encore. Si l'on ne trouve pas d'étain dans le granit primitif, voyons quelle est la roche qui, dans la série géologique, nous offre la première des traces de ce métal important. C'est une roche de Schlackenwald, à laquelle il ne manque que du feldspath pour être du granit, et dans laquelle le quarz et le mica sont aussi étroitement unis que dans le granit, mais où ils sont associés en parties égales, sans que l'un puisse passer pour le contenant ni l'autre pour le contenu. Les mineurs ont appelé cette roche *Greissen* (*), nom heureusement trouvé qui indique l'affinité de la roche avec le gneiss. Si l'on ajoute à cela qu'à Einsiedeln, plus loin que Schlackenwald, on rencontre de la serpentine ; qu'on a observé dans le pays des traces de strontiane sulfatée (*Cœlestin*) ; qu'on trouve près de Marienbad et vers les sources de la Tepel du granit à grains fins et du gneiss avec des grenats (*Almandinen*) très gros, on conviendra que l'on peut étudier dans cette localité une grande époque géognostique.

Ces préliminaires ont pour but d'expliquer l'intérêt que j'ai mis à examiner la formation stannifère ; car s'il est essentiel d'avoir un point de départ bien fixe, il est encore plus important de faire le premier pas en s'appuyant sur un point qui, à son tour, puisse servir de base fondamentale pour s'élever plus haut. C'est pourquoi j'ai étudié pendant long-temps la formation stan-

(*) Hyalomicte, granit stannifere.

nifère. Dans les montagnes de la Thuringe, où j'ai fait mon apprentissage, on n'en découvre point de trace; j'ai donc commencé dans les lavoirs de minerai (*Seifen*) du Fichtelberg. Je visitai plusieurs fois Schlackenwald; je connaissais Geyer et Ehrenfriedrichsdorf par les descriptions de Charpentier et d'autres géologues, et je possède une suite magnifique des minerais qui s'y trouvent. Grâce à feu mon ami M. de Trébra, je pus visiter Graupen avec quelques détails; Zinnwald et Altenberg, seulement en passant; mais par la pensée je poursuivais cette formation jusqu'au Riesengebirg, où l'on dit en avoir observé quelques traces. J'ai eu le bonheur de me procurer des séries d'échantillons provenant des localités principales. Le marchand de minéraux, M. Mawe, à Londres, m'a fourni une collection suffisante des minerais du Cornouailles, et M. de Giesecke, non content de compléter ma collection anglaise, a eu la bonté de m'envoyer des échantillons de l'étain de Malacca. Tout cela est bien rangé et classé; mais le projet de faire quelque chose de complet sur ce sujet s'est évanoui en vœux impuissants, ainsi que cela m'est arrivé pour d'autres travaux d'histoire naturelle que j'aurais eu tant de plaisir à achever.

Je suis forcé, pour que tout ne soit pas perdu, de prendre le parti de communiquer ici ce que j'ai fait, par fragments, que je tâcherai de lier ensemble et d'animer par quelques idées générales, ainsi que je l'ai déjà tenté dans les autres branches de l'histoire naturelle.

CARLSBAD.

(1807.)

Bien des années se sont écoulées depuis celle où je passai tout un été près de ces eaux salutaires dans la société d'un homme toujours zélé pour les sciences et les arts, et dont l'amitié contribua puissamment à agrandir le cercle de mes études. C'était M. de Racknitz ; il possédait des connaissances minéralogiques fort étendues qu'il avait reçues de la première main. L'école de Freyberg exerçait alors une grande influence en Saxe et en Allemagne, notre jeune prince y avait envoyé Charles-Guillaume Voigt pour qu'il se formât à la théorie et à la pratique de l'art métallurgique.

Je profitai de cette occasion pour m'occuper du règne inorganique, dont les différentes branches devenaient assez intelligibles pour qu'on pût en embrasser l'ensemble avec quelque espoir de le comprendre.

Je sentis alors bien vivement combien des entretiens familiers avec des amis éclairés ou avec de simples connaissances, étaient propres à faire naître le désir d'étudier une science. Pendant nos promenades en plein air dans les vallons tranquilles, ou sur des rochers abruptes, nous trouvions partout l'occasion de faire des observations, d'émettre nos opinions et de les vérifier sur la nature. Les sujets de nos études étaient là immobiles devant nous, tandis que la manière de les envisager variait sans cesse.

Le mauvais temps nous forçait-il à rester à la maison, alors nous avions amassé de nombreux échantillons de roches qui nous rappelaient les masses dont ils faisaient partie, et nous donnaient le moyen d'exercer notre sagacité par l'examen des plus petits détails. Le collecteur Joseph Müller nous était alors du plus grand secours. Le premier, il avait recueilli, détaillé, poli et fait connaître ces tufs calcaires (*Sprudelsteine*) de Carlsbad qui se distinguent de toutes les concrétions stalactiformes (*Kalksintern*) du monde. Il avait aussi dirigé son attention sur d'autres produits géologiques importants; il nous procurait ces mâcles (*Zwillingskrystalle*) si singuliers qui se détachent du granit décomposé, et d'autres échantillons d'une contrée si féconde en produits variés.

Les lettres que Racknitz, observateur exact, laborieux et pénétrant, avait adressées à M. de Veltheim qui, au génie observateur, joignait le talent de généraliser, d'expliquer, d'éclaircir et de soulever des questions qu'il résolvait ensuite, furent pour moi un des guides les plus sûrs dans ce bassin primitif, et je ne quittais jamais ces lieux chéris sans avoir augmenté et perfectionné mes connaissances.

J'y retournai après un laps de temps considérable; le pays était toujours le même, ainsi que le brave Müller, qui, plus vieux pour les années, conservait toute l'activité d'un jeune homme. Il avait étendu ses recherches à toute la contrée, et sa collection embrassait toutes les formations à partir du terrain primitif dans toutes ses modifications, jusqu'aux produits pseudo-volcaniques. Il me communiqua une note dont il désirait vivement la rédaction. Nous arrêtâmes le plan que j'ai suivi dans le mémoire suivant, et les idées de ce brave homme, combinées avec les miennes, ont donné naissance à cet écrit, qui fut à l'instant rédigé et imprimé par les soins du docteur Riemer, qui depuis maintes années m'a fidèlement aidé dans mes travaux scientifiques et littéraires.

Cette notice abrégée a depuis servi de guide aux vi-

siteurs de cette contrée; elle leur indique comment
il faut la parcourir pour se faire une idée de sa structure géologique. Puisse ce spécimen de mes travaux
dans ce genre n'être pas complétement inutile aux voyageurs qui me suivront dans la même voie !

COLLECTION DE ROCHES PAR JOSEPH MÜLLER.

Les montagnes et les rochers qui environnent Carlsbad sont pour la plupart du granit qui tantôt est à
grains fins (nᵒˢ 1 et 2), tantôt à gros grains (3, 4) (*),
alternant ensemble de diverses manières. Quelquefois
le sommet seul de ces montagnes est granitique.

Dans le granit à gros grains, on remarque des morceaux considérables de feldspath rhomboïdal. Leur
structure intérieure et leur forme indiquent une cristallisation qui tend à devenir de plus en plus parfaite,
et il existe, en effet, des masses considérables du granit
de Carlsbad où on les trouve en fort beaux cristaux affectant les formes les plus compliquées (5) : ce sont des
doubles cristaux qui semblent composés de deux cristaux
enchâssés l'un dans l'autre de manière que l'on ne sau -
rait les supposer isolés. Leur forme se refuse à toute description, mais on peut se les figurer comme deux tables
rhomboïdales enchâssées l'une dans l'autre (6, 7, 8).
Les plus gros ont trois pouces de long sur un pouce et
demi de large, les plus petits un pouce de longueur et
une largeur proportionnelle ; dans les petits comme dans
les gros, la longueur égale souvent la largeur. Ils sont
intimement unis au granit ; celui-ci, quand il n'est

(*) Ces numéros se rapportent au catalogue qui se trouve à la suite de ce
mémoire.

pas décomposé, sert à faire des dalles pour paver le devant des maisons; le feldspath qu'elles contiennent leur donne l'aspect d'un porphyre, surtout lorsqu'elles viennent d'être lavées par la pluie. Si on veut les observer dans les blocs de granit, il faut monter derrière la forge par le chemin qui mène au village ou à la forêt.

On ne se ferait point une idée nette de la forme singulière de ces cristaux, si le granit qui les contient ne se désagrégeait souvent au point de se réduire en sable (*Gruss*); les cristaux restent alors isolés sans subir d'altération. Il faut toutefois se hâter de les recueillir, car le temps et les éléments atmosphériques finissent aussi par les attaquer, et ils deviennent très cassants.

Au lieu de former simplement des cristaux doubles, ils offrent souvent des combinaisons plus variées; quelquefois ils sont placés l'un sur l'autre, ou groupés sans ordre; on les trouve aussi disposés en croix. Il est rare de les voir transformés en kaolin; les plus petits débris conservent toujours l'aspect et les propriétés du feldspath.

Nous réunissons à dessein, pour faire voir la variété de leur aspect, des échantillons de masses granitiques éloignées les unes des autres, celles de Fischern (9), de Dallwitz (10), et une autre variété fort remarquable (11).

Vient ensuite un granit à grains fins qui se trouve dans plusieurs localités. Il a une couleur rougeâtre qui rappelle la lépidolite (*Lepidolith*), et sur la cassure on observe de petites taches d'un rouge brun (12). Si on les examine de plus près et sur plusieurs échantillons, on voit que ce sont aussi des cristaux. Quand la roche est décomposée jusqu'à un certain point, on trouve en la cassant des cristaux parfaits dont une moitié seulement fait saillie, tandis que l'autre est intimement confondue avec la roche (13); jamais nous n'avons trouvé un cristal complétement détaché. Leur forme est la même que celle des doubles cristaux de feldspath; ils ont rarement plus d'un pouce de long, et la plupart ont la moitié de cette longueur.

Leur couleur est d'abord le rouge-brun, passant à la surface au bleu violacé, souvent ils se changent en kaolin (14). Si l'on casse un fragment de cette pierre immédiatement après avoir entamé le rocher, alors la cassure du cristal est tout-à-fait rouge. Par l'action des agents atmosphériques, le changement de couleur commence au dehors là où le cristal tient à la gangue, et elle gagne peu à peu l'intérieur. La couleur rouge disparaît pour faire place au blanc qui pénètre tout le cristal; mais celui-ci perd en même temps de sa consistance, et ne présente plus une forme déterminée quand il se brise.

En étudiant les variétés du granit autour de Carlsbad, on trouve que dans plusieurs localités il semble passer à l'état talqueux. La couleur verte pénètre la roche, et par le clivage on obtient des surfaces si solides et si brillantes, que l'on serait tenté de prendre la roche pour une néphrite (*Nephritisch*).

Une autre espèce de granit se trouve intercalée dans le précédent, et présente souvent un feldspath rouge parsemé de grains quarzeux; mais on y trouve à peine quelques traces de mica et des cristaux analogues aux précédents qui n'atteignent jamais la longueur d'un pouce; ils ont une couleur jaune-verdâtre qui les fait ressembler à la stéatite (*Speckstein*)(15). La couleur verte qui revêt toute la roche paraît aussi être particulière aux cristaux, car ils la conservent toujours, et ne laissent pas voir, comme ceux qui sont rouges, des transitions à une teinte différente. Qu'ils soient entiers et durs, ou décomposés et réduits en morceaux, toujours ils conserveront leur couleur verte et leur aspect de stéatiteux; jamais ils n'ont un pouce de long, et cependant on reconnaît même sur ceux qui n'ont que trois lignes de longueur, les cristaux doubles dont nous avons parlé (16).

Quittons ces cristaux pour nous occuper du feldspath, qu'on trouve en masse dans le granit ou bien en contact avec lui. Le plus beau est en filons dans les prés de Dorothée ; ses surfaces sont brillantes ; par places, il passe du rouge pâle au verdâtre, et l'on pourrait le comparer à l'adulaire (17). Il se montre moins parfait, mais encore pur et en masses considérables, à côté et au-dessous du granit près de Dalwitz (18). Placé dans un four à porcelaine, il se métamorphose on une roche blanche semblable au quarz gras (*Fettquarz*) qu'on emploie à la fabrication des vases de grès (19).

On a signalé plus d'une anomalie dans le granit d'Engelhaus. On remarque surtout certaines places où des parcelles sont irrégulièrement disséminées dans le feldspath, et où tous les deux forment un véritable granit graphique (*Schriftgranit*) (20).

On trouve aussi dans cette localité un granit sur lequel le mica a agi de façon qu'on y voit des dendrites. Les rameaux sont tantôt plus, tantôt moins larges, selon que le mica est plus ou moins visible ; néanmoins çà et là il se montre sous forme de petites paillettes (21, 22).

Près de Carlsbad, sur les deux côtés de l'Eger, on observe dans un granit à grains fins des amas de mica qui se sont séparés des autres principes constituants ; aussi les parties environnantes paraissent-elles plus blanches que le reste (23). Dans ces amas, où le mica est de moins en moins caractérisé, on commence à apercevoir la tourmaline (*Schoerl*), qui se trouve tantôt en amas séparés, tantôt unie au granit (24).

Nous nous sommes occupés jusqu'ici des roches primitives, et nous avons trouvé plus d'une modification qui indique la transition à une autre époque. Nous arrivons à une espèce de roches qui, par son affinité avec la précédente, donnera lieu à de nouvelles considérations.

C'est un granit à grains fins semblable à celui qui renferme les amas de mica, mais dans lequel on trouve des filons de silex corné (*Hornstein*) (25). Ils se montrent sous la forme de veines ayant d'une ligne à deux pouces de large, et traversent le granit en se croisant et en s'entrelaçant ensemble (26).

La roche qui semble servir de passage à ce silex corné est une argiloïde dure et blanche qui fait feu avec le briquet et se rapproche en tous points du jaspe (27). On la trouve également unie au granit, et on peut en exhiber des échantillons qui forment le passage au silex corné. Pour peu qu'ils soient considérables, les filons de cette pierre contiennent de petits amas de granit, qui présentent ceci de remarquable, que leurs angles sont tranchants et nullement émoussés (28).

Les masses de silex corné contenant des parties granitiques plus ou moins volumineuses (29), deviennent plus considérables ; mais ces roches sont tellement mêlées et confondues, qu'on est forcé de les considérer comme contemporaines ; ces échantillons ont un aspect qui rappelle tout-à-fait celui du porphyre.

C'est dans cette formation que l'on voit aussi paraître la roche calcaire, qui remplit d'abord des filons étroits, et les petits intervalles qui séparent le granit du silex corné (30). Elle est à l'état de spath calcaire blanc et à grains fins. En même temps le silex corné est pénétré et recouvert par un oxide de fer (*Eisenocker*) ; sa cassure est mate, terreuse, et il finit par perdre complétement son caractère spécifique.

Le calcaire devient ensuite prédominant ; il se montre d'abord sous forme de couches, en partie compactes, en partie cristallisées (31). Il existe aussi un calcaire granulé et d'un jaune-isabelle qui, dans les blocs plus considérables, est partie constituante du tout (32), jusqu'à ce que le spath calcaire, pénétré d'oxide de fer et coloré en brun-noirâtre, forme une couche épaisse de deux pouces qui s'appuie contre cette formation (33) à laquelle il est originairement uni. Le point de jonction est difficile à reconnaître sur de petits fragments, parce que les couches se séparent lorsqu'on morcelle les échantillons.

On trouve aussi dans cette roche du fer sulfuré (*Schwefelkies*) englobé dans la roche cornéenne; il est pénétré de quarz, et affecte souvent des formes irrégulières qui néanmoins se rapprochent plus ou moins de celle du cube (34).

On comprend que cette roche doit être criblée de trous, dégradée et pénétrée de fer à sa surface; nous passons sous silence d'autres altérations intéressantes qui ne sauraient rester inaperçues aux yeux d'un observateur attentif.

Les roches comprises entre les numéros 25 et 34 peuvent être difficilement observées en place, parce qu'elles sont dégradées dans les localités où elles sont exposées de temps immémorial aux intempéries atmosphériques. Au massif de Saint-Bernard, par exemple, la roche qui s'adossait à lui a disparu en se décomposant; dernièrement on l'a mise à nu pour faire des constructions et des jardins; c'est à cette occasion que nous avons recueilli nos échantillons; les places où était la roche sont maintenant comblées ou murées. Cependant, avec du soin et de la persévérance, on peut très bien se convaincre que cette roche était adossée au pied de la montagne du Hirschsprung, où elle formait un promontoire appelé le Schlossberg. Sa plus grande élévation est de cinquante pieds au-dessus du niveau de la rivière qu'elle a forcée à décrire un grand circuit. C'est de cette roche et dans son voisinage qu'on voit jaillir les eaux thermales. Elle s'étend depuis le pont de Saint-Jean jusqu'au nouvel hôpital , sur une longueur de six cents pas.

Toutes les sources chaudes se trouvent dans ces limites, la plupart sur la rive gauche de la rivière, la plus forte et la plus chaude sur la rive droite. On peut s'expliquer de différentes manières leurs communications souterraines ; il suffit de savoir que dans tous le district dont nous venons de parler, il peut jaillir de l'eau chaude à chaque place ; mais il est difficile de s'en assurer, maintenant que tout est couvert de constructions et de pavé (40).

Cependant, sur plusieurs points du lit de la rivière, nous pouvons vérifier ces rapports. En descendant le courant depuis les sources, on voit le gaz se dégager en abondance dans plus d'un endroit, on aperçoit même les bulles depuis la promenade de la nouvelle fontaine. Le dégagement a lieu entre ces deux points, là où le lit de la ri reviè n'est pas couvert d'un barrage ou obstrué par les blocs de rochers et les terres qu'elle a charriés. Qu'on se rappelle qu'il existait aussi autrefois une source abondante dans le voisinage de la maison de ville , et qu'au-dessus on voit encore jaillir aujourd'hui la source du château. Dans les caves des maisons qui bordent le marché on voit sourdre fréquemment de l'eau chaude, et sur la place elle-même, avant que le pavé fût élevé, on voyait autrefois à la suite des pluies les gaz monter sous forme de bulles à la surface de la terre. Ajoutez à cela qu'à partir de la source du moulin jusqu'au Rocher-Bernard, l'eau minérale qui sort par les mille fentes du rocher est à une température plus ou moins élevée.

On peut se figurer aisément, en considérant l'écoule-

ment du *Sprudel* et de la nouvelle source, comment
cette eau a déposé les parties terreuses qu'elle tenait en
suspension, et principalement la chaux et le fer dont
nous avons signalé l'existence plus haut. On comprend
comment elle a pu se construire elle-même des voûtes,
des canaux, des fentes, élever des buttes et des collines, faire et refaire des édifices, et se creuser un réser-
voir, surtout si on accorde à cette eau une action continuée pendant des milliers d'années.

Nous avons plusieurs échantillons de ce tuf qui
s'est déposé et se dépose encore aujourd'hui ; c'est une
chaux carbonatée incrustante (*Kalksinter*) qui se distingue de toutes les concrétions de cette nature ; ses
couches et ses couleurs variées, le beau poli qu'elle est
susceptible de prendre, ont attiré d'abord l'attention
sur les roches de ce pays. On peut classer ces concrétions d'après leur couleur ou leur dureté. Pour ce
qui est de la couleur, celles qui se sont formées à
l'air libre sont brunes ou d'un brun rougeâtre, à
cause de la nature ferrugineuse de l'eau, qui a
déposé l'oxide dont elle est chargée dans les plus
petites parcelles de la roche. Les concrétions qui se
déposent dans le trajet des eaux du *Sprudel*, sur des
réservoirs, des conduites, des gouttières et du bois,
ont plus ou moins cette couleur (35). Tous les corps que
l'on fait incruster en laissant jaillir sur eux l'eau de cette
source, tels que des fleurs, des fruits, des écrevisses,
des petits vases, que les baigneurs emportent comme
des souvenirs de Carlsbad, sont dans le même cas.

Mais les dépôts qui se formèrent à l'abri de l'air dans
une conduite fermée par laquelle on dirigeait l'eau
chaude de la source du château à la fontaine du marché pour empêcher qu'elle ne gelât, restèrent tout-à-
fait blancs. Les branchages de sapins, la paille avec laquelle on bouchait autrefois les ouvertures accidentelles

par lesquelles le *Sprudel* tendait à s'échapper, et que le hasard fit découvrir plus tard, étaient couverts de concrétions blanches.

Ce dépôt se fait nécessairement par couches ; l'on conçoit et l'on peut vérifier tous les jours que des végétaux , des Ulves, par exemple, peuvent être englobés dans la masse (37).

On ne saurait hasarder que des suppositions sur la formation des autres échantillons de tuf. Ses différentes espèces et variétés se sont probablement déposées dans les canaux eux-mêmes, dès les temps les plus reculés, par évaporation ou arrosement. La plupart ont été découverts pendant qu'on creusait les fondements de l'église. C'est de cette époque que datent les échantillons de la collection ; leurs couleurs sont variées et leur dureté différente.

Ceux qui sont moins durs ont une couleur qui dénote la présence du fer. On peut ranger dans cette catégorie une pierre formée de couches en zig zag (38, 39, 40), et d'autres où l'on voit des couches rougeâtres d'une teinte alternativement pâle et foncée (41, 42).

Les plus durs sont les plus beaux en ce qu'ils simulent la calcédoine et l'onix (43, 44, 45). Ces morceaux sont à coup sûr un produit très ancien, et il est probable qu'ils se déposent encore aujourd'hui dans les profondeurs de ces cavités brûlantes , car la nature procède toujours d'une manière simple et uniforme.

Les dépôts dont nous avons parlé jusqu'ici se sont formés sur des points fixes, sur des parois et des voûtes. Voici une espèce non moins curieuse où le dépôt calcaire s'est fait autour d'un point mobile et flottant. Il en est résulté des corps pisiformes plus ou moins volumineux , qui se sont réunis en masse et ont produit des conglomérats qui portent le même nom. En creusant les fondements de l'église, on en a trouvé des échantillons admirables, rivalisant de beauté avec les roches les plus curieuses; ils se trouvent disséminés dans les collections (46 , 47 , 48).

Nous venons de faire connaître la roche de laquelle jaillit la source thermale, et les dépôts auxquels elle donne lieu. Nous abandonnerons aux méditations du lecteur la recherche des causes qui élèvent la température de l'eau et développent le gaz élastique qui les fait bouilloner, pour revenir à la roche qui compose le Schlossberg.

Comme il est situé sur la rive gauche de la Tepel , tandis que la source principale est sur la droite , on devait s'attendre à y retrouver cette roche; mais cela n'est pas facile, parce que dans le voisinage du *Sprudel* tout est pavé et muré ; cependant on l'observe à mi-côte de la montagne des Trois-Croix, avec cette différence que le silex corné a passé entièrement à l'état de quarz , et qu'on y trouve non seulement des parcelles de granit, mais encore les principes constituants du granit, tels que le mica, le quarz et le feldspath isolés , ce qui donne à la roche l'aspect d'un porphyre (49).

Il est remarquable que dans le voisinage, là où le Galgenberg forme une espèce de promontoire semblable à celui du Schlossberg , cette roche se change en une pierre tantôt verte (50) , tantôt blanche (51), simulant un porphyre ou une brèche , et qu'elle passe ensuite à l'état de conglomérat (52) ; quelques échantillons rares démontrent ces transitions.

Les roches et les formations dont nous venons de parler n'occupent qu'un petit espace ; les suivantes , au contraire, s'étendent sur toute la profondeur de la vallée , et alternent entre elles sans présenter néanmoins une si grande diversité.

On a tort de donner le nom de grès (*Sandstein*) à cette roche. Ces masses énormes sont formées d'un granit dense, à cassure écailleuse (53), dans lequel on observe de petites lames nacrées de mica.

Ce quarz présente plusieurs variétés; le fond, d'une couleur plus ou moins foncée (54, 55) encadre des parcelles plus claires. Celles-ci ont des arêtes tranchantes, et deviennent tellement prédominantes dans la masse, qu'elles se touchent, laissent des cavités entre elles, et finissent par se détacher complétement de leur gangue (56) tout en conservant leurs arêtes, qui indiquent un commencement de cristallisation, et sont réunies entre elles par un ciment analogue à l'oxide de fer (57); d'autres fois elles sont soudées sans aucun intermédiaire, comme on le voit par la cassure, qui prouve qu'elles se confondent souvent ensemble.

Cette roche se rattache aux formations les plus anciennes; elle est le résultat d'une action chimique et nullement mécanique, ainsi qu'on peut s'en convaincre par l'inspection de plusieurs échantillons. Elle est très étendue; on l'observe dans les ravins qui sont au-dessus de Carlsbad, et viennent converger vers la Tepel; à l'ouest, on la suit jusqu'au Schlossberg. Elle constitue le pied et une partie de la hauteur du Galgenberg, mais principalement les collines que la Tepel contourne pour aller se jeter dans l'Eger, et s'étend fort loin au-delà de cette rivière! Toute la formation qui recouvre le plateau jusqu'à Zwoda est de la même origine.

Sur ce chemin, et principalement le long de la nouvelle route, où plus d'un point a été mis à nu, on peut s'assurer que cette roche contient çà et là beaucoup d'argile; dans plusieurs parties, celle-ci devient prédominante, car on découvre des masses et des bancs considérables qui se décomposent en argile blanchâtre, quoiqu'ils aient exactement la même origine que la roche principale.

Considérons maintenant cette formation entre l'embouchure de la Tepel et le pont de l'Eger, où elle contient une grande quantité de végétaux fossiles (58), (59). On les trouve dans la roche quarzeuse la plus compacte aussi bien que dans celle qui simule un conglomérat. Ces végétaux paraissent être des saules et des *Typha*. On voit aussi des morceaux de bois entièrement minéralisés par la silice (60). La teinte noire qui revêt cette roche, tandis que des grains quarzeux tout-à-fait blancs sont englobés dans la masse, paraît tenir à la présence des végétaux fossiles ; on s'en convaincra aisément lorsque nous passerons à l'examen des fossiles extraits des carrières de houille de Dalwitz. On y trouve une masse argilo-quarzeuse (61) colorée par la houille, dont les débris portent souvent des cristaux d'améthyste ; quelquefois un morceau est accompagné de quarz fibreux (*fasrig*) qui est aussi coloré par la houille. Souvent de beaux cristaux de quarz hyalin (*Bergkrystalle*) (63) sont nichés en grande quantité dans la houille. Cette houille n'est pas aussi bonne pour l'usage que la suivante (64).

Si nous nous élevons du fond de ces mines à la surface, nous retrouverons d'abord cette brèche quarzeuse, ce conglomérat dont nous avons parlé, mais formé de très gros grains (65); ensuite on rencontre un grès grossier et cassant (66) contenant un peu d'argile, et un autre (67) dans lequel la houille prédomine. On trouve dans le même endroit de grandes couches d'argiles de toutes espèces, depuis celle à faire des capsules (*Capselthon*), jusqu'à celle à porcelaine. Elles renferment des traces de quarz et de mica (68, 69).

Nous mentionnerons ici, parce qu'ils se trouvent dans le voisinage, les bois pétrifiés de Lessau, qui se distinguent de tous les autres par leur couleur bleuâtre ou d'un gris blanchâtre, par la présence des cristaux d'améthyste, et leurs cavités qui sont souvent remplies de calcédoine (70, 71); on a trouvé dans le même pays des morceaux de calcédoine altérée qui prouvent clairement qu'elle s'est formée jadis dans les fentes de quelque roche (72).

Jusqu'ici nous avons examiné ces roches argileuses ou siliceuses dans leur état naturel. Maintenant nous allons les voir modifiées par une combustion souterraine qui a vraisemblablement eu lieu à une époque très reculée entre les coteaux de Hohdorf, et s'est probablement étendue encore plus loin. Elle a modifié la roche quarzeuse, le conglomérat dont nous avons parlé, l'argile schisteuse, l'argile pure, et peut-être même les fragments roulés de granit (*Granitgeschiebe*).

On trouve dans ce district de l'argile schisteuse tellement durcie par le feu, qu'elle fait feu au briquet; sa couleur a passé au rougeâtre foncé (73); la même se trouve encore plus modifiée et parsemée de parcelles quarzeuses (74). Ces parcelles deviennent tellement prédominantes, qu'on croit avoir sous les yeux, tantôt les quarz n°ˢ 54 et 55, tantôt des morceaux de granit altéré par le feu (75, 76). Souvent elle est encore schisteuse (77), quelquefois elle ressemble à une scorie (*Erdschlacke*) (78). Enfin c'est une scorie bulleuse parfaite qui ne permet pas de reconnaître la roche qui lui a donné naissance (79). Sur des échantillons plus durs et plus lourds, on observe les passages à l'état de porcellanite (*Porcellanjaspis*) (80, 81), et en dernier lieu c'est une porcellanite de couleur verte ou lilas (82, 83) la plus dure de toutes les roches ignées. Quelquefois on trouve aussi du bois modifié et pétrifié par le feu (84), bois que nous avons appris à connaître sous sa forme originaire.

Les scories terreuses très pesantes (85, 86) que l'on trouve assez loin de là près du moulin de Jacob, semblent se rattacher à ces formations pseudo-volcaniques.

L'oxide de fer (*Eisenstein*) est plus rare, et par cela même plus intéressant. Les pseudo-aetites *(Pseudo-Aetiten)* (88) et un fer limoneux (*Raseneisenstein*) (89) portant une foule d'empreintes des feuilles qui semblent le composer en entier. Celui-ci est souvent presque aussi dur et aussi lourd que la scorie terreuse dont il a été question ci-dessus. L'affinité qui existe entre les Pseudo-Aetites, n. 88, avec la scorie pesante, n. 85 et 86, est on ne peut plus remarquable; tous les deux se trouvent dans le voisinage du moulin de Jacob. Les premiers sont de nature basaltique, car lorsque le basalte poliédrique se décompose, les angles deviennent de plus en plus obtus, jusqu'à ce que la section transversale soit circulaire, et qu'on voie apparaître ces corps sphériques et ovoïdes.

Ce basalte fondu par une combustion souterraine a donné naissance à ces lourdes scories terreuses qui sont uniques dans leur genre, comme on peut s'en assurer sur les lieux, en ramassant des échantillons qui offrent les deux extrêmes et tous les passages intermédiaires.

Revenons de nouveau aux produits neptuniens. Sur la rive gauche de l'Eger, vers Fischern, on trouve le basalte en contact immédiat avec le granit. Nous avons sous les yeux la moitié d'une boule basaltique (90); du basalte amygdaloïde *(basaltischer Mandelstein)* du même endroit (91), et en outre du basalte mêlé à du calcaire jaunâtre (92).

Les roches que nous allons énumérer maintenant sont sans connexion entre elles; ce sont : un basalte amygdaloïde (93), du spath calcaire tiré des prismes basaltiques de la Hard (94), la phonolithe *(Klingstein)* d'Engelhaus (95), le petrosilex résinite *(Pechstein)* du même endroit (96), un grès blanc (*weissliegendes*) entre Tepel et Theising, qui sert à faire des pierres meu-

lières (97); le basalte du Schlossberg derrière la forge
(98); des cristaux de pyroxène dans une masse verdâtre et rougeâtre, simulant un basalte amygdaloïde.
Plus tard, on pourra peut-être rapprocher ces roches de celles avec lesquelles elles ont de l'affinité.

Je dois encore faire mention en terminant des transitions très remarquables du granit à l'état de feldspath
ramifié, que j'observai lorsqu'on eut l'imprudence d'enlever une partie du rocher d'où jaillit la source nouvelle, pour faciliter ses abords et obtenir plus d'espace
pour les baigneurs.

CATALOGUE DES ROCHES DE CARLSBAD ET DE SES ENVIRONS.

1. Granit à grains fins de Carlsbad.
2. Le même, du même endroit.
3. Granit à gros grains du même lieu.
4. Le même.
5. Granit de Carlsbad avec des cristaux de feldspath.
6, 7, 8. Ces cristaux isolés.
9. Granit de Fischern.
10. Granit de Dallwitz.
11. Autre variété.
12. Granit avec des taches d'un brun rougeâtre.
13. Granit dans lequel ces taches se montrent sous la
forme de cristaux rougeâtres.
14. Granit dans lequel ces cristaux passent à l'état de
kaolin.
15. Granit avec des cristaux semblables dont l'aspect
est analogue à celui de la stéatite (*Speckstein*).
16. Ces cristaux isolés.
17. Feldspath des champs de Dorothée.
18. Feldspath de Dallwitz.

19. Le même modifié par le feu.
20. Granit graphique (*Schriftgranit*) d'Engelhaus.
21. Feldspath avec dendrites du même lieu.
22. Le même.
23. Nids de mica dans le granit.
24. Nids de tourmaline (*Schoerlnester*) dans le granit.
25. Granit avec des veines de silex corné *(Hornstein)*.
26. Le même avec des veines plus fortes qui se croisent.
27. Roche argiloïde simulant le jaspe.
28. Filons de silex corné contenant du granit.
29. Masse de silex corné contenant du granit.
30. La même roche avec du spath calcaire.
31. Le spath calcaire en couches.
32. Calcaire jaune à grains fins.
33. Spath calcaire d'un brun noirâtre.
34. Silex corné avec du fer sulfuré *(Schefelkies)*.
35. Dépôt de calcaire concrétionné du point d'écoulement de la source du *Sprudel.*
36. Concrétions calcaires blanches de l'intérieur.
37. Les mêmes concrétions avec une *Ulva* pétrifiée.
38, 39, 40. Couches superficielles de concrétions brunes et ruiniformes.
41, 42. Les mêmes avec des couches d'un rouge alternativement clair et foncé.
43, 44, 45. Les mêmes très dures.
46, 47, 48. Roches pisiformes.
49. Roche porphyroïde.
50. La même bréchiforme et verte.
51. La même d'un jaune clair.
52. Conglomérat voisin des roches précédentes.
53. Quarz à cassure écailleuse.
54. Quarz dense, gris avec des points moins foncés.
55. Le même noir avec des points blancs.

56. Le même avec des grains quarzeux réunis par un ciment ocracé *(ockerartig)*.

57. Ce conglomérat isolé.

58, 59. Roche quarzeuse avec des fossiles végétaux.

60. La même.

61. Masse quarzeuse de Dallwitz colorée en noir par la houille.

62 Fragment (*Trumm*) avec des cristaux de quarz hyalin *(Bergkrystalle)* parfaits.

64. Houille pure des environs.

65. Conglomérat de Hohdorf.

66. Grès grossier et qui se pulvérise facilement , du même endroit.

67. Grès avec argile.

68, 69. Argiles des environs.

70, 71. Bois pétrifié de Lessau.

72. Filons de calcédoine décomposée, du même endroit.

73. Argile schisteuse modifiée par le feu.

74. La même un peu plus altérée , renfermant des grains quarzeux.

75, 76. Les mêmes encore plus modifiés.

77. Les mêmes à texture schisteuse, mais très modifiés.

78. Pierre analogue aux scories terreuses.

79. Scorie terreuse tout-à-fait bulleuse.

80, 81. Passage à l'état de porcellanite jaspoïde (*Porcellanjaspis*).

82, 83. Porcellanite *(Porcelanjaspis)*.

84. Bois pétrifié modifié par le feu.

85, 86. Scories terreuses très dures du moulin de Jacob.

87. Fer hydroxidé bacillaire *(stænglicher Eisenstein)*.

88. Pseudo-aetites *(pseudo-Aetiten)*.

89. Fer limoneux *(Raseneisenstein)* composé de feuilles.
90. La moitié d'une boule basaltique de la rive gauche de l'Eger.
91. Basalte amygdaloïde du même endroit.
94. Spath calcaire du basalte du Hard.
95. Phonolite *(Klingstein)* d'Engelhaus.
96. Résinite *(Pechstein)* du même lieu.
97. Grès blanc *(weissliegendes)*.
98. Basalte du Schlossberg au-dessus de la Forge.
99, 100. Roche basaltique avec des cristaux de pyroxène.

LETTRE A M. DE LEONHARD.

Weimar, le 25 novembre 1807.

Vous avez eu la bonté d'insérer dans votre Manuel mon mémoire sur la collection géologique des environs de Carlsbad ; en vous envoyant le complément de ce travail, je vais tâcher de m'acquitter envers vous.

Grâce à vos soins, le plus petit écrit tombe sous les yeux d'un autre public, le public savant ; tandis qu'auparavant son résultat se bornait à exciter un intérêt passager, et à fixer l'attention des savants et des ignorants sur certains objets, classés plus méthodiquement qu'on ne l'avait fait jusqu'alors. Peut-être serait-on en droit de me demander quels sont mes titres pour oser m'adresser à un public d'élite. Des observations continuées pendant long-temps et avec ardeur me donnent peut-être le droit d'entrer dans une sphère où chacun est le bien-venu dès qu'il se présente avec une offrande, quelque modeste qu'elle soit.

Pour éviter tout malentendu, je dois commencer par
déclarer que ma manière de considérer et de traiter
des sujets d'histoire naturelle consiste à procéder du
tout à la partie, de l'impression générale à l'observation
des détails; sachant très bien du reste que cette méthode hardie est, comme le système contraire, sujette
à certains inconvénients qui lui sont propres, et enta-
chée de certaines idées préconçues, dont elle ne saurait s'affranchir.

J'avouerai sans détour que souvent je n'apercevais
que des effets simultanés là où d'autres reconnaissaient
des actions successives. Dans plus d'une espèce de roche,
où les géologues voient un conglomérat, une agrégation
de débris rapprochés et unis par le feu, je ne vois
qu'une masse hétérogène analogue au porphyre, composée d'éléments divers et séparés, qui sont restés réunis au moment de la consolidation. De là résulte que
mes explications sont plutôt chimiques que mécaniques.

On disputerait, j'en suis convaincu, beaucoup moins
sur les déductions et les interprétations des faits scientifiques, si chacun se connaissait d'abord lui-même,
s'il savait à quel parti il appartient, et quelle est la
méthode la mieux appropriée à la tournure de son esprit. Nous déclarerions alors sans détour quels sont
les principes qui nous dirigent, nous ferions connaître
nos observations et les conséquences que nous en
avons tirées, sans jamais nous engager dans une dispute
scientifique; car la discussion n'a toujours qu'un résultat, c'est que les deux idées opposées et incompatibles se
formulent clairement, et que chacun persiste obstiné-
ment dans la sienne. Que si l'on ne pouvait tomber
d'accord avec moi sur mes théories géologiques, je
prierais de prendre en considération mon point de départ, auquel je reviens sans cesse; c'est dans cette in-

tention que je veux ajouter quelques observations au mémoire précédent.

On peut étudier plusieurs variétés de granit sur un espace très circonscrit des environs de Carlsbad. Dans beaucoup d'endroits où les mains de la nature et celles de l'homme l'ont mis à nu, on peut voir qu'il est tantôt à gros grains, tantôt à grains fins, et que la proportion et le mode d'union de ses parties constituantes sont fort variables. Mais quand on songe que tout cela se tient, que ces variétés possèdent chacune un caractère commun, alors on est tenté de déclarer contemporaines toutes ces masses, qui s'appuient les unes sur les autres sans former des couches et des bancs, et se mèlent ou s'entreiacent en se prolongeant sous la forme de filons. Savoir si tel granit est ancien ou récent, s'il existe un granit de nouvelle formation, toutes ces questions m'ont toujours paru peu logiques; car, en y regardant de près, ces doutes ne proviennent que de ce qu'on a donné une définition trop restreinte du granit, et qu'on n'a pas osé l'étendre à mesure que des observations plus multipliées en faisaient sentir la nécessité. On a mieux aimé au contraire s'en tenir à des caractères extérieurs et tout-à-fait accessoires.

Il existe des échantillons des numéros 6, 7 et 8 qui sont tout-à-fait anormaux. Il est difficile de se former à leur égard une opinion arrêtée. Voici cependant ce qu'on y observe. Le feldspath se montre dans la masse granitique avec ses caractères ordinaires ; très souvent, le plus souvent même, les cristaux se réunissent et présentent leur forme primitive ; mais quelquefois, au moment de la cristallisation, ils entraînent avec eux le granit, de façon que celui-ci traverse un cristal sous forme de veine, ou devient l'intermédiaire entre deux cristaux qu'il réunit ensemble. Quoi qu'il en soit, et de quelque manière qu'on décrive ces fragments, toujours

est-il qu'ils nous présentent, ainsi que toutes les productions anomales de la nature, la réalisation d'une
forme idéale qui nous échappe dans ses productions
régulières, et que nous voyons ici, non pas avec les
yeux, mais avec le secours de l'intelligence et de l'imagination.

A propos des n°ˢ 12, 13 et 14, on peut émettre trois
opinions différentes sur la nature des cristaux rouges entourés d'une couche blanche superficielle, mais
quelquefois assez épaisse. On peut admettre que le cristal est originairement blanc, et que son noyau devient
rouge consécutivement; que cette couleur rouge s'étend
de dedans en dehors, et qu'elle fait disparaître enfin
totalement la teinte blanche. On peut se figurer, au
contraire, que le cristal est originairement rouge et
que la blancheur de sa surface indique une décomposition qui marcherait de dehors en dedans. Enfin il est
permis de penser que, dans le principe, ces cristaux
étaient moitié rouges et moitié blancs. Nous ne dispu-
terons avec personne là-dessus, mais la première explication nous paraît inadmissible. La troisième a quelque
vraisemblance ; mais, pour notre part, nous adoptons
la seconde.

Les grains de quarz disséminés dans la roche du
n° 15 sont des pyramides doubles à six faces, comme on
peut s'en assurer par un examen attentif.

Les roches n°ˢ 21 et 22 méritent de fixer notre attention; elles se composent d'un feldspath sur lequel le
mica a exercé une action telle, qu'il en est résulté une
espèce de dendrite. Quand on voit certains morceaux
isolés, on est tenté de les regarder comme un gneiss
modifié. Je rappellerai à ce propos l'observation d'un
habile géologue qui a écrit sur ce sujet, c'est le docteur Reuss. On trouve dans ses Éléments de Géognosie,
T. II, p. 590, le passage suivant : « L'existence des

couches de gneiss dans le schiste porphyrique (*Porphyrschiefer*) de la pierre de Billin, qui repose immédiatement sur le gneiss, est on ne peut plus remarquable, en ce qu'elle a lieu précisément au point de contact des deux roches. »

Je possède un échantillon de ce schiste porphyrique, et en même temps un morceau séparé du prétendu gneiss qu'il contient ; mais ce n'est pas du gneiss, c'est la roche citée n° 21 et 22, que je serais tenté d'appeler une transformation finale (*Auslaufen*) du granit. Une circonstance nous paraît digne d'être notée, c'est que cette roche se trouve dans le voisinage d'Engelhaus où existe une grosse masse de schiste porphyrique ou phonolite (*Klingstein*) : c'est donc le même cas que près de Billin, avec cette différence, que près d'Engelhaus on n'a pas encore découvert le point de contact des deux roches. Il serait d'autant plus important de découvrir sur plusieurs points cette connexion de la phonolithe avec la roche primitive, que, même à Billin, on trouve peu d'échantillons qui la présentent d'une manière évidente, et que dans le mien ces prétendues couches enclavées ne sont pas assez évidentes pour entraîner la conviction.

Les roches n° 25, 26, 27, 28 et 29 sont très intéressantes, et quoique M. de Racknitz en ait déjà parlé dans ses lettres, elles n'ont cependant pas encore suffisamment excité l'attention des géologues. La collection de Müller renferme des échantillons d'autant plus précieux, qu'il est difficile d'examiner ces roches sur place ; cependant elles restent toujours problématiques en ce qu'elles semblent impliquer contradiction. Si on les étudie dans l'ordre des numéros du catalogue; si l'on commence par celles où des veines étroites de silex corné traversent un granit à grains fins, puis s'étendent, se séparent, se réunissent et contiennent des masses isolées du granit qu'elles coupent en tous sens ; si on pousse l'observation plus loin, on voit que dans les autres échantillons la proportion du silex corné va sans cesse en augmentant, jusqu'à ce que le granit, de contenant (*continens*) qu'il était, devienne le contenu (*contentum*). Ici nous sommes portés à admettre une formation simultanée, d'autant plus que ceux qui seraient tentés de la regarder comme successive sont forcés de supposer, à cause des arêtes des différentes parties granitiques, non seulement un morcellement du granit, mais encore une intervention immédiate de la masse siliceuse. En un mot, ceci est un point où les deux explications se rencontrent, car là où l'un dit simultané (*gleichzeitig*), l'autre dira immédiatement successif(*nachzeitig*).Du reste, on pourrait appeler cette roche une transformation (*Auslaufen*) du granit, et l'on désignerait par ce mot la fin d'une époque, tandis que c'est plutôt une transition lorsqu'une autre formation lui succède immédiatement (41).

On sera probablement encore moins d'accord pour expliquer la présence de la chaux dans cette roche primitive. Si l'on considère le spath calcaire des n° 30, 31 et 33, on dira qu'il s'est déposé dans les intervalles de cette roche irrégulière ; mais il sera toujours difficile de déterminer d'où provient cette chaux qui a pénétré si profondément dans les interstices de la pierre. Cependant si l'on considère le calcaire jaune à grains fins marqué n° 39, qui n'est point un dépôt, mais une partie intégrante, dure et compacte de la roche, alors on est forcé d'admettre qu'une partie de la chaux a dû se former simultanément avec la roche elle-même. Quoi qu'il en soit, cette roche est intimement liée à l'existence des sources thermales qui toutes sortent de son sein. Ses parties constituantes, parmi lesquelles il faut compter la chaux et le fer sulfuré (*Schwefelkies*), ne suffisent peut-être

pas pour expliquer la composition physique et chimique de ces sources ; mais on ne saurait nier une action
simultanée qui a déjà été reconnue autrefois quoique
d'une manière moins positive.

Il serait bien à désirer que les géologues voulussent
bien faire savoir s'ils ont trouvé dans d'autres localités
des roches semblables à celles qui se trouvent entre les
n° 24 et n° 25.

Je réserve pour une autre fois les détails que j'aurais
encore à donner sur cette collection, et je me bornerai
à faire connaître quelques particularités géologiques
intéressantes qui sont venues à ma connaissance cette
année.

C'est d'abord un gneiss dont la texture très compacte
(*flasrige*) est produite par des cristaux de feldspath
rosé. Ils sont semblables aux doubles cristaux numéro-
tés 6, 7 et 8. Seulement il est remarquable de voir que
les couches de mica s'accommodent à eux, tandis que
réciproquement la cristallisation du feldspath s'est en
quelque sorte ressentie de l'influence du mica. En effet,
on ne saurait les séparer, et ils lui sont intimement unis
ainsi qu'au reste de la roche. C'est à peine s'ils ont un
pouce de long, et ils tiennent le milieu entre un prisme
à six pans et un rhomboïde aplati ; leur couleur et leur
distribution régulière donnent à cette roche un aspect
très remarquable. Elle se trouve entre Tepel et Theising. Je dois sa connaissance à la bonté du conseiller
Sulzer à Ronneburg. Dans la collection géologique de
la Société minéralogique d'Iéna, il existe un gneiss des
environs d'Aschaffenburg qui offre quelque analogie
avec le précédent sans être toutefois d'un aussi bel
aspect.

La seconde merveille géologique se trouve entre
Hof et Schleitz. A peu de distance de ce dernier endroit
sur la gauche de la route, on voit un basalte (*Urgruens*

tein) très noir et très dur qui est tantôt en masses irrégulières, tantôt en colonnes bien cristallisées. Il offre
un grand nombre de cavités qui vont jusqu'au centre;
toutes, même les plus petites, sont remplies d'asbeste.
Celui-ci passe aussi à travers le schiste argileux, remplit les plus petits interstices du point de contact, et
s'unit intimement à la pierre. La décomposition des
roches m'empêcha de pousser plus loin cette étude que
je recommande à l'attention des géologues.

Je réserve plusieurs observations pour votre cahier
de l'année prochaine, et je termine en émettant le vœu
que des géologues de profession veuillent bien entreprendre la description scientifique de ces roches. C'est
pour les faire connaître que j'ai déposé les échantillons les plus remarquables dans la galerie minéralogique
d'Iéna.

Je me recommande à votre bon souvenir et à celui
de tous les amis de la nature.

GOETHE.

MARIENBAD

CONSIDÉRÉ

SOUS

LE POINT DE VUE GÉOLOGIQUE.

(1822.)

Pendant un grand nombre d'années, nous nous sommes occupé des environs de Carlsbad afin d'arriver à connaître leur constitution géologique et d'avoir la satisfaction de transmettre à la postérité le résultat de nos recherches et de nos collections. Nous voudrions faire la même chose pour Marienbad, et sinon achever, du moins préparer le travail. Entrons donc en matière sans autre préambule.

Parlons d'abord de la position du couvent de Tepel : sa latitude est de $49°$, $58'$, $53''$; de plus les observations et le calcul ont démontré qu'il était élevé de 242 toises (*) au-dessus de l'observatoire de Prague. Il faut remarquer en outre que le sommet du Podhora (*Podhorn-Berg*) s'élève à 324 toises au-dessus de ce même observatoire. Tepel occupe la partie occidentale de la base de cette montagne et peut être considéré comme un des points culminants de la Bohême.

La vue étendue dont on jouit lorsqu'on s'est élevé à une hauteur médiocre sur la montagne et la direction des eaux qui en descendent viennent confirmer ce fait. Sur le versant oriental, on voit jaillir plusieurs sources qui courent d'abord vers l'est du côté du couvent, donnent naissance à plusieurs étangs, et se réunissent pour former la Tepel qui se jette dans l'Eger au-dessous de Carlsbad. D'autres sources peu éloignées

(*) Mesure française.

l'une de l'autre et séparées par des élévations de hauteur médiocre, se dirigent vers le sud jusqu'à ce qu'elles se joignent à un grand nombre de petits ruisseaux et de petites rivières qui, dans les environs de Pilsen, prennent le nom de Beraun. La première carte de Keferstein nous servira de guide dans tout le cours de ce mémoire, et nous prions le lecteur de l'avoir constamment sous les yeux, s'il veut nous lire avec fruit.

Le groupe de montagnes primitives qui occupe l'intervalle qui sépare Carlsbad de Marienbad touche vers le sud-ouest au Fichtelberg, vers le nord-est à l'Erzgebirg; il renferme de nombreux exemples des modifications de la roche fondamentale et des gisements additionnels (*Einlagerungen*) de roches analogues à celles dont nous avons étudié les nombreuses transformations autour de Carlsbad, en les poursuivant jusqu'à Schlackenwald. Notre intention actuelle est de marcher à la rencontre de cette formation, en partant du point où nous sommes, et de commencer une collection dont nous allons donner le catalogue, afin de mettre chacun en état d'explorer et d'étudier lui-même le pays.

Pour la rédaction de ce catalogue, je n'avais pas les mêmes avantages qu'à Carlsbad où toutes les masses présentent des escarpements, ouvrage de la nature ou de l'homme, qui permettent de les aborder de tous les côtés. Dans le bassin profond où se trouve Marienbad, ainsi que dans les environs, tout est revêtu de mousse, de gazon ou de tourbe, couvert de forêts et d'une couche épaisse de terre végétale qui ne permet que çà et là d'apercevoir la roche sous-jacente. Les travaux de terrassement entrepris actuellement, les carrières ouvertes plus largement, et les autres travaux qui ont bouleversé le terrain facilitent, il est vrai, les recherches de l'observateur; mais elles ne peuvent porter que sur des points isolés jusqu'à ce que des ex-

plorations ultérieures aient fourni des données suffisantes.

Il faut remarquer d'abord que les modifications
profondes, et les oscillations, si je puis m'exprimer
ainsi, de la roche fondamentale entre telle ou telle
forme, sont aussi frappantes que singulières dans cette
localité. Ainsi l'on observe des changements partiels
que nous ne saurions définir; une couche ainsi modifiée ne se montre pas sous forme de filons, mais elle
marche parallèlement à la stratification du granit, et
s'adosse pourtant à ses couches, quelle que soit leur inclinaison. Elle se distingue en ce que la roche qui la
compose est plus ou moins altérée; ce sera, par exemple, du granit graphique ou quelque chose d'analogue
au jaspe, à la calcédoine, à l'agate, ainsi que nous
l'indiquerons à mesure que les roches s'offriront à nous
dans ce catalogue.

Remarquons en général que les roches primitives
étant identiques entre elles dans le monde entier, nous
devons trouver ici les mêmes phénomènes qu'à Carlsbad, et nous nous en référons au catalogue des roches
de cette localité que nous avons donné précédemment.

CATALOGUE DES ROCHES DE MARIENBAD.

Nous considérons le granit comme la base des montagnes de ce pays. Il a été mis à nu par suite de quelques travaux de construction; nous l'avons vu à l'état
de massif sur la promenade principale où l'on bâtit un
mur dans ce moment. On le retrouvait encore dans la
cour du château de Klebelsberg où il affecte une disposition stratiforme. Un ouvrage de maçonnerie le dérobe
maintenant à la vue. Comme ces points seront envahis

dans peu de temps par des constructions, on ne pourra l'observer alors que dans les carrières qui sont au-dessus et derrière la pharmacie. D'après les remarques faites jusqu'ici, on doit considérer le granit comme une masse énorme inclinée vers le nord, qui bientôt sera convertie en terrasses échelonnées les unes au-dessus des autres.

1. Ce granit est d'un grain de médiocre grosseur, il contient de gros cristaux de mâcle et une proportion notable de quarz hyalin.

2. Le même granit d'une localité où il était un peu dégradé; les mineurs le nomment le filon pourri (*der faule Gang*).

3. Un autre filon très dur dans le granit précédent. On peut à peine distinguer ses parties constituantes, il est à grains fins avec de petits fragments porphyroïdes plus ou moins volumineux.

4. Échantillon avec des fragments porphyroïdes de forme ovale.

5 et 6. Il se métamorphose en une roche schistoïde qui permet cependant de le reconnaître.

7 et 8. Roche schistoïde mieux caractérisée.

9. Le même avec des fragments de quarz, il est aussi en veines; cet échantillon est uni au granit n° 1.

10. Modification remarquable, il est en partie porphyroïde et bréchiforme, et traverse suivant la diagonale la cour du château de Klebelsberg en se dirigeant vers la pharmacie.

11. On en trouve des fragments qui se rapprochent du jaspe, de la calcédoine et du silex corné.

12. On voit dans les fentes de petits cristaux d'améthyste blanche.

13. Les mêmes avec des cristaux d'améthyste plus volumineux dans lesquels on distingue déjà la forme prismatique.

14. Roche analogue au n° 10 du côté du moulin.

15. Granit avec du mica noir et de grands cristaux de feldspath, semblable à celui qui se trouve à Carslbad du côté de la forge. On l'a trouvé en gros blocs épars dont les connexions n'ont pas pu être bien déterminées.

16. Mâcle : rarement on peut la détacher de la roche; celle-ci est la seule que l'on ait trouvée isolée.

Nous allons maintenant énumérer les roches qui se trouvent du côté du Kreuzbrunnen où le mica devient prédominant.

Du n° 17 au n° 21, nous avons suivi tous les passages y compris les échantillons où le granit est le plus fin.

22. Le même un peu dégradé et d'une teinte jaunâtre.

23. Échantillon contenant des veines de quarz rougeâtre.

Du côté de la forge sur la colline on observe :

24. Une espèce de granit à grains fins d'un aspect gras.

25. Granit rose du voisinage avec prédominance de quarz.

26. Quarz et feldspath encore plus abondants.

27. Roche quarzeuse difficile à déterminer.

Les roches précédentes sont plus ou moins employés dans la maçonnerie.

28. Le granit dont on fait des dalles vient de Sandau.

29. Roche granitoïde avec porcellanite, à grains très fins. Elle est employée pour faire des pourtours de croisées et des entablements. Elle provient du Sangerberg près de Petschau.

30. Quarz pur sur la route qui monte de Marienbad à Tepel.

31. Granit graphique du même endroit.

32. Granit en contact avec le granit graphique.

33. Gneiss en contact avec le même.

34. Granit renfermant un sphéroïde de mica (*Glimmerkugel*), de la sablonnière derrière la maison commune.

35. Sphéroïde de mica isolé par la dégradation de la roche.

36. Roche peu caractérisée se rapprochant du n° 33.

37. Filon granitique au milieu d'une roche noire dont la nature est difficile à déterminer, derrière la pharmacie sur la hauteur.

38. La même en galets.

39. La roche problématique n° 36 avec le mica qui lui est contigu.

40. Gneiss de la carrière située à droite de la route en montant vers Tepel.

41. Gneiss à droite de la route de Tepel.

42. Le même très compacte.

43. Le même altéré par l'action des eaux thermales.

44 et 45. Variétés du même.

46. Gneiss se rapprochant du schiste micacé.

47. Gneiss de Petschau contenant des mâcles allongées sous l'influence du mica. Voy. p. 368.

47. La même roche à l'état stratifié trouvée au-dessous de Marienbad dans le ruisseau.

48 et 49. La même.

50. Hornblende avec des filons de quarz entre Hohdorf et Auschowitz.

51. Le même.

52. Hornblende très compacte.

53. La même altérée par l'eau thermale.

54. Hornblende avec du feldspath rougeâtre.

56. Hornblende contenant du feldspath rouge.

57. Hornblende avec des traces de grenats (*Almandinen*).

58. Gneiss avec des grenats mieux caractérisés.

59. Gneiss contenant de très beaux grenats.

60. Hornblende avec de gros grenats.

61. Hornblende avec des grenats et du quarz.   . .

62. La même avec des grenats plus petits.

63. Roche dure , pesante, schistoïde contenant des grenats. Elle rappelle la diallage verte (*Smaragdit*) du Tyrol.

64. La même altérée par l'action des eaux thermales.

68. La même roche avec des grenats visibles à la surface.

69. La même à grains fins.

70. Quarz avec des fissures (*gehackter Quarz*) dont les parois sont tapissées de petits cristaux. Masse dés‑agrégée trouvée dans le voisinage de la source gazeuse.

70. a. Quarz entièrement cristallisé, mais surtout dans les fentes où il est passé à l'état d'améthyste : sur les bords du chemin qui conduit à la fabrique de bou‑teilles.

70. b. Feldspath avec des veines de silex corné des mêmes localités.

71. Hornblende non loin de Wischkowitz. . . . . .

72. Chaux carbonatée adossée au gneiss de Wischko‑witz.

73. Le même avec des traces de la roche conco‑mitante.

74 et 75. L'influence de la roche contiguë est plus marquée.

76. Le calcaire et la roche voisine confondus. Quel‑ques traces de fer sulfuré (*Schwefelkies*).

77. Chaux carbonatée grise à grains fins employée de préférence par les constructeurs.

78. Calcaire stalactiforme (*tropfsteinartiger*) avec des cristaux impurs du même endroit et employé pour la maçonnerie.

79. Cristaux spathiques plus purs du même endroit.

79. a. Asbeste tressé (*Bergkork*) qui paraît se former dans les produits de la décomposition des roches ; on le trouve après les temps humides dans des fentes près de Wischkowitz.

80. Marbre blanc de Michelberg du côté de Plan.

81. Calcaire gris.

82. Basalte de la crête du Podhora (*).

83. Serpentine et pétro-silex résinite (*Pechstein*).

84. Roche primitive en contact.

Ce catalogue sera, nous l'espérons, accueilli favorablement par les nombreux amis de la science qui visitent et visiteront par la suite les eaux de Marienbad. Ce n'est qu'un travail préparatoire pour moi comme pour les autres, entrepris et achevé avec beaucoup de peine malgré le temps le plus défavorable. Il prouve que dans les premiers âges du globe les formations analogues se sont influencées réciproquement. Nous les avons divisées en roches fondamentales, et roches modifiées ou séparées par des actions et des réactions mutuelles. Je recommande ce résultat aux méditations de mes successeurs dans l'espérance que mon travail les excitera à en entreprendre de nouveaux.

(*) En langue bohémienne *podhora* veut dire, à proprement parler, *sous la montagne*, et se disait autrefois non seulement du sommet de la montagne, mais encore de ses flancs, de ses côtés et de ses alentours. Beaucoup de noms bohémiens désignent très clairement la localité. A l'époque où les noms de la langue nationale furent traduits en allemand, on a dit *Podhorn-Berg*, la montagne de Podhorn, ce qui veut dire, à proprement parler, *montagne sous montagne*, genre de pléonasme que nous tournons souvent en ridicule. Qu'on nous passe donc un pédantisme bien pardonnable si nous disons toujours *Podhora* pour désigner la montagne de *Podhorn*.

Quand on va de Marienbad au couvent de Tepel, un chemin très pénible mène à travers des blocs basaltiques qui, réduits en fragments, pourraient servir à ferrer les meilleures routes. La cime de la montagne qui s'élève couronnée de bois au milieu du paysage est probablement basaltique. Il est fort remarquable de trouver cette roche sur un des points les plus élevés de la Bohême. Nous avons marqué ce point en noir sur la carte de Keferstein à gauche de Tepel un peu au-dessous du 50° degré de latitude.

On savait qu'il existait de la serpentine dans les environs d'Einsiedel; elle était même exploitée, puisqu'elle a servi à faire les margelles du bassin de la fontaine de la Croix. On pourrait en conclure qu'elle est en rapport immédiat avec les formations primitives. On en a découvert aussi par hasard près de Marienbad à mi-côte de la montagne qui s'élève au sud-ouest de la maison des bains. On y arrive par un chemin qui est limité à gauche par le parc où sont renfermées les bêtes fauves et à droite par le ruisseau qui fait aller le moulin. Avec un temps et des circonstances plus favorables, nous eussions étudié ses connexions avec la roche primitive. Un lacis d'arbrisseaux, une couche épaisse de mousse imprégnée d'eau, des troncs pourris et des débris de rochers nous opposèrent des obstacles difficiles à vaincre. Toutefois la première observation est faite. Je découvris un feldspath à lames schistoïdes d'un gris foncé contenant des parties blanches dans lesquelles on reconnut distinctement des grains quarzeux, indices d'une affinité évidente avec la roche primitive; de la serpentine d'abord très pesante et d'un vert foncé, puis plus légère, d'une teinte plus claire; elle était mélangée d'asbeste : ensuite nous découvrîmes le pechstein qui contenait aussi de l'asbeste d'un brun foncé, plus rarement d'un brun jaunâtre.

La masse du pechstein était divisée en fragments, dont les plus gros avaient environ six pouces de longueur; chacun de ces morceaux était enveloppé d'une couche grise pulvérulente qui tachait par le frottement. Ce n'était point du pechstein décomposé, car elle ne pénétrait pas dans son intérieur; mais après l'avoir enlevé on trouvait la pierre lisse et brillante comme l'est une cassure récente. Ces morceaux pris dans leur ensemble semblaient amorphes ou d'une forme indéterminable. Toutefois j'en ai choisi un certain nombre qui avaient celle d'un obélisque à quatre faces avec une base qui n'était pas parfaitement horizontale.

Je suis convaincu que tout tend à prendre une forme, et que les produits inorganiques n'ont un véritable intérêt pour nous que lorsqu'ils trahissent d'une manière ou de l'autre leur tendance morphologique. On me pardonnera donc si je ne puis m'empêcher d'admettre une configuration régulière, même dans les produits les plus problématiques et d'appliquer aux cas douteux ce qui me paraît une loi générale.

Mardi, 21 août 1821.

Après avoir étudié avec détail les roches isolées, le lecteur ne sera peut-être pas fâché d'avoir une idée générale de l'aspect pittoresque de la contrée. Je ne saurais mieux faire que de rendre compte d'une promenade aussi instructive qu'agréable, que je fis en compagnie de mon aimable hôte, M. de Bresecke.

C'était, depuis plusieurs mois, le second jour où le soleil se levait sans nuages. Nous partîmes à huit heures en nous dirigeant vers l'est, sur la chaussée de Tepel, qui présente sur la droite une formation de gneiss. A l'extrémité du bois, nous découvrîmes une terre fertile et un plateau qui nous promettait une vue étendue sur les contrées voisines. Nous tournâmes à droite, vers Hohdorf : la montagne de Podhora était à gauche ; devant nous, le district de Pilsen qui s'étendait au loin vers l'orient ; la ville et le couvent de Tepel restaient cachés. Un lointain immense s'ouvrait vers le sud, les villages de Habackladra et Millischau frappèrent d'abord nos regards ; mais en avançant, nous découvrîmes la partie sud-ouest où se trouvent les bourgs de Plan et de Kuttenplan ; nous vîmes ensuite Dürmaul et la mine de Dreyhacken sur les hauteurs qui sont au-delà. L'atmosphère, dégagée de nuages, laissait apercevoir tout le pays jusqu'à l'horizon à travers des vapeurs

qui n'empêchaient pas de distinguer les points remarquables.

Tout le pays que l'œil embrasse est formé de coteaux
uniformes qui se succèdent à l'infini. Rien ne fait
contraste dans leur hauteur, leurs pentes ou leurs intervalles ; on passe des uns aux autres par des transitions
insensibles. Les pâturages, les prairies, les champs cultivés et les bois produisent, en alternant entre eux, un
mélange qui réjouit l'œil, mais qui ne laisse pas une impression durable.

Un tel aspect fait naître des idées générales, et pour
se rendre compte du paysage qu'on a sous les yeux, on
est forcé d'admettre que la Bohême formait, il y a
bien des années, un lac intérieur dont le fond était
plus ou moins inégal. Lorsque les eaux se retirèrent,
la vase et d'autres substances se déposèrent au fond, et
elles devinrent, après avoir été agitées par la marée de
cette petite Méditerranée, la base d'un terroir fertile.
L'argile et la silice sont les ingrédients principaux ; le
gneiss facilement altérable de la contrée les avait four-
nis ; mais vers le sud, sur les limites de la formation
schisteuse, le calcaire primitif qui se montre aussi, a dû
réunir ses éléments à la masse commune.

Vue de ce côté, la Bohême se présente sous un aspect
tout particulier. C'est une région parfaitement circonscrite : le district de Pilsen m'a paru un petit monde,
parce que le terrain ondulé qui le compose, présente
confusément à l'œil des bois et des terrains cultivés,
des pâturages et des prairies ; de façon qu'il serait difficile de dire si chacune de ces cultures est bien appropriée aux différentes expositions où elle se trouve.

Les hauteurs donnent naissance à une infinité de
sources ; les dépressions du terrain déterminent la formation de nombreux étangs qu'on utilise pour la pêche,

pour des établissements industriels et mille applications
auxquelles un semblable terrain peut donner lieu.

Dans notre promenade, nous avons vérifié de nouveau une observation qui a été faite dans tous les pays :
savoir que les plateaux cultivés des montagnes ou
des collines sont peu productifs; mais qu'à mesure
qu'on descend, la culture devient plus riche; de beaux
champs de blé d'automne, et du lin magnifique prêt à
fleurir étaient là pour le prouver.

Il faut faire entrer en ligne de compte la latitude
combinée avec la hauteur, car ce pays, que nous avons
parcouru aujourd'hui par le plus beau temps du monde,
est situé sous une latitude plus méridionale que Franc-
fort sur le Mein; mais il est plus élevé au-dessus du niveau de la mer. Le couvent de Tepel est à 2172 pieds
au-dessus de la Méditerranée, et le 21 août, le thermomètre marquait à midi+13°, le baromètre 26,5, 1 : il
s'était élevé à ce point en oscillant depuis le 18 août, et
le 21 août à midi, il était déjà au-dessous. Nous avons
dressé ici un tableau de ces variations barométriques et
thermométriques en y joignant les correspondantes de
l'Observatoire d'Iéna.

OBSERVATIONS BAROMÉTRIQUES.

(Aout 1821.)

Couvent de Tepel.

DATES.	HEURES.	BAROMÈTRE.			THERMOMÈT.	
18	7. p. m. (*).	26.	1.	9.	14.	3.
19	6. a. m.	26.	2.	4.	10.	6.
	Midi.	26.	3.	2.	12.	7.
	3. p. m.	26.	3.	0.	12.	8.
	7. p. m.	26.	3.	3.	11.	9.
20	6. a. m.	26.	3.	9.	5.	4.
	Midi.	26.	5.	1.	13.	0.
	3. p. m.	26.	4.	10.	13.	7.
	7. p. m.	26.	4.	10.	13.	4.
21	6. a. m.	26.	4.	4.	6.	7.
	Midi.	26.	4.	8.	15.	0.
	3. p. m.	26.	3.	7.	16.	2.

Iéna.

DATES.	HEURES.	BAROMÈTRE.			THERMOMÈT.	
18	8. p. m.	27.	9.	4.	14.	0.
19	8. a. m.	27.	10.	7.	13.	2.
	2. p. m.	27.	11.	4.	17.	0.
	8. p. m.	28.	0.	0.	16.	5.
20	8. a. m.	28.	0.	2.	9.	0.
	2. p. m.	28.	0.	5.	19.	5.
	8. p. m.	28.	c.	0.	13.	8.
21	8. a. m.	28.	0.	0.	11.	0.
	2. p. m.	27.	11.	8.	21.	0.
	8. p. m.	27.	11.	6.	14.	4.

(*) P. m. *post meridiem*, après midi. a. m. *ante meridiem*, avant midi.

Pieds.

De nombreuses observations faites à l'observatoire d'Iéna, donnent pour la hauteur au-dessus du niveau de la mer. 374, 4

On trouve, en calculant les observations précédentes, pour l'altitude du couvent de Tepel, au-dessus d'Iéna. 1601, 6

D'où hauteur du couvent, au-dessus du niveau de la mer. 1976, 0

Aloïs David, dans son mémoire intitulé : Détermination de la latitude du couvent de Tepel, donne pour sa hauteur au-dessus du niveau de la mer. 2172, 0

Ce qui fait une différence de. 196, 0

Des observations subséquentes conduiront peut-être à une moyenne entre ces deux nombres : cependant nous avons quelques raisons de croire que notre nombre se rapproche plutôt de la vérité que celui d'Aloïs David (42).

DEVOIRS ET DROITS DU NATURALISTE.

(1824.)

Si l'observateur veut conserver le droit qu'il possède de considérer la nature d'une manière indépendante, il doit se faire un devoir de respecter les droits de la nature. Quand elle est libre, il l'est aussi; quand les hommes l'ont enchaînée, il est esclave comme elle.

L'un des droits les plus incontestables et des procédés les plus habituels de la nature, consiste à atteindre le même but par différents moyens, à produire les mêmes phénomènes par la réunion de circonstances variées. Ce qui suit en fournira un exemple.

Déjà, en 1822, les amis de la nature, qui s'occupaient de géologie dans les environs de Marienbad, furent frappés de l'action du gaz (43) qui se dégage de la source sur les roches primitives environnantes. Tandis qu'il attaquait et détruisait certaines parties, d'autres restaient intactes, d'où résultait une roche spongieuse et criblée de trous. Le feldspath et le mica étaient corrodés; il ne ménageait pas les grenats. Le quarz, au contraire, était intact, et sans aucune altération.

En 1823, ces phénomènes furent observés avec plus d'attention, et l'on fit une collection fort intéressante en elle-même, mais surtout en la comparant avec les roches non altérées. Les parties corrodées se rapprochent du kaolin, ce qui fait que les échantillons sont presque tous blancs, cette couleur étant aussi celle du quarz.

CATALOGUE DES ROCHES ALTÉRÉES PAR LE GAZ QUI SE DÉGAGE DE LA SOURCE DU MARIENBRUNNEN.

1. Granit à gros grains avec du mica noir.
2. Granit à grains fins.
3. Granit à grains fins lamelleux (*schiefrig*).
4. Un échantillon à grains moyens.
5. Veine de quarz auquel adhèrent encore des fragments de feldspath.
6. Granit avec prédominance de quarz.
7. Gneiss d'un grain ordinaire.
8. Le même à plus gros grains.
9. Le même à grains fins.
10. Hornblende contenant des grenats.
11. Roche altérée à la surface seulement.
12. La même plus altérée, déjà celluleuse.

13. La même presque entièrement détruite.

14. La même convertie en pierre ponce sans aucun caractère qui rappelle la roche primitive.

15. Roche se rapprochant du schiste micacé avec de gros grenats, qui ressemblent à des points noirs.

16. Gneiss altéré qui se trouve à droite de la route de Tepel.

17. Roche porphyroïde, en filons dans le granit. Les veines délicates de quarz sont seules encore visibles.

18. Echantillon très remarquable de quarz celluleux sur lequel on peut s'assurer que le gaz a attaqué le fer qui existe encore çà et là dans les lacunes de la roche.

LE KAMMERBERG

PRÈS D'EGER.

(1808.)

Le Kammerbühl ou Kammerberg a reçu son nom d'une forêt voisine près de laquelle est un groupe de plusieurs maisons, qui se nomme la Chambre (*die Kammer*). On voit ce monticule à droite de la route qui conduit de Franzenbrunn à Eger. Il est distant du chemin d'une demi-lieue environ, et on le reconnaît à un petit pavillon de plaisance situé à mi-côte. Les roches qui composent ce monticule sont-elles volcaniques ou pseudo-volcaniques? telle est la question qui le rend digne de tout l'intérêt des observateurs.

Mon mémoire devait être accompagné d'un dessin et d'une collection de roches. Car si l'on peut exprimer bien des choses avec des mots, il est cependant toujours bon, quand il s'agit des productions de la nature, d'avoir sous les yeux les objets eux-mêmes ou un dessin qui les représente, parce que le lecteur se familiarise plus vite avec les objets dont il est question. Quoique privé de ces deux ressources, je n'hésite pas à publier ce mémoire. Il est aussi fort avantageux d'avoir eu des prédécesseurs, et je compte mettre à profit la notice publiée par M. de Born. On observe avec plus d'attention, quand il s'agit de voir ce que d'autres ont vu, et c'est déjà beaucoup d'envisager le même objet sous un autre aspect. Quant aux opinions, aux idées, on ne tombe jamais d'accord sur des sujets de ce genre.

Beaucoup de naturalistes visitent tous les ans ces contrées; ils montent sur cette colline, et avec peu de peine, ils pourront rassembler, notre catalogue à la main, une collection plus complète que la nôtre. Nous leur recommandons spécialement les roches comprises entre les n°s 11 et 14, elles sont rarement bien caractérisées; mais le hasard favorise souvent le géologiste passionné.

Si l'on considère la Bohême comme une grande vallée dont les eaux s'écoulent près d'Aussig, on peut regarder le district d'Eger comme une plus petite vallée dont les eaux s'échappent par la rivière du même nom. En examinant avec attention le district dont il est ici question, on se persuadera facilement que le terrain actuellement occupé par le grand marais de Franzenbrunn, était autrefois un lac entouré de coteaux et de montagnes. Le sol n'est pas encore tout-à-fait desséché : il se compose d'une couche de tourbe remplie d'alcali minéral et d'autres principes chimiques; ceux-ci donnent lieu au dégagement des divers gaz qui minéralisent les sources dont la Bohême abonde, et ils produisent encore d'autres phénomènes du même genre.

Les collines et les montagnes qui environnent ce marais sont primitives. Près de l'ermitage de Lichtenstein, on trouve du granit renfermant de grands cristaux de feldspath, semblables à ceux de Carlsbad : dans le voisinage de Hohehaeusel, il est à grains fins et sert de pierre à bâtir. Près de Rossereit, on voit des gneiss : quant au schiste micacé, qui nous intéresse plus particulièrement, il domine dans l'éminence qui sépare la vallée de l'Eger du marais de Franzenbrunn. Le sol labourable est formé par cette roche décomposée qui présente partout des débris de quarz. La caverne derrière Dresenhof est ouverte dans le schiste micacé.

C'est sur l'éminence dont nous venons de parler qu'est situé le Kammerberg, seul, isolé, vu de toutes parts : assez élevé par lui-même, il l'est encore plus par sa position. Si l'on se transporte dans le pa-

villon qui avoisine son sommet, on se voit entouré d'un
cercle de collines et de montagnes plus ou moins hautes. Au nord-est, on remarque les beaux édifices de
Franzenbrunn ; à droite, au delà d'un paysage parsemé de maisons et embelli par la culture, le Fichtelberg de la Saxe et les montagnes de Carlsbad; plus près,
les tours brillantes de Maria-Culm et la petite ville de
Kœnigswart, où le marais se déverse dans l'Eger ; derrière la ville est la montagne de Kœnigswart, plus loin,
vers l'ouest, le Tillberg, où le schiste micacé contient des
grenats. La ville d'Eger et la rivière du même nom restent cachées par les mouvements du terrain. De l'autre côté de la vallée, est le couvent de Sancta-Anna; on
y cultive des céréales magnifiques dans le schiste micacé
en décomposition; puis vient une montagne couverte
bois où se cache un ermitage, et dans le lointain, on
découvre les montagnes de Bayreuth et celles nommées
Wunsiedler Berge. Plus près du spectateur s'élève le
château de Hohberg, tout-à-fait au couchant le Kap-
pelberg, couvert de bourgs et de châteaux, jusqu'à ce
que l'on soit revenu par les villages de Ober-Lohma et
Unter-Lohma à Franzenbrunnen notre point de départ.

La colline sur laquelle se trouve le spectateur est
allongée du nord-est au sud-ouest; elle se confond insensiblement avec la vallée, excepté du côté de l'ouest,
où elle est plus escarpée; cela fait que sa base est mal
circonscrite, cependant on peut l'estimer à plus de deux
mille pas de circonférence. La longueur de la croupe,
depuis le pavillon jusqu'au chemin creux, où l'on
trouve des traces de scories volcaniques, compte trois
cents pas; l'élévation de la colline n'est pas proportionnelle aux autres dimensions; une végétation misérable
revêt ces scories décomposées. Si du pavillon vous
vous dirigez du côté du nord-est, sur la croupe de la
montagne, vous trouverez une petite cavité formée

évidemment par la main des hommes ; cent cinquante pas plus loin est un endroit où l'on a entamé les parties latérales de la colline pour la construction de la chaussée, ce qui laisse à découvert une coupe de trente pieds de haut, très-instructive pour l'observateur. Là on remarque des couches de produits volcaniques, inclinées vers le nord-est : leur couleur est variable; en bas elles sont noires et d'un brun rougeâtre, plus haut cette couleur rougeâtre devient plus caractérisée, et à mesure qu'on approche de la superficie, elle passe insensiblement au gris jaunâtre. Ce qui est fort remarquable, c'est que ces couches sont superposées très régulièrement les unes aux autres sans désordre et sans confusion. Leur pente est douce, et leur hauteur si peu considérable, que sur cette coupe de trente pieds il est facile d'en compter quarante. Ces couches sont composées de substances désagrégées qui ne présentent jamais de masse compacte; le morceau le plus gros que l'on puisse détacher, n'aurait certainement pas plus d'une aune de long. Plusieurs des roches qui composent ces couches portent des traces bien évidentes de leur origine : ainsi on voit des schistes micacés qui n'ont subi aucun changement; d'autres, au contraire, surtout dans les couches inférieures, ont passé au rouge. Il est rare de trouver des morceaux entourés d'une légère couche de scories (*Schlacke*) autrefois liquides. Dans quelques uns de ces échantillons, la roche elle-même semble avoir été en partie à l'état liquide. Mais je le répète, en général, le schiste micacé n'est pas altéré, ses angles ne sont pas même émoussés, et les scories qui le recouvrent forment une ligne aussi nette et aussi tranchée que si elles venaient de se refroidir à l'instant. Les fragments de schistes micacés qui sont totalement englobés dans les scories, n'en offrent pas moins des arêtes très vives. Quelquefois la lave qui s'est déposée

autour d'un noyau central de schiste, a donné naissance
à des corps sphériques qui pourraient être pris pour des
cailloux roulés si on ne les examinait de près ; mais ils
sont formés par la lave qui , s'étant consolidée autour
d'un noyau central, a donné naissance à ces sphéroïdes réguliers.

Dans les couches supérieures , surtout celles qui sont
rouges, les schistes micacés ont la même teinte, de plus
ils sont mous, cassants, et convertis en une masse d'argile rougeâtre douce au toucher.

Le quarz qui accompagne les schistes micacés n'est
pas altéré non plus : il est rouge en dehors et dans les
fentes. Uni au schiste micacé, il est souvent recouvert
de scories, ce qui n'a pas lieu pour les morceaux isolés.

Examinons maintenant les scories parfaites poreuses
(*volkommene Schlacke*) : elles sont légères, couvertes
d'aspérités, à bords tranchants , pleines de lacunes au
dehors, souvent plus denses au dedans. Au moment de
leur éruption elles étaient en fusion, à l'état de bouillie,
et leur superposition forme la presque totalité du coteau. Elles sont en fragments isolés ; les plus gros
ont une aune de long , on les trouve rarement ; les autres sont plus petits et aplatis ; d'autres irrégulièment
arrondis atteignent la grosseur du poing et donnent de
beaux échantillons ; tous présentent une surface nette
comme venaient de se solidifier à l'instant même. Plus
bas on en trouve de toutes grandeurs et elles se montrent enfin à l'état pulvérulent. Cette poussière remplit
tous les interstices, de telle façon que la masse entière est
compacte et se désagrége cependant facilement : le noir
est la couleur dominante ; en dedans surtout elles le
sont complètement. La couleur rouge de la surface
paraît provenir des schistes micacés rougeâtres , facilement décomposables, qui se sont convertis en une argile
et se trouvent abondamment dans les couches

rouges, où l'on observe aussi des conglomérats de la même couleur.

A la superficie du coteau, les scories sont toutes de couleur brune; cette couleur pénètre dans l'intérieur jusqu'à une certaine profondeur. Leur surface externe est plus arrondie, ce qui ne dépend pas d'un degré de fusion différent, mais de l'influence prolongée des intempéries atmosphériques. Quoique ces scories ne portent pas de traces évidentes de leur origine, cependant les fragments de schistes micacés et de quarz que l'on trouve depuis la couche inférieure jusqu'à la supérieure, au milieu de ces masses jadis complètement liquéfiées, ne laissent aucun doute sur la nature des roches dont elles ont été formées.

Revenons à la maison de plaisance et dirigeons-nous de haut en bas vers le sud-ouest: nous y trouverons des couches analogues en apparence, quoique très différentes des premières en réalité. Ce côté est plus abrupt que l'autre, il est cependant impossible de dire si le terrain y est stratifié, car aucune coupe ne saurait nous l'apprendre. Mais vers le sud on voit à nu de grosses masses de rochers qui affectent tous la *même* direction de la base au sommet de la colline. Ces rochers sont de deux sortes, les supérieurs, scoriacés au point que leurs fragments isolés ne sauraient être distingués de la couche brune superficielle dont nous avons parlé, sont poreux et comme formés de nodules, mais sans arête vive. Il ne faut pas voir, dans cette circonstance, un effet des intempéries atmosphériques, ce qui le prouve, c'est que des échantillons pris à l'intérieur présentent le même aspect: un autre caractère distingue encore cette roche, elle est à la fois plus dure et plus pesante que toutes les autres. A la voir il semblerait qu'elle n'a aucune consistance, et cependant on a toutes les peines du monde à en détacher quelques fragments. Au pied de la colline sont

d'autres rochers plus durs encore que les premiers, dont
ils sont séparés par un large ravin, reste d'une ancienne
exploitation ; car le clocher d'Eger, dont la construction
remonte au temps des Romains, est bâti avec cette pierre
et l'on trouve dans le rocher plusieurs trous disposés
sur une seule ligne. Ils servaient probablement à fixer
les machines d'exploitation qui servaient à mouvoir ces
lourdes masses. La roche dont nous parlons est presque inattaquable, elle résiste à l'action de la pluie, de
l'air, du marteau et de la végétation. Ses arêtes sont
vives, la mousse qui la recouvre très vieille, et les instruments les plus forts peuvent seuls l'entamer ; cependant sa structure est poreuse, les plus petits morceaux
renferment des cavités de grandeur variable, la cassure
est nette, sa couleur un gris clair passant au bleu ou
au jaune.

Après avoir exposé minutieusement ce que les sens
extérieurs nous apprennent sur le Kammerberg, nous
devons rentrer en nous-mêmes et faire agir notre intelligence et notre imagination sur ces matériaux, afin
d'en tirer le meilleur parti possible.

Si l'on considère le Kammerberg depuis Sainte-Anne
ou bien lorsqu'on est placé sur son sommet, on s'assure
facilement qu'il devait être encore caché sous les eaux,
tandis que les montagnes qui environnent la vallée s'é-
levaient déjà depuis long-temps au-dessus de leur niveau ; lorsque ce niveau baissa, le monticule apparut
d'abord comme une île, puis comme un promontoire,
parce que le côté nord-est se continuait avec une
croupe de montagne, tandis qu'au sud-ouest les eaux
de la vallée de l'Eger et celles du marais actuel ne formaient qu'un seul et même lac. Or, nous trouvons
maintenant que les roches sont en partie stratifiées,
(*floetzartig*) en partie non stratifiées (*felsartig*). Occu-
pons-nous d'abord des couches stratifiées qui, évidem-

ment, ont été déposées par les eaux. Ici s'élève une première question. Les couches stratifiées de la colline se sont-elles formées sur place, ou ont-elles été amenées de loin? Nous nous déciderons pour la première hypothèse, car, si la colline était formée par des terres d'alluvion, nous verrions dans le voisinage des masses énormes de rochers semblables. Or, il n'en existe pas la moindre trace : de plus, nous trouvons au milieu de ses couches les schistes micacés sur lesquels repose toute cette formation ; leurs angles sont aigus, leurs arêtes sont vives et les morceaux de schistes entourés de scories sont d'une texture si délicate, que l'on ne saurait admettre l'idée que ces fragments aient été roulés ou charriés. On ne trouve point de corps arrondis excepté ces sphéroïdes, dont la surface n'est pas même unie, mais inégale et rude. On peut d'ailleurs expliquer leur forme sphéroïdale par l'action d'une force physique, en songeant aux mouvements de rotation auxquels sont soumises les matières lancées par le volcan et qui retombent plusieurs fois dans le cratère.

Cette colline est donc l'ouvrage d'un volcan, mais la disposition stratifiée de ses couches nous conduit à affirmer que l'explosion volcanique a dû avoir lieu sous l'eau ; car, à l'air libre, les masses vomies par un cratère retombent plus ou moins perpendiculairement et forment des couches, sinon moins régulières, du moins beaucoup plus perpendiculaires.

Supposons, au contraire, une explosion sous-marine : l'eau étant parfaitement tranquille, au moins à une certaine profondeur, la masse de gaz qui s'échappe du cratère monte verticalement à la surface du liquide et force les substances liquéfiées à s'épancher sur les côtés. L'action du volcan a dû se continuer sans interruption, car les couches se succèdent de bas en haut de la même manière. Quelle que soit l'époque à laquelle les eaux se sont retirées, toujours est-il certain qu'il n'y a pas eu d'éruption à l'air libre; il est bien plus probable, au contraire, que les eaux ont encore baigné pendant un certain temps la base de la colline, enlevé les parties saillantes des couches sur les points qui étaient le plus en relief, dispersé au loin les scories plus légères, et recouvert leurs couches de l'argile provenant de la dissolution des schistes, argile dans laquelle on ne retrouve pas la moindre trace de produits volcaniques. Je pense aussi que c'est au sud de la colline qu'il faut chercher le véritable cratère dont l'orifice a été comblé, et l'ouverture effacée par l'action des eaux.

Peut-être avons-nous expliqué jusqu'à un certain point l'origine des couches stratifiées de la colline, mais il est beaucoup plus difficile de nous rendre compte des parties qui ne le sont pas. Si nous disons qu'elles préexistaient aux bancs horizontaux, et que ces roches basaltiques reposaient dès l'origine sur le schiste micacé, et qu'altérées, fondues par l'action volcanique, elles se sont mêlées aux couches stratifiées, alors on nous objectera que ces couches ne renferment pas la plus légère trace de cette roche. Si nous supposons qu'elle s'est montrée plus tard après que le reste de la colline a déjà été formé, alors nous pouvons lui donner une origine neptunienne ou volcanique. J'incline vers cette dernière opinion. Toutes les éruptions se composent de matières en partie fondues et lancées avec force hors du cratère, et d'une lave à consistance de bouillie qui coule de son orifice d'une manière continue. Ces deux genres d'éruption sont quelquefois simultanés, quelquefois alternant ensemble; ils se succèdent les uns aux autres d'une manière variée et donnent les résultats les plus complexes. Dans le cas présent il est impossible de les méconnaître au moins d'un côté. Les volcans actuellement en activité prouvent suffisamment cette vérité. La structure de ces roches dénote aussi une origine ignée. Celles qui sont au sommet de la colline, près du pavillon, se distinguent des scories parfaites de la couche supérieure, uniquement par une plus grande solidité, et les masses inférieures présentent une cassure inégale et poreuse; mais comme ces masses ne contiennent que peu ou point de traces qui puissent faire soupçonner qu'elles sont une transformation du quarz ou des schistes micacés, nous sommes portés à croire qu'après l'écoulement des eaux, les éruptions ont cessé, mais que l'action continuée du feu a encore une fois fondu les couches stratifiées. Il en est résulté des masses plus compactes, plus homogènes, et le côté méridional de la colline a dû être plus escarpé que les autres.

En parlant de ces phénomènes brûlants de la nature, nous rappelons une querelle jadis aussi ardente, savoir: celle des neptunistes et des vulcanistes, querelle qui n'est pas encore tout-à-fait éteinte. Quant à nous, après avoir exposé et interprété les faits pour expliquer la formation du Kammerberg, nous laisserons chacun libre d'y voir un argument en faveur de l'une ou de l'autre doctrine. On ne devrait jamais oublier que toutes les tentatives pour expliquer les faits naturels sont toujours des conflits entre le raisonnement et l'intuition : l'intuition nous donne à l'instant même la notion complète d'un résultat, la raison, qui a toujours une très haute opinion d'elle-même, ne veut pas rester en arrière, mais prouver à sa manière comment ce résultat a pu et a dû être obtenu. Sentant son insuffisance, elle appelle à son aide l'imagination, et ainsi se forment des êtres de raison, qui ont du moins un mérite, celui de nous ramener à l'observation directe, et de nous forcer à étudier les choses de plus près, afin de les mieux comprendre.

Dans le cas présent on pourrait, avec le secours de

quelques ouvriers, éclaircir plus d'un point douteux. Nous avons cherché à tracer une première ébauche aussi complète que les circonstances nous l'ont permis, privés comme nous l'étions de livres et d'autres renseignements, pour apprendre ce qui avait été fait avant nous sur cette matière. Puissent nos successeurs déterminer d'une manière plus exacte la nature des différentes parties, fixer plus rigoureusement leurs limites, apprécier mieux que nous ne l'avons fait les conditions extérieures, et compléter le travail de leurs prédécesseurs, ou, comme on le dit moins poliment, le rectifier!

———

CATALOGUE DES ROCHES QUI ONT SERVI DE BASE A CE TRAVAIL. ELLES FONT PARTIE DES COLLECTIONS DE LA SOCIÉTÉ MINÉRA-LOGIQUE D'IÉNA.

1. Granit à grains fins de Hohehaeusel.
2. Gneiss de Rossereit.
3. Micaschiste sans quarz de Dresenhof.
4. Micaschiste avec quarz du même endroit.
5. Micaschiste n. 3, chauffé au rouge dans un four à porcelaine.
6. Micaschiste n. 4, exposé au feu comme le précédent (*).
7. Micaschiste sans quarz des couches du Kammerberg. Sa couleur grise n'est pas altérée.
8. Le même, chauffé au rouge dans un four à porcelaine.

(*) Ces essais ont été entrepris pour prouver que le micaschiste plus ou moins rouge qui se trouve dans les couches du Kammerberg, a dû subir l'action d'un feu très violent.

9. Micaschiste rougeâtre des couches du Kammer-berg.

10. Le même.

11. Le même, avec une substance scoriforme à la surface.

12. Schiste micacé à surface scoriforme (*mit anges-chlackter Oberflaeche*).

13. Quarz dans le schiste micacé à surface scori-forme.

14. Schiste micacé recouvert en partie de vraie scorie (*volkommene Schlacke*).

15. Fragments sphéroïdaux entourés de scorie.

16. Quarz rougi en dehors et dans ses fentes.

17. Micaschite se rapprochant de l'argile friable.

18. Argile rouge grasse au toucher, dont l'origine est méconnaissable.

19. Roche solide passant à l'état de scorie.

20. La même plus altérée.

21. Scorie parfaite.

22. La même, avec une teinte rouge en dehors.

23. La même, brunie en dehors recouverte de végé-tation.

24. Roche solide, scoriforme, provenant des masses de rochers qui sont au-dessous du pavillon.

25. Roche solide, analogue au basalte trouvée au pied de la colline.

ADDITIONS.

(1820.)

Dans un de mes fréquents voyages à Carlsbad, je passai de nouveau par la ville d'Eger le 26 avril 1820. Le conseiller de police Grüner, homme aussi complaisant qu'instruit, m'apprit qu'on avait percé un puits, non loin de la coupe faite jadis pour la construction de la route près du Kammerberg, dans l'espoir de trouver de la houille. A mon retour des eaux, M. Grüner me fit l'historique des travaux entrepris, et me montra une collection des roches que le puits avait traversées. A la profondeur d'une toise et demie, on avait trouvé d'abord une lave (*Lava*) plus compacte que celle réduite à l'état de scorie (*verschlackte*) dont nous avons parlé ; elle était en morceaux d'une grandeur variable ; on rencontra ensuite une masse rougeâtre, friable, qui n'était que du sable micacé fin, modifié par le feu. Il se montrait mélangé avec de petits débris de lave ou intimement uni avec des blocs de lave. A la profondeur de deux toises on arriva sur du sable micacé (*Glimmersand*) très blanc et très fin. Une grande partie fut extraite, puis l'entreprise abandonnée. Si on avait pénétré plus avant, on serait, à coup sûr, arrivé sur des schistes micacés, ce qui eût confirmé l'opinion que nous avons émise. Un seul morceau de roche, long comme le doigt, avait quelque analogie avec du charbon de terre. En nous entretenant de ce sujet nous arrivâmes au pavillon, et, en regardant du haut de la colline dans la direction de Franzenbrunn, il nous fut aisé d'apercevoir que, là, le sable micacé blanc sur lequel on était arrivé en perçant le puits venait affleurer à la surface

du sol. On pouvait en conclure que le volcan du
Kammerberg reposait sur des roches micacées, en partie arénacées ou pulvérulentes, en partie schisteuses
et solides; mais ces schistes ne sauraient être considérés
comme la base véritable de la montagne; pour la
rencontrer, il faudrait percer une galerie près du sable
micacé de la pente, et se diriger en ligne droite vers l'é-
lévation qui porte le pavillon et près de laquelle se
trouve une excavation que l'on a toujours considérée
comme étant la bouche du cratère. Cette galerie tra-
verserait toutes les couches formées par le volcan et
permettrait d'étudier le point de jonction entre les
couches primordiales non altérées, et celles qui sont
formées de matières modifiées par la fusion et le
boursouflement qui en est le résultat. Ce travail serait
unique dans son genre, et si, de l'autre côté, on ressor-
tait là où se trouve la lave solide, il en résulterait pour
le géologue un aperçu des plus instructifs. J'apprends
en ce moment que ce projet doit s'exécuter sous la direction du comte Charles de Sternberg, auquel la
science doit déjà tant de beaux travaux. Que chaque
naturaliste rentre donc en lui-même, et se demande
quels sont les problèmes que ce travail lui permettra
de résoudre.

LE WOLFSBERG.

(1824.)

Cette montagne, isolée de toute part et du haut de laquelle la vue s'étend vers l'intérieur du royaume de Bohême, est située non loin de Czerlochin, station de poste sur la route d'Eger à Prague. Depuis long-temps les produits remarquables qu'elle fournit avaient éveillé mon attention; ne pouvant y aller moi-même, je m'estimai heureux que des compagnons de mes travaux voulussent bien se charger de cette exploration : car la variété de ses terrains et leur superposition offrent encore plus d'un problème à résoudre. Nous allons, selon notre coutume, donner la liste de ces roches. Dans leur coordination, nous avons toujours présente à l'esprit la distinction que nous avons faite entre celles qui sont *archétypiques* et celles qui sont *pyrotypiques* (*). Sans avoir égard à d'autres interprétations, nous voulons continuer à marcher dans la voie que nous avons suivie jusqu'ici. Indiquons d'abord à grands traits la nature des roches que l'on trouve entre Marienbad et Czerlochin. Jusqu'à la fabrique de bouteilles, on observe de la horblende feuilletée, de là aux étangs des terrains de transport ou d'alluvion. Au-delà du village de Plan, du granit à grains plus fins et qui se désa-grége plus facilement que celui des environs de San-daw; avant d'arriver à Tein des schistes argilleux

---

(*) Sous le nom d'*archétypiques*, Goethe désigne les roches non modifiées par l'action volcanique, sous celui de *pyrotypiques* celles qui ont été altérées par le feu.   *Trad.*

1. Schiste argileux dans son état naturel.

2. Le même, plus ou moins altéré par l'action du feu.

3. Le même, rougi dans toute sa masse.

4. Filon de quarz feuilleté, modifié par le feu.

5. Le même, à l'état naturel.

6. Quarz composé de morceaux cunéiformes.

7. Les mêmes, très rougis à leur surface. (La nature de cette dernière roche resta problématique jusqu'au moment où on la trouva dans son état normal.)

8. Quarz columnaire (*staenglicher*) ou plutôt veine d'améthyste provenant d'un terrain quarzeux primitif.

9. Basalte à l'état naturel.

10. Basalte riche en cristaux d'amphibole (*Hornblende*) et de pyroxène (*Augit*).

11. Le même, avec le schiste argileux adjacent.

12. Le même altéré par le feu.

13. Roches pyroxéniques converties en scories vésiculeuses avec des cristaux encore bien caractérisés.

14. Morceau converti en scorie.

15. Schiste argileux scorifié (*verschlackt*) en dehors, très reconnaissable au dedans.

16. Scories à vacuoles très petites.

17. Scories à vacuoles très grandes.

18. Cristaux d'amphibole et de pyroxène noirs.

19. Les mêmes, d'une couleur rouge, beaucoup plus rares.

TERRAINS

OFFRANT DES TRACES D'ANCIENNES COMBUSTIONS.

(1824.)

Le 23 août 1823, je partis d'Eger pour me rendre à
Pograd. Le chemin passe d'abord sur des terrains
d'alluvion où l'on remarque des brêches et des cailloux roulés. Les mines de fer sont près de Pograd, au
milieu de cailloux roulés dont le schiste micacé fait la
base. Le premier puits a six toises de profondeur. On
remarque premièrement, à la superficie, une masse argileuse, d'un blanc jaunâtre et réduite en fragments. A
une petite profondeur, on arrive sur le minerai de fer
qui se trouve en rognons concentriques; le plus grand,
d'une forme ovale, pouvait avoir une aune de diamètre,
et il était facile de reconnaître que le conglomérat environnant a été fortement saisi par le feu. La mine de fer
est d'un brun clair ou foncé. Les ouvriers nous mon-
trèrent une autre variété blanche qui est fort riche.
Près de ce conglomérat on trouve du bois en morceaux épars, souvent englobés dans la roche, d'autres fois pétrifiés. Lorsque ces masses de bois converties
en houille sont pénétrées par le fer, elles en contiennent
jusqu'à 62,7 pour cent. Dans une colline, située de
l'autre côté du ruisseau, ou avait trouvé, à la profondeur de quinze toises, un arbre tout entier placé hori-
zontalement et dont les deux moitiés forment la paroi
du puits. Nous traversâmes ensuite le ruisseau appelé
Cédron pour arriver à la montagne des Oliviers sur laquelle on a élevé un calvaire. De ce point, la vue s'é-

tend d'un côté vers Notre-Dame de Lorette, ancien
couvent situé sur le revers opposé, et elle plonge sur
les exploitations d'argile qui sont dans la plaine et servent à faire des cruchons et des ouvrages de poterie.
Autrefois cette plaine formait un lac, et ses eaux, en
charriant de côté et d'autre le schiste micacé en dissolution (*aufgelœst*), ont déposé ces couches argileuses.
Jadis on y fabriquait, avec l'argile prise dans le voisinage d'Altenstein, des cruchons destinés à expédier
l'eau acidule d'Eger. Maintenant en emploie l'argile dont
nous parlons; elle se trouve quelquefois à vingt pieds
au-dessous de la surface du sol en couches alternativement grises et blanches. L'argile grise sert à faire des
cruchons et des vases réfractaires, tandis que l'argile
blanche est réservée pour les ouvrages de poterie. J'entre dans ces détails afin de signaler quelques localités
intéressantes aux naturalistes qui se rendront de Franzenbrunn à Eger, dans l'intention de visiter les traces
d'anciens volcans.

En se dirigeant toujours vers le midi, on arrive à Gossl;
de ce village, un mauvais chemin conduit à travers une
forêt de pins; on atteint une hauteur couverte d'arbres
résineux, et là on voit paraître les schistes argileux qui
forment le point culminant du Rehberg : ils sont remarquables par des veines de quarz qui les traversent
et leur donnent un aspect ondulé. Dans le fond on
observe le village de Boden; nous y descendîmes, marchant toujours sur des schistes. En suivant un petit
ruisseau qui traverse le village, et se dirige vers le
midi, on observe d'abord des masses très considérables
de schistes argileux traversées par du quarz, enfin des
masses scorifiées (*Schlackenklumpen*). Sur la rive droite
du ruisseau, en haut du village, est un petit cône uniquement formé de scories; à son sommet se trouve une
légère dépression. Les habitants disent que c'est un

regard en ruines. Les autres parties sont unies, quelques coups de pioche suffisent pour mettre à découvert des scories pleines de lacunes, mais moins bien caractérisées que celles que nous avons signalées sur les bords du ruisseau. On nous apporta des morceaux sphériques et ovoïdes; les plus petits avaient été évidemment en fusion et laissaient apercevoir des cristaux d'amphiboles empâtés dans la roche qui leur sert de gangue. Les plus gros étaient tellement altérés par l'action volcanique, qu'il eût été impossible de déterminer la nature de la roche dont ils étaient formés.

En se dirigeant vers le nord, sur la pente du Rehberg, du côté d'Altalbenreuth, on trouve dans les plus petites fissures des traces de cristaux d'amphibole, les uns plus grands, les autres plus petits, la plupart tout-à-fait réduits en poussière. Le terrain est une prairie unie en pente douce. Près d'Altalbenreuth, on rencontre une carrière de sable creusée dans la colline : on y reconnaît un dépôt de tuf volcanique; telles sont les observations préliminaires que nous avons faites dans l'espoir de les continuer un jour.

LISTE DES ROCHES TROUVÉES PRÈS DE BODEN ET D'ALTALBENREUTH.

1. Schistes argileux traversés par des veines sinueuses de quarz.

2. Scorie parfaite, provenant des bords du ruisseau près de Boden.

3. Scorie qui a dû être à l'état pâteux, prise sur l'éminence conique à l'extrémité du village.

4. Roche devenue méconnaissable par l'action du feu, à cassure récente.

5. La même, de forme sphérique.

6. Cristaux d'amphibole fortement altérés par le feu et empâtés dans la roche argileuse. Ces cristaux ont subi l'action d'une chaleur telle, qu'ils présentent à l'intérieur de petits trous semblables à ceux que les vers font dans le bois.

7. Un morceau du tuf volcanique remanié par les eaux (*zusammengeschemmt*), d'Altalbenreuth.

Résumons maintenant tout ce que nous avons dit sur le Wolfsberg près Czerlochin, sur la base du Rehberg, et les observations faites près de Boden et d'Altalbenreuth, pour les mettre en regard avec la description que nous avons donnée du Kammerberg près d'Eger : nous trouverons des phénomènes concordants, d'autres, au contraire, qui semblent être peu en harmonie les uns avec les autres. Toutes les roches volcaniques reposent immédiatement sur les schistes micacés, ou leur sont contiguës, quelle que soit la nature du terrain environnant. Sur le Wolfsberg nous avons dû considérer comme *archétypiques* le schiste argileux, le basalte et une roche primitive très riche en cristaux d'amphibole. Quant aux produits *pyrotypiques* nous avons fait voir que les cristaux d'amphibole sont attaqués par le feu, mais en réalité peu altérés ; ceux de pyroxène, au contraire, nullement modifiés. Le Rehberg est formé de schistes argileux très riches en quarz, et qui se distinguent de ceux du district de Pilsen par leur apparence ondulée. Nous trouvons l'amphibole en morceaux épars, fondus, mais nous ne pouvons pas reconnaître la roche primitive, pas plus que celle du numéro 4, qui doit se trouver à une grande profondeur.

En remémorant ce que nous avons observé au Kammerberg, nous proposerons une explication différente de celle que nous avons donnée précédemment ; la roche archétypique est représentée par les rochers basaltiques que nous avons décrits; nous admettons ensuite que des schistes argileux et de la houille à l'état de mélange ont été amassés autour d'eux. Ce conglomérat s'est enflammé et a conservé, après avoir été réduit en scorie, sa stratification primitive. Le feu a attaqué les rochers basaltiques et a fortement altéré leur partie supérieure, tandis que l'inférieure est restée à l'état archétypique. Cette hypothèse, quelle que soit l'opinion qu'on admette, peut s'appliquer également aux trois localités dont nous venons de parler, sauf les différences qui proviennent de ce que, dans chacune d'elles, la roche altérée par le feu était d'une nature différente. Si l'on ajoute à cela que ces produits, dont on ne peut nier l'origine volcanique, se trouvent en Bohême sur un dépôt de houille ou de lignite, il sera difficile de ne pas considérer ces phénomènes comme pseudo-volcaniques. Je n'insisterai pas davantage pour le moment sur ce sujet qui laisse encore bien des questions à résoudre.

LUISENBURG

PRÈS D'ALEXANDERSBAD.

(1820.)

Parmi les nombreuses ramifications de la chaîne du *Fichtelgebirg* on remarque surtout une croupe élevée et fort étendue, connue dès les temps les plus reculés sous le nom de Luxburg, et que les voyageurs viennent souvent visiter pour y voir un nombre immense de rochers entassés les uns sur les autres d'une manière si bizarre et si variée, que l'imagination la plus riche, et les descriptions les plus pittoresques ne sauraient en donner une idée. Ils forment un labyrinthe que j'avais parcouru péniblement il y a quarante ans, mais qui, converti maintenant en promenade, facilite beaucoup l'exploration d'une partie de ces roches. Ce lieu porte le nom de Luisenburg, depuis qu'une reine chérie de la nation y a passé quelques jours heureux qui furent suivis de grandes infortunes.

La masse énorme de ces blocs de granit qui semblent avoir été jetés confusément les uns sur les autres sans qu'on puisse démêler une direction ou une loi d'arrangement quelconque, forme un tableau dont je n'ai trouvé le pendant dans aucun de mes voyages. Pour expliquer ce désordre véritablement chaotique, qui remplit l'âme d'étonnement, de crainte et de terreur, les observateurs ont appelé à leur secours les tempêtes, les tremblements de terre, les volcans et tous les agents violents qui peuvent bouleverser la surface du globe.

L'on ne saurait s'en étonner; mais un examen plus approfondi et la connaissance de ce que peut l'action lente mais continue de la nature, nous conduisirent à une solution du problème que nous allons soumettre au lecteur.

Ces roches granitiques présentaient, dans l'origine, ceci de particulier, qu'elles se composaient de masses énormes, en partie très dures, en partie facilement attaquables par les agents atmosphériques; car on voit souvent, en géologie, que la solidification d'une partie enlève pour ainsi dire à l'autre la possibilité de se durcir et de résister long-temps aux influences extérieures. On observe encore, en place, des roches qui présentent la disposition qu'affecte le granit, savoir : des blocs, des couches, ou des bancs empilés les uns sur les autres. Mais comme ces roches ne présentent rien d'extraordinaire, il est rare qu'elles frappent la vue autant que les autres. Outre la différence de densité, on peut donner encore, comme cause de l'éboulement de ces rocs, leur inclinaison propre et l'inclinaison générale du terrain vers la plaine.

Étudions d'abord les blocs de la première figure de la Planche vi. Ils forment, par leur superposition, une masse perpendiculaire un peu inclinée à l'horizon; supposons que le second bloc horizontal, à compter d'en haut, soit détruit, alors le bloc supérieur glissera en bas et se placera dans la position de celui qui se trouve le plus à gauche, et au-devant duquel on observe une branche desséchée. Admettons maintenant que, dans la suite, la partie droite des deux blocs inférieurs vienne à se dégrader à son tour, alors le second, devenu supérieur depuis la chute du premier, tombera suivant les lois de la pesanteur, et se plantera verticalement dans le sol à la droite du massif, dont il ne restera plus que la moitié gauche des deux blocs inférieurs.

Les trois autres figures nous montrent, à gauche, une masse granitique semblable à celle dont nous venons de parler; les parties ombrées sont celles qui se détruisent en se décomposant, et dans chaque case correspondante, on peut voir l'effet de cette destruction partielle et se rendre compte des formes singulières et des rapports bizarres de ces rochers entre eux, sans recourir à d'autres explications.

DE LA CONFIGURATION

DES

GRANDES MASSES INORGANIQUES.

(1824.)

De l'étude de ces effets à peine sensibles de la nature, tels que la destruction partielle de roches primitives, nous passons à celle de ces résultats immenses qui agrandissent l'esprit et nous transportent en imagination dans les premiers âges du monde. Je veux parler de la forme que revêtent les masses de neige sur les hautes montagnes.

Fischer (Voyages dans les montagnes, t. II, p. 153) s'exprime ainsi : « On appelle *serac*, un grand parallélipipède de neige. Les avalanches prennent ces formes régulières lorsqu'elles sont restées quelque temps à la surface du sol. »

Joseph Hamel, dans son histoire de deux ascensions sur le Mont-Blanc (Vienne, 1821) dit : « A sept heures vingt minutes, nous atteignîmes la première des trois plaines de neige qui se trouvent entre le dôme du Gouté et le Mont-Maudit (suite de rochers qui forme l'épaule occidentale du Mont-Blanc) et se succèdent l'une à l'autre dans la direction du nord au sud. On voit, sur la droite, ces énormes masses de glace, appelées seracs, que l'on aperçoit très bien de la vallée de Chamouny. Le ciel, d'un bleu foncé, paraît presque noir à côté de ces montagnes de glace, d'un blanc éblouissant. » On les a appelés seracs, du nom d'une espèce de fromages blancs auxquels on donne la forme de parallélipipèdes; en séchant, ils se fendent sur les bords, ce qui leur donne de la ressemblance avec les blocs de glace dont nous parlons. Peut-être le nom de ces fromages vient-il du latin *serum*, petit lait.»

Quoique bien insuffisantes, ces relations m'ont suggéré, après des études répétées sur les formes de montagnes, les réflexions suivantes. Les masses de neige, dès qu'elles se solidifient et qu'elles passent d'un état floconneux et pulvérulent à une consistance solide, se divisent en masses régulières; il en a été de même, et encore aujourd'hui il en est de même des grandes masses minérales; quand elles sont debout, elles ressemblent à de grands pans de muraille placés sur le sommet des montagnes; de même, les masses granitiques simulent des murs, des tours et des colonnes sur la crête des chaînes continues. Ces grandes masses de glace ne sont probablement pas limitées par des surfaces planes et unies. Elles présentent, comme les fromages auxquels nous les comparons, des fissures qui, selon moi, ne sont pas accidentelles, mais régulières.

Si nous considérons les grandes parois verticales (*emporstehende Klippen*) qui se trouvent dans le Harz, telles que l'Arendtsklint et les silex pyromaques de Wernigerod, nous ne saurions nous étonner de ce que l'imagination la moins hardie y voit des fromages ou des gâteaux entassés les uns sur les autres. Non seulement les roches primitives, mais encore le grès bigarré et les terrains d'une époque plus récente dénotent cette tendance à se séparer en parallélipipèdes, qui se divisent ensuite eux-mêmes suivant la diagonale. J'ai cherché, il y a déjà quarante ans, à vérifier cette loi dans les montagnes du Harz, et je conserve encore de très beaux dessins, ouvrage d'un artiste du premier mérite. Je n'étais pas éloigné de penser que ces grandes scissions

intérieures des montagnes se rapportaient à des phénomènes cosmiques et telluriques. Ceux qui vont du nord
au sud nous sont déjà connus depuis long-temps, tandis
que ceux qui vont de l'est à l'ouest ont été découverts
récemment.

Pour faciliter l'intelligence de la forme de ces masses,
il faut se figurer qu'elles sont placées dans un treillis de
forme cubique qui les traverse. On peut de cette manière les séparer, en imagination, en différentes parties
dont la forme sera celle d'un cube, d'un parallélipipède,
d'un rhombe, d'un rhomboïde, d'un cylindre ou d'un
parallélipipède aplati. Mais il faut bien se dire que
cette division est toute idéale, potentielle, possible; que
ces parties sont condamnées à un repos éternel comme
étant le résultat d'une action plus ou moins ancienne; car
toutes les scissions que la nature avait l'intention d'o-
pérer ne se réalisent pas, et ce n'est que çà et là qu'on
pourra en surprendre quelques unes *in actú*, c'est-à-
dire au moment où elles s'accomplissent, parce que,
dans de grands massifs de montagnes, ces formes se
présentent quelquefois isolées, quoiqu'elles soient ab-
sorbées le plus souvent au milieu de la masse dans
laquelle on doit les supposer latentes.

Par cet artifice, le dessinateur est mis en état de
représenter avec exactitude et vérité les grands escarpements et les sommets, parce que l'invisible lui
explique ce qui est, et lui permet de saisir le caractère
général qui distingue l'ensemble et les détails. Il reconnaît clairement quelle est la forme primitive; il se rend
compte de la cause qui a taillé une seule et même roche, tantôt en parallélipipède aplati, tantôt en colonne formant des escarpements; il sait pourquoi une
même forme primitive a donné naissance à toutes ces
apparences. Nous avons essayé de représenter cette
formation hypothétique des montagnes sur une plan-

che dont la surface est divisée par des lignes qui se croisent, tandis qu'un paysage est dessiné au milieu de ce réseau, dont il semble être tout-à-fait indépendant.

Nous avons rapporté de ce voyage dans le Harz, entrepris en 1784, de belles esquisses dessinées en noir sur de grandes feuilles in-folio. On ne saurait les réduire; la dépense, pour les faire graver, serait considérable; on pourrait peut-être les reproduire par la lithographie; ce serait un travail fait pour séduire un artiste habile, compétent et doué d'un talent caractéristique.

Voici le catalogue de ces dessins :

La Chaire du diable et l'Autel des sorcières sur le Brocken.

Ahrendsklint, groupe de rochers situé au nord-ouest du Brocken. Ce dessin et les deux suivants représentent des escarpements partiels. C'est un massif de rochers, divisé par beaucoup de fissures dont la plupart sont horizontales et quelques unes verticales.

Le même, d'une structure différente.

Dessin plus petit qui représente le granit avec ses formes columnaires et sphéroïdales.

Le Dormeur, une des plus belles roches granitiques des environs de Schirke, sur le Baerenberg; on a indiqué le point où le rocher agit sur l'aiguille aimantée.

Silex pyromaque (*Feuerstein*) de Wernigerod.

Roche porphyroïde quarzifère, près de Sussenburg, sur la Bude.

Le lieu où la Bude sort du terrain schisteux pour entrer dans le granit, à travers lequel elle se fraie un passage. Ce petit dessin représente le point de contact de deux roches qui sont coloriées : le schiste argiloquarzeux en bleu, le granit en rouge.

La gorge où la Bude s'est creusée un bassin, vue

d'en haut : on remarque que le granit est poli par les trains de bois qui descendent la rivière lorsque les eaux sont hautes.

Rocher granitique sur la rive gauche de la Bude, sous le Rosstrapp.

Les rochers de Rosstrapp eux-mêmes.

Rocher de granit s'élevant du fond de la vallée de la Bude.

Escarpement de granit dans la vallée de l'Ocker, très propre à étudier les fissures latentes ou visibles.

Escarpement de schiste quarzeux (*Kieselschiefer*), près de l'Ocker, présentant des fissures horizontales et verticales.

Marbre avec des filons de quarz ; les parties calcaires se dégradent, le quarz reste. La roche a l'air d'avoir été rongée profondément ; les parties saines sont exploitées pour en tirer de grandes dalles qui reçoivent un très beau poli. Vallée de l'Ocker.

Le Hübichenstein, rocher calcaire de l'Iberg dans le voisinage de la ville de Grund ; c'est un rocher madréporique (*Corallenfels*) sur lequel les séparations telluriques sont évidentes quoique irrégulières. La seconde vignette de l'important ouvrage de mon ami, M. de Trebra, est une esquisse faite d'après ce dessin.

Hans Kühnenburg, massif de grès.

Grauwacke stratifiée dans le voisinage du Sauvage (*wilden Mann*).

Entrée de la caverne de Baumann ; on a bien rendu les masses de ce marbre sans caractère déterminé.

Le puits d'une mine de fer dans le schiste argileux vu d'en haut. Le minerai et la roche sont tellement confondus que ce n'est qu'une exploitation par gaspillage (*Raubbau*).

Forteresse sur le Regenstein creusée dans le grès ; le tout en ruines.

Le vieux château près de Langenstein. Les roches ont des formes peu caractérisées.

L'ermitage près de Gosslar; grès à formes bien accusées.

Le mur du diable près de Thalen du côté de Quedlinburg; on voit évidemment que diverses circonstances ont dû amener l'éboulement de certaines formations.

Escarpements de gypse près d'Osterode. On a très bien exprimé les contours vagues de ce genre de roche.

Cette collection est, comme on le voit, rangée d'après un certain ordre; elle nous conduit depuis le granit du Brocken jusqu'au massif gypseux d'Osterode, ce n'est pas un ordre rigoureux ni géographiquement, ni géologiquement parlant : cependant la série serait complète si l'on pouvait y intercaler un certain nombre d'esquisses, de croquis faits à la hâte, mais toujours avec soin et dans un but déterminé. Un journal rédigé laconiquement serait encore d'un grand secours. Dans le nombre de ces petits dessins, je me contenterai de mentionner les suivants.

L'Autel des sorcières, sur le Brocken, en couches stratifiées. Il y a cinquante ans, on s'imaginait encore avoir sous les yeux un mur élevé de main d'homme.

Ahrendsklint, rocher pyramidal élevé sur un piédestal naturel d'une régularité remarquable.

Sous le Rosstrapp, près de la Bude; croquis indiquant très bien les parties de rocher qui s'élèvent perpendiculairement.

Le Treppenstein sur l'Ocker; masse granitique qui s'est divisée en fragments rectangulaires.

Sous le Treppensteig près de la rivière. Bancs réguliers et peu inclinés de granit adossés à des masses amorphes de la même roche.

Le Ziégenrücken dans la vallée de l'Ocker. Bancs verticaux coupés suivant la ligne diagonale ou horizontale.

Caverne creusée dans le calcaire et éclairée par en haut. Effet pittoresque.

Bancs de pétrifications situés sous des couches de grauwacke, près du Schulenburg, dans le Harz supérieur.

Carrière de gypse du Küttelsthal : petit croquis offrant les fissures irrégulièrement horizontales ou verticales de cette roche.

Ermitage près de Gosslar ; il est creusé dans le grès et remarquable par ses fissures régulières, quoique mal caractérisées.

Le Rammelsberg près de Gosslar ; petit dessin représentant une terre nue et désolée, mais renfermant de riches trésors métalliques.

Essayons, avant d'aller plus loin, de résumer en peu de mots ce que nous avons dit.

Les grandes masses inorganiques prennent une forme régulière en passant à l'état solide. Nous les avons comparées à un treillis de forme cubique, et donné le catalogue d'une série de dessins que nous avons fait faire et conservés depuis long-temps dans l'intention de prouver notre dire.

Le moment de la solidification est des plus importants; c'est la dernière période de la création (*des Werdens*) qui s'accomplit, après avoir passé successivement par l'état fluide et semi-fluide pour arriver au solide, état final de tout ce qui est définitif (*das Gewordene*).

Au moment de la solidification, des retraits s'opèrent dans toute la masse ou bien dans le centre de la masse.

Cette division réticulée primitive, que nous appellerons, pour résumer ce qui a été dit plus haut, le phénomène réel *actu*, l'hypothèse étant désignée par le mot *potentiâ*, n'a jamais eu lieu sans ces retraits; car toutes les masses de montagnes sont plus ou moins composées; de là, des filons datant de la même époque (*gleichzeitige Gaenge*) (mot qui ne rend que très imparfaitement notre idée) filons parallèles aux divisions de la roche qui seront verticales, ce qui produit les escarpements; ou bien inclinées sous des angles divers, ce qui leur a fait donner les noms de bancs et de couches. Ces filons sont, selon moi, contemporains du massif des montagnes. Quiconque a vu un filon de granit graphique (*Schriftgranit*) enfermé dans une masse granitique dont il suit l'inclinaison et les pentes variées, comprendra facilement le sens de ces mots.

Toute division dans la masse est donc subordonnée à la configuration générale, et s'accommode aux directions des lignes du treillis.

En voilà bien assez sur une vérité qui a été déjà énoncée bien des fois avec plus ou moins de bonheur. Qu'on se rappelle seulement la théorie du remplissage des filons. Elle était si généralement adoptée, que les travaux pleins de sagacité d'un savant estimable, M. de Charpentier, furent méconnus, dédaignés, abandonnés et tirés de l'oubli par les plaisanteries mêmes dont ils étaient l'objet. Ce serait maintenant le moment de rappeler les idées de cet ingénieux géologue; nul doute qu'elles ne fissent une profonde impression et n'amenassent d'heureux résultats.

Pendant que la division des grandes masses rocheuses a lieu, il s'en passe une autre dans leur intérieur qui imprime à la roche son caractère minéralogique, c'est celle qui produit les roches porphyroïdes (*porphyrartig*). Ici, comme précédemment, les substances les plus pures, ou plutôt les plus homogènes se séparent de celles qui le sont moins et de celles qui leur sont étrangères; le corps simple se sépare de celui qui est composé, le contenant du contenu, et souvent on peut encore démontrer l'identité de ces corps isolés.

Les géologues se rappelleront des exemples sans nombre à partir du granit jusqu'au gypse et aux calcaires les plus récents. Souvent le contenant se rapproche beaucoup du contenu. Les doubles cristaux de Carlsbad et d'Ellbogen (Voy. p. 345) sont, à proprement parler, du granit cristallisé ; les gros grenats (*Almandinen*) du Tyrol sont aussi évidemment des schistes micacés cristallisés ; les grenats ferrugineux (*Eisengranaten*), du fer oligiste écailleux (*Eisenglimmer*) cristallisé.

Si ces cristaux ont pu se former au milieu d'une masse qui les entravait, leurs molécules intégrantes, volatilisées et parcourant des fentes et des fissures auront pu s'isoler plus nettement et se réunir à leurs congénères. Telle est l'origine des véritables cristaux, dont la découverte fait la joie du géologue en même temps qu'elle agrandit et régularise son savoir.

J'ai réuni une série de ces roches porphyroïdes et pourrais prouver par des exemples isolés tout ce que j'ai avancé plus haut. Qu'on me permette, en attendant, d'intercaler une petite expérience chimique.

J'avais reçu un flacon contenant de l'opodeldoch, dont la masse homogène était un peu translucide, on y remarquait des petits corps blancs et cristallins de la grosseur de très petits pois. J'appris que le médicament n'avait été préparé que trois semaines auparavant. Dès le second et le troisième jour ces points, qui s'agrandirent peu à peu, devinrent tout-à-fait réguliers, sans prendre néanmoins un accroissement plus considérable.

On a trouvé de plus que, dans de petits flacons, les cristaux sont plus communs et plus petits ; ils ont la grosseur d'un grain de millet; cela prouve que la capacité du vase a une influence sur les formations cristallines, et pourra servir à expliquer dans la suite plus d'un phénomène géologique.

Ces faits nous conduisent à l'examen d'un autre phénomène que nous ne saurions passer sous silence quoiqu'il nous soit impossible de l'expliquer. C'est que, la *solidification des corps est accompagnée d'ébranlement.* Il est rare que l'on soit témoin de ce phénomène qui échappe à nos sens grossiers. Lorsqu'on tient à la main le tube dans lequel on fait geler du mercure, on ressent une légère secousse au moment où le métal passe de l'état liquide à l'état solide. La même chose a lieu quand le phosphore se solidifie.

La solidification est souvent le résultat d'une secousse. De l'eau qui est près de se congeler, se couvre de cristaux, si on ébranle le vase qui la contient. Rappelons-nous encore, quoiqu'elles semblent de nature bien différente, les expériences de Chladni où un ébranlement produit en même temps un son et une forme régulière. Tout le monde sait ce qui se passe sur des lames de verre, le fait suivant est peut-être moins connu. Si l'on saupoudre avec de la poussière de lycopode l'eau contenue dans une assiette et qu'on ébranle celle-ci avec un archet de violon, la poudre formera un réseau bien marqué. Heusinger, savant actif et à vues générales, pourrait utiliser ce fait dans son *Hyphéologie* (*). Purkinje, un des observateurs les plus distingués de notre époque, m'a envoyé un réseau de cette nature qu'il avait fixé sur le papier par un ingénieux artifice.

Les phénomènes entoptiques se rapportent à ceux-ci :

(*) Ὑφὸς tissu, λόγος discours.

un changement brusque de température fixe dans une
lame de verre des apparences auparavant fugitives.

J'ai toujours été vivement frappé par la considération des procédés *micromégatiques* de la nature; elle
fait en grand ce qu'elle fait en petit, et ne procède point
en cachette autrement qu'au grand jour.

Il est connu que les schistes argileux sont parcourus
par des filons de quarz. J'ai vu un exemple où des
massifs de médiocre grosseur étaient traversés par des
filons de quarz qui tous affectaient la même inclinaison,
tandis que les couches schisteuses qui venaient couper
ces filons à angle droit, séparaient la masse en lamelles
fort minces, et présentaient des intersections naturelles.

Je place devant moi une lamelle de ce genre, de manière à ce que la veine de quarz, qui peut avoir six
lignes de large, se trouve dans une position horizontale,
tandis qu'une veine plus étroite de cinq lignes est in-
cidente sur l'autre, sous un angle d'environ 45°;
en traversant cette dernière, elle devient perpendiculaire et, ressort de l'autre côté en affectant une direction
parallèle à celle d'incidence. Je me sers, comme on le
voit, d'un langage usité pour faire comprendre ce qui
se passe quand un rayon passe d'un milieu moins dense
dans un milieu plus dense pour en ressortir de nouveau.
Et certes si notre petite lamelle était reproduite au trait,
on croirait avoir sous les yeux une figure propre à faire
comprendre les phénomènes de la réfraction.

Ne forçons pas les analogies et contentons-nous de
décrire ce que nous avons sous les yeux. Lorsque le
filon plus faible tombe sur le plus fort et à angle droit,
alors il n'est pas dévié : il est rare cependant que deux
filons se rencontrent sans qu'il y ait une action mutuelle qui modifie leur direction. Il est aussi fort rare
que le filon le plus faible change celle du plus fort;
mais une petite cavité peut dévier une veine, en ce

que celle-ci ne recule pas, mais se trouve au contraire poussée en avant.

J'ai observé un seul cas où le petit filon avait déprimé le plus gros de toute son épaisseur en tombant verticalement sur lui.

C'est le schiste argileux qui présente les plus beaux exemples de ce genre. Le jaspe schisteux (*Kieselschiefer*) présente tant de fentes et de veines que l'on ne saurait y trouver des exemples probants. Dans le marbre tout est vague et indéterminé, quoiqu'on puisse y découvrir quelques lois fixes et conséquentes avec elles-mêmes.

Le marbre ruiniforme de Florence est un exemple remarquable, en ce qu'il rend évident à nos yeux l'ébranlement qui accompagne la solidification. Il a été formé très probablement par une matière infiltrée qui prenait la disposition rubanaire; une légère commotion a suffi pour couper ces lignes régulières par des fentes verticales, rompre l'horizontalité des couches, relever les unes, abaisser les autres, et donner au tout l'apparence d'une muraille percée de crevasses. La masse voisine de la salbande (*Saalband*) était à l'état de bouillie coulante, ces fentes ne l'ont pas affectée, et sur des morceaux taillés et polis, elle simule jusqu'à un certain point la forme des nuages. Cependant dans beaucoup d'échantillons, ces places rappellent tout-à-fait l'albâtre oriental, espèce de calcaire transparent et rubané.

Je possède quelques échantillons de marbre ruiniforme dont je n'ai jamais trouvé les analogues. La masse, sur le fond de laquelle se détachent des parties plus foncées, n'avait pas comme auparavant une tendance à la disposition rubanaire; mais ces parties nageant séparées l'une à côté de l'autre et la masse s'étant solidifiée subitement par une commotion, elle a été partagée dans tous les sens par une foule de petites fentes.

Aussi voit-on les parties d'une couleur différente
former des petits champs limités par des lignes droites
et affecter la forme de triangles, de quadrilatères et
de rhombes à angles aigus et obtus.

De semblables apparences se voient en grand: il suffit de comparer une coupe de marbre ruiniforme avec
une coupe des couches de Riegelsdorf (*Riegelsdorfer
Floetz*) pour s'assurer de leur similitude.

J'ai dit tout cela pour faire voir que la nature n'a pas
besoin de moyens violents pour produire mécanique-
ment ces grands phénomènes; mais qu'elle possède des
forces éternelles qui sommeillent en elle, et qui, évo-
quées au moment opportun, peuvent, suivant les circonstances préexistantes, produire les effets les plus
gigantesques comme les plus délicats.

Le jaspe rubané des environs d'Ilmenau fournit de
beaux exemples de ce genre. Des morceaux isolés larges
de trois doigts, présentent des stries très régulières
d'un brun foncé sur un fond plus clair. Dans beaucoup
d'échantillons ce dessin linéaire n'est pas dérangé; dans
d'autres, les lignes sont encore parallèles entre elles;
mais écartées l'une de l'autre par une petite secousse
au moment de la solidification, elles ont affecté une
disposition scalaire ascendante ou descendante. Ainsi
nous retrouvons maintenant sur une roche argilo-
quarzeuse très compacte (*quarzigem Thongestein*) ce
que nous avions observé tout à l'heure sur un calcaire
qui devait obéir facilement à toutes les modifications
extérieures.

Le quarz agate brèche (*Trümmerachat*) nous fournit l'exemple d'un ébranlement plus violent dans le
moment de la solidification. Une première tendance à
former des bandes n'est pas méconnaissable: une per-
turbation l'a dérangée, elle en a séparé les parties; la
masse de calcédoine qui est la base de toutes les agates

s'est solidifiée avec les ruines qu'elle renfermait, et il en est résulté une pierre de la plus belle apparence.

Je possède une dalle de marbre d'Altdorf, longue de trois pieds et large de deux, sa forme prouve qu'elle a servi jadis à décorer les appartements d'un prince, et certes elle méritait bien cet honneur.

Sur un fond gris, on voit une foule d'ammonites qui se touchent, le pourtour de la coquille est très visible, la partie antérieure étant remplie par la roche environnante, la postérieure par du calcaire blanc. Il n'est point de naturaliste qui ne connaisse ce marbre d'Altdorf, mais voici en quoi ce morceau est remarquable à mes yeux. Il présente des fentes transversales qui, en arrivant sur une coquille, la dévient de quelques lignes ; sur de plus petits morceaux, j'ai vu que cette déviation pouvait aller jusqu'à quatre lignes.

Les observations que nous avons faites sur le jaspe rubané et le marbre ruiniforme nous mènent à cette conclusion. Il est évident que le tout était encore mou et susceptible de prendre une forme quelconque, lorsque les fentes remplies d'une masse jaunâtre traversèrent la roche dans une direction déterminée, mais en décrivant une ligne sinueuse qui déplaçait tout ce qu'elle rencontrait. Outre la plaque de marbre dont j'ai parlé, j'en possède cinq plus petites que j'ai reçues, par l'intermédiaire du professeur Schweiger, d'une amie de madame Baureis, à Nürenberg, avec laquelle je suis en correspondance suivie sur des sujets d'histoire naturelle, comme je l'étais autrefois avec son mari.

Les géologues ont déjà rapporté de nombreux exemples de ces roches à moitié formées, puis détruites, et recomposées. Avec quelque attention on en découvrira bien d'autres encore, et beaucoup de celles qui sont connues sous le nom de brèches trouveront leur place dans cette catégorie. Les roches de quarz, sur les

bords du Rhin au-dessous de la chapelle de St-Roch,
sont de cette nature. Des fragments de quarz à arêtes
bien vives sont réunis par une masse quarzeuse liqué-
fiée, puis durcie de manière à former une roche des
plus résistantes. C'est ainsi que dans le règne organique,
lorsqu'un os fracturé guérit, le cal est infiniment plus
dur que la substance osseuse ordinaire.

LE TEMPLE

DE JUPITER SÉRAPIS,

PROBLÈME

D'ARCHITECTURE ET D'HISTOIRE NATURELLE.

———

À mon retour de Sicile j'avais à voir bien des curiosités que l'entraînement de la vie méridionale m'avait fait négliger pendant mon premier séjour à Naples. C'était entre autres le temple de Jupiter Sérapis, à Pouzzole, dont quelques colonnes , encore debout, présentent un phénomène inexplicable aux yeux des naturalistes.

Nous nous y rendîmes le 19 mai 1787, j'examinai avec soin la disposition des lieux, et bientôt je fus d'accord avec moi-même sur l'explication qu'on pouvait donner de ce fait. Je vais rapporter ici tout ce que je trouve noté dans le journal de mon voyage, en y joignant les particularités qui sont venues depuis à ma connaissance , et une gravure bien faite , destinée à éclaircir le texte.

Le temple, ou plutôt les restes du temple, sont situés au nord de Pouzzole, à deux cents toises de la ville environ. Il était placé immédiatement sur le bord de la mer, à une élévation de quinze pieds environ au-dessus de son niveau.

Les murs circonscrivent un espace de vingt-cinq toises carrées à peu près ; mais si l'on en retranche les cellules des prêtres, il reste pour la cour intérieure et la colonnade qui l'entourait, environ dix-neuf toises carrées. Au milieu, s'élève une petite éminence où l'on monte par quatre degrés ; elle a dix toises de diamètre et porte une rotonde à jour, qui était supportée par seize colonnes. Trente-six entouraient la cour, et comme chaque colonne supportait une statue, le nombre total de celles qui trouvaient place dans ce petit espace était de cinquante-deux. Qu'on se figure cet ensemble avec des chapiteaux corinthiens et les belles proportions des colonnes, dont les fûts brisés et épars rendent encore témoignage, et l'on avouera qu'il devait produire un effet d'autant plus grand, que la pierre en est très belle, et que les massifs, aussi bien que les revêtements, sont en marbre. Les cellules des prêtres et les singulières chambres de purification étaient dallées et lambrissées avec le marbre le plus précieux.

Toutes ces circonstances, jointes à l'ensemble du plan, indiquent un édifice du second ou plutôt du troisième siècle. Le souvenir des ornements, dont la valeur artistique déciderait la question d'une manière définitive, s'est effacé de notre mémoire.

La date de l'époque à laquelle ce temple a été enseveli sous la cendre d'un cratère ou par toute autre éjection volcanique est encore plus incertaine. Cependant nous allons tâcher de donner une idée de ce qui reste, et des conséquences qu'on peut tirer de ces débris, en nous référant à la planche VII qui accompagne cette note.

En haut, on voit le temple dans son intégrité, suivant une coupe à travers la cour intérieure. Les quatre grandes colonnes du portique étaient au fond de la cour devant le sanctuaire. On voit de plus la cour entourée d'une colonnade, et derrière les cellules des prêtres.

Il n'est pas étonnant que le temple ait été enseveli sous des cendres vomies par un volcan, à une époque du moyen âge qui nous est inconnue. Qu'on examine la carte des champs phlégréens, un cratère touche l'autre; c'est une succession d'élévations et de dépressions qui prouvent que cette contrée a été sans cesse bouleversée. Notre temple n'est éloigné que d'une lieue et demie du Monte-Nuovo, qui s'éleva, en septembre 1538, à une hauteur de mille pieds; il est à une demi-lieue de la solfatare qui brûle encore aujourd'hui. Considérez actuellement la planche du milieu. Qu'une pluie de cendres épaisses tombe sur l'édifice; les habitations des prêtres en seront couvertes et formeront deux collines; la cour intérieure, au contraire, ne sera remplie que jusqu'à une certaine hauteur; de là un creux dont le fond n'est qu'à douze pieds au-dessus du sol antique sur lequel s'élevaient les colonnes principales et une partie de la colonnade du pourtour, dont les sommets dépassaient çà et là l'amas de cendres entassées à leurs pieds.

Le ruisseau qui traversait le temple pour fournir aux ablutions, comme le prouvent les tuyaux et les gouttières, ainsi que les fentes pratiquées dans les bancs de marbre, coule encore aujourd'hui non loin de l'édifice; mais, arrêté alors dans son cours, il forma un étang qui pouvait avoir environ cinq pieds de profondeur, et dont les eaux baignaient les colonnes du portique à une hauteur égale.

Les pholades se développèrent dans cette eau et se mirent à percer circulairement le marbre cippolin des colonnes.

On ne sait pas combien de temps ce trésor resta enfoui et inconnu; les deux collines se couvrirent de végétation, et toute la contrée est si riche en ruines, que ces colonnes surgissant au milieu d'un étang attirèrent à peine l'attention.

Des architectes trouvèrent ici une mine de pierres toutes taillées; le cours de l'eau fut détourné, et l'on entreprit des fouilles, non pour restaurer l'ancien monument, mais pour l'exploiter comme une carrière, et employer le marbre à la construction du château de Caserte qui fut commencée en 1752.

C'est pour cela que l'on ne trouve que si peu de restes de ce temple, et que les trois colonnes dont nous avons parlé s'élèvent seules sur le dallage. Tout-à-fait intactes jusqu'à une hauteur de douze pieds au-dessus du sol, elles sont percées par les pholades à partir de ce point jusqu'à dix-sept pieds d'élévation, c'est-à dire sur une hauteur de cinq pieds. En examinant les choses de plus près, on voit que les cavités creusées par ces mollusques ont quatre pouces de profondeur, et on peut en retirer les deux valves de la coquille qui sont parfaitemement conservées.

Depuis ces fouilles, il paraîtrait que l'on n'a pas touché au monument ; car dans l'ouvrage in-folio, intitulé *Antichità di Puzzuolo*, qui ne porte point de millésime, mais qui, ayant été publié lors du mariage de Ferdinand IV avec Caroline d'Autriche, auxquels il est dédié, doit remonter à 1768 environ ; on voit, planche XV, un dessin du temple, qui était alors à peu près dans le même état où nous l'avons trouvé. Un dessin fait par M. Verschaffelt en 1790, et conservé dans la bibliothèque du grand-duc de Weimar, ne diffère pas sensiblement du précédent.

Dans la seconde partie du premier volume de l'ouvrage intitulé Voyage pittoresque, ou Description des royaumes de Naples et de Sicile, par l'abbé de Saint-Non, on s'occupe aussi, page 167, de notre temple. Le texte est excellent et fournit de bonnes indications qui ne nous donnent cependant aucune explication du fait géologique. Les deux dessins placés en face de la page en question sont exécutés d'après des esquisses rapides, d'une manière peu rigoureuse, mais pittoresque et assez vraie d'ensemble.

Il y a peu de chose à louer dans la restauration essayée page 172 du même ouvrage, les auteurs en conviennent eux-mêmes. C'est une décoration de théâtre tout-à-fait fantastique, beaucoup trop grandiose; car toutes les dimensions de cet édifice étaient, comme l'indiquent ses restes, dans des proportions étroites, et remarquables seulement par la profusion des ornements. On peut s'en assurer sur le plan qui se trouve dans le premier ouvrage, *Antichità di Puzzuolo*, planche XVI, et dans le Voyage pittoresque, page 170.

On voit par tout cela qu'il y aurait beaucoup à faire ici pour un architecte habile et persévérant. Donner les mesures exactes des différentes parties, refaire le plan en se guidant d'après les ouvrages indiqués ci-dessus, interroger les ruines dispersées çà et là, apprécier leur valeur artistique et déterminer d'après cela l'époque de la construction, restaurer le tout et les parties dans le style de l'époque à laquelle appartient le monument, telle serait la tâche de l'artiste.

Ces travaux guideraient l'antiquaire qui aurait à chercher quel genre de culte on exerçait dans cette enceinte. Il devait être sanguinaire, car on voit encore des anneaux de bronze fixés dans les dalles, et auxquels on attachait les taureaux, dont les gouttières environnantes étaient destinées à recevoir le sang. Il y a plus, on trouve, dans le centre de l'élévation moyenne, une ouverture par laquelle ce sang pouvait s'écouler. Tout ceci semble indiquer des temps plus reculés, et un culte sombre et mystérieux.

Je reviens au but principal de ce mémoire, les trous de pholades, qu'on ne saurait attribuer à d'autres causes; notre explication démontre comment elles ont pu arriver à cette hauteur et ronger les colonnes dans une certaine zone déterminée. Elle ne se fonde que sur des phénomènes locaux, résout clairement la difficulté,

et sera, nous l'espérons, accueillie favorablement par
les naturalistes.

Il paraît que dans cette circonstance on s'est laissé
induire en erreur, comme cela arrive souvent, en s'appuyant sur des prémisses inexactes. Les colonnes, a-t-
on dit, sont rongées par des pholades; celles-ci vivent
dans la mer, donc la mer a dû monter assez haut pour
baigner le fût des colonnes pendant quelque temps.

On peut faire le raisonnement inverse, et dire : Puisque l'on trouve une preuve de l'existence de pholades
à trente pieds au-dessus du niveau de la mer, et qu'on
peut prouver qu'une mare s'est formée accidentellement
à cette hauteur, les pholades de toutes espèces peuvent
vivre dans l'eau douce ou dans celle qui a été salée par
la présence de cendres volcaniques. Et je dirai sans
hésiter : Toute explication qui se fonde sur un fait nouveau mérite l'attention des savants.

Imaginez, au contraire, la Méditerranée s'élevant à
trente pieds au-dessus de son niveau ordinaire dans les
siècles chevaleresques et religieux du moyen-âge. Quel
changement sur tout son littoral! que de golfes nouveaux, de terres emportées, de ports comblés! de plus,
il faut admettre que l'eau est restée plus ou moins
long-temps à cette hauteur; et aucune chronique, aucune histoire de prince, de ville, d'église ou de couvent
n'en fait mention; tandis que la série des renseignements que nous avons sur tous les siècles qui ont suivi
la domination romaine, n'est jamais totalement interrompue. Cette supposition est complétement inadmissible; mais j'entends des lecteurs se récrier et dire : Pourquoi luttez-vous? contre qui? a-t-on jamais soutenu
que cette invasion de la mer avait eu lieu dans les siècles chrétiens? Non, elle remonte à des temps plus reculés, à la période fabuleuse.

Nous ne répliquerons rien de plus, il nous suffit

d'avoir prouvé qu'un temple construit dans le troisième siècle n'a jamais pu être envahi à ce point par
les flots de la mer (44).

Résumons-nous en ajoutant quelques observations
qui ont rapport à la planche VII. *a* indique toujours le niveau de la mer, *b* l'élévation du temple
au-dessus de ce niveau. La figure du milieu représente
le temple enterré sous les cendres volcaniques ; *c*, est le
fond de l'étang correspondant ; la cour intérieure *d*
le niveau de l'eau de cet étang ; c'est entre ces deux
lignes qu'habitaient les pholades rongeurs. *e* indique
les deux collines qui se formèrent autour et sur les
bâtiments ; les colonnes et les murs sont indiqués par
des lignes ponctuées.

En bas enfin, où l'on voit les ruines telles qu'elles
existent encore actuellement, on distingue entre *c* et *d*
l'espace percé par les pholades, et qui correspond à la
hauteur des eaux du lac ; cependant je ferai observer
que les murs qui environnent le temple ne sont pas
aussi dégagés qu'on les a représentés ici pour l'intelligence de l'ensemble, mais qu'ils sont en grande
partie couverts de terre, parce que les fouilles entreprises en 1752 ont cessé du moment que le besoin de
matériaux ne s'est plus fait sentir.

Je dois dire aussi pourquoi j'ai tardé si long-temps
à faire connaître cette explication d'un phénomène
célèbre ; dans ce cas comme dans beaucoup d'autres,
je m'étais convaincu moi-même, et je n'éprouvais pas,
dans ce monde contradicteur, le besoin de convaincre
les autres. En publiant mon voyage d'Italie, je n'insérai
pas ce passage qui me semblait cadrer assez mal avec le
reste, et dans mon journal je ne trouve que les idées
principales avec une esquisse à la plume.

Deux circonstances, en favorisant cette publication,
m'ont décidé à la faire dans ces derniers temps. Un

architecte aussi habile que complaisant a bien voulu
dessiner ces trois planches comparatives d'après mes
indications ; leur aspect suffirait seul sans autre explication pour faire comprendre mon idée; gravées avec
soin par Schwerdtgeburth, elles seront suffisantes
pour convaincre les observateurs.

Il est à regretter que M. de Hof n'ait pas traité ce sujet
dans son précieux ouvrage, il eût épargné au naturaliste
philosophe bien des questions, des recherches, des raisonnements et des réponses inutiles; mais il laisse seulement entrevoir tout ce qu'il a de problématique, et,
pour expliquer un si petit fait; il cherche une hypothèse moins hasardée que celle de l'élévation du
niveau de la Méditerranée. C'est à cet homme éminent que je dédie cette note, en me réservant de lui
témoigner ma reconnaissance pour ses beaux et grands
travaux à l'occasion d'autres sujets plus importants.

NOTES

DU TRADUCTEUR.

***

Note 1, p. 25.

Ce Mémoire porte la date de 1795, mais il n'a paru qu'en 1820 dans le deuxième cahier du journal publié par Goethe, sous le titre de *Zur Naturwissenschaft überhaupt, besonders zur Morphologie;* découragé par le mauvais accueil qu'on avait fait à son Essai sur la métamorphose des plantes, l'auteur l'avait laissé dormir dans ses cartons pendant vingt-cinq ans. Alors il jugea que le temps de ses idées était venu, car l'esprit humain, marchant lentement mais avançant toujours, finit par rejoindre le génie qui le devance dans les élans de sa course hardie. A la même époque M. Geoffroy-Saint-Hilaire formulait nettement les principes qu'il avait déjà énoncés en 1796 et en 1807 (Voy. les notes 2 et 3). Ignorant leurs mutuelles tendances, le savant et le poëte marchaient parallèlement vers le même but et proclamaient les mêmes vérités. Ainsi, dans sa *Philosophie zoologique*, page 21, M. Geoffroy-Saint-Hilaire s'exprime ainsi :

«S'en tenir aux seuls faits observés, ne les vouloir comparer que dans le cercle de quelques groupes ou petites familles à part, c'est renoncer à de hautes révélations qu'une étude plus générale et plus philosophique de la constitution des organes peut amener. Après un animal décrit, c'est à recommencer pour un second, puis pour un troisième, c'est-à-dire autant de fois qu'il est d'animaux distincts. Pour d'autres naturalistes il est d'autres destinées; ils abrègent utilement, et ne savent qu'avec plus de profondeur s'ils embrassent l'organisation dans ses rapports les plus élevés. »

28

Note 2 , p. 3o.

En 1807 , M. Geoffroy-Saint-Hilaire a établi le même principe en tête de son ouvrage *Sur le crâne des oiseaux.*

« La nature, dit-il, emploie toujours les mêmes matériaux et n'est ingénieuse qu'à en varier les formes ; comme si, en effet, elle était soumise à des données premières, on la voit tendre toujours à faire paraître les mêmes éléments en même nombre dans les mêmes circonstances et avec les mêmes connexions ; s'il arrive qu'un organe prenne un accroissement extraordinaire, l'influence en devient sensible sur les parties voisines qui, dès lors, ne parviennent plus à leur développement habituel ; mais toutes n'en sont pas moins bien conservées, quoique dans un degré de petitesse qui les laisse souvent sans utilité ; elles deviennent comme autant de rudiments qui témoignent en quelque sorte de la permanence du plan général. »

Note 3, p. 34.

Dans la *Dissertation sur les Makis* publiée en 1796 par M. Geoffroy-Saint-Hilaire, on trouve le même principe. « Une vérité constante, disait-il, pour l'homme qui a observé un grand nombre de productions du globe, c'est qu'il existe entre toutes leurs parties une grande harmonie et des rapports nécessaires, c'est qu'il semble que la nature se soit renfermée dans de certaines limites et n'ait formé tous les êtres vivants que sur un plan unique, essentiellement le même dans son principe, mais qu'elle a varié de mille manières dans toutes ses parties accessoires. Si nous considérons particulièrement une classe d'animaux, c'est là surtout que son plan nous paraîtra évident, nous trouverons que les formes diverses sous lesquelles elle s'est plu à faire exister chaque espèce dérivent toutes les unes des autres : il lui suffit de changer quelques unes des proportions des organes pour les rendre propres à de nouvelles fonctions et pour en étendre ou en restreindre les usages. »

Depuis, l'illustre zoologiste a reproduit ces doctrines dans ses nombreux écrits, et il a formulé son idée dans un discours d'introduction à l'ouvrage intitulé *Des Monstruosités humaines* (*Mém. du Muséum*, t. *IX*, *p.* 229. 1822), en basant l'anatomie philosophique, ou nouvelle méthode de détermination des organes sur l'association intime des quatre principes suivants : la théorie des analogues; le principe des connexions; les affinités électives des éléments organiques et le balancement des organes : principes qui se résument dans quatre mots : *Unité de composition organique*. Cette phrase a, sur les mots type, unité typéale, l'avantage de prévenir toute fausse interprétation. En effet, quand on parle d'un *type*, on a beau ajouter le mot *abstrait*, le lecteur est toujours tenté de soupçonner que l'auteur admet un animal existant ou ayant existé comme origine et modèle de tous les autres, tandis qu'il n'est question que d'un principe abstrait, régissant le monde animé. Les philosophes allemands ont été plus loin, et en lisant l'ouvrage de M. Carus intitulé : *Des Parties fondamentales du squelette osseux et testacé*, 1828, on ne peut s'empêcher d'être effrayé en voyant que cette imagination savante et hardie a osé réduire toutes les parties du squelette à la vertèbre, puis ramener les innombrables transformations de cet os unique aux déductions géométriques de la sphère, qui serait ainsi le type unique de toutes les parties osseuses ou testacées que présente le règne animal.

Note 4, p. 43.

La clavicule est réduite à un noyau rudimentaire dans les ruminants, les pachydermes, les solipèdes, les cétacés, en un mot tous les animaux qui ne se servent de leurs extrémités antérieures que pour marcher.

Note 5, p. 46.

Dans la souris, l'os vormien qui a pris un développe-

ment extraordinaire, sépare presque entièrement l'occipital
du pariétal ; et chez les poissons, l'absence d'os longs aux
membres fait que les nageoires, c'est-à-dire les analogues
des pattes, s'articulent d'une manière immédiate avec les
os du bassin et de l'épaule.

Note 6, p. 93.

Rudolphi s'exprime ainsi dans ses *Éléments de Physiologie*, vol. I, p. 30 : « Ce n'est que dans le fœtus très jeune
qu'on observe une trace de l'intermaxillaire », et il ajoute
qu'on trouve une indication de cet os dans l'*Ostéogénie
de Nerbitt*, p. 58, traduction allemande de 1753. Goethe l'a
ensuite découvert d'une manière positive ; puis Autenrieth
en a confirmé l'existence dans son ouvrage intitulé *Supple-
menta ad historiam Embryonis humani*. Tubing., 1797, p 66.

Le professeur Weber de Bonn a reconnu qu'en traitant
l'os maxillaire supérieur par de l'acide nitrique étendu
d'eau on séparait très bien l'intermaxillaire du maxillaire
supérieur sur les enfants de un à deux ans ; mais il a vu que
la *sutura incisiva* de la voûte palatine ne se termine pas entre la dernière incisive et la canine, mais qu'elle traverse
l'alvéole de la canine. (Voy. Weber, sur l'intermaxillaire
de l'homme et la formation du bec-de-lièvre dans *Froriep's,
Notizen aus dem Gebiete der Natur und Heilkunde*, v. XIX,
p. 281.) J'ai retrouvé la suture incisive sur plusieurs crânes
appartenant à diverses races humaines et souvent j'ai vérifié
l'exactitude de la remarque de Weber. On peut s'en convaincre sur la fig. 2, pl. II, qui a été refaite entièrement
d'après nature, parce que Goethe lui-même était fort mécontent de ce dessin, tel qu'il se trouve dans le quinzième
volume des *Acta naturæ curiosorum*, pl. V. fig. 2.

Note 7, p. 113.

Goethe, se promenant dans le cimetière des Juifs au Lido,
près de Venise, ramassa sur le sable une tête de bélier dont
le crâne était fendu longitudinalement, et, en la regardant,

l'idée lui vint à l'instant même que la face était composée
de vertèbres; la transition du sphénoïde antérieur à l'ethmoïde lui parut évidente au premier coup-d'œil. C'était en
1791, et à cette époque il ne fit point connaître son idée.
Seize ans plus tard, Oken publia un mémoire intitulé *De la
signification des os du crâne*, in-4°, 1807, dans lequel il établit que la tête se compose de six vertèbres. Suivant Carus,
la découverte d'Oken serait le résultat d'une inspiration,
tout-à-fait analogue, pour les circonstances à celle de Goethe.
Se trouvant dans une des antiques forêts du Brocken, il voit
à ses pieds une tête de cerf parfaitement blanchie; il la ra-
masse, la retourne, l'examine et s'écrie : c'est une colonne
vertébrale ! M. Geoffroy-Saint-Hilaire rapporte le fait diffé-
remment. Passant un jour en revue les squelettes de poissons
du cabinet de M. Albers, à Brème, Oken entrevit l'analogie
qui existe entre les premières vertèbres cervicales et les os
du crâne. Quoi qu'il en soit de ces deux versions, Oken ad-
mit trois vertèbres pour le crâne; les corps de ces vertèbres
sont : la partie basilaire de l'occipital, le corps du sphénoïde postérieur et celui du sphénoïde antérieur; les parties
latérales sont représentées par les condyles pour la première
vertèbre; par les pariétaux pour la seconde, par les frontaux
pour la troisième. Les trous de conjugaison se retrouvent
dans les trous condyloïdiens postérieurs, le trou ovale et les
trous optiques. Pour la face il admettait une vertèbre dont le
vomer était le corps, ou bien plusieurs vertèbres, trois, par
exemple, correspondant aux points d'ossification de cet os, et
qui, en diminuant peu à peu de volume, auraient terminé la
colonne vertébrale supérieurement comme la queue la termine inférieurement.

En France, on était conduit à des idées semblables,
en suivant une route tout-à-fait différente. Le 15 février 1808, M. Duméril lut à l'Institut un mémoire sur
l'analogie qui existe entre les os et les muscles des animaux; le second paragraphe était intitulé : *De la tête
considérée comme une vertèbre*. «Le trou occipital, disait
l'auteur, correspond au canal rachidien des vertèbres dont
il est l'origine; l'apophyse basilaire et très souvent le corps

du sphénoïde sont semblables par la structure et les usages au corps des vertèbres, les condyles représentent leurs
facettes articulaires. Les protubérances occipitales et les espaces compris au-dessous sont les analogues des apophyses
épineuses et de leurs lames osseuses, enfin les apophyses
mastoïdes sont tout-à-fait conformes aux apophyses transverses.» Il en concluait que la tête était une vertèbre gigan-
tesque. L'étonnement, la défaveur même avec laquelle cette
idée fut reçue, forcèrent l'auteur à reculer devant les cón-
séquences qu'elle recélait. Jean-Baptiste Spix publia en
1815 son grand ouvrage intitulé : *Cephalogenesis sive capitis
ossei structura, formatio et significatio per omnes animalium
classes, familias, genera ac œtates digesta.* Il pose en principe
que le crâne est une reproduction du tronc avec tous ses
membres; la face représente les membres. Le crâne se
compose de trois vertèbres qu'il appelle occipitale, pariétale
et frontale; ou crânique, thoracique et abdominale. On
voit que ses idées sur le crâne étaient les.mêmes que celles
d'Oken, et il ne différait de lui que par son interprétation
de la face. Cuvier (1817) reconnaît dans le crâne trois
ceintures osseuses formées : la première par les deux frontaux et l'ethmoïde, l'intermédiaire par les pariétaux, la
postérieure par l'occipital : entre l'occipital, les pariétaux
et les sphénoïdes sont les temporaux qui appartiennent à la
face. A la même époque, M. de Blainville considérait la tête
comme composée de vertèbres immobiles, dont les anneaux sont développés proportionnellement au système
nerveux qu'ils renferment, et d'appendices latéraux servant aux organes des sens ou à l'appareil de la mastication.

Meckel, Ulric, sont dans les mêmes doctrines. Bojanus
(*Isis,* T. IV, p. 1360) reproduit le système de Spix; il fixe à
quatre le nombre des vertèbres de la tête. *Leurs corps* sont
représentés par l'apophyse basilaire de l'occipital, le corps
du sphénoïde, la lame perpendiculaire de l'ethmoïde, et
enfin le vomer. *Leurs arcs* par les lignes courbes de l'occipital, les grandes ailes du sphénoïde, les petites ailes du
sphénoïde et le corps de l'ethmoïde. Les apophyses épineuses par la protubérance occipitale, les pariétaux, le co-

ronal et les os propres du nez. L'hyoïde, les apophyses pté-
rigoïdes et les palatins sont les analogues des côtes. L'os pétreux, l'os lacrymal et les cornets sont des os intérieurs (*in-
testinales*).

Les membres céphaliques supérieurs correspondant aux
membres supérieurs au tronc, sont formés par les apophyses mastoïdes, le cercle tympanique, la partie écailleuse
du temporal, l'os zygomatique, le maxillaire supérieur et
l'intermaxillaire. Les membres céphaliques inférieurs composent par leur réunion la mâchoire inférieure.

M. Geoffroy sentit le besoin de chercher un fil conducteur avant de s'engager dans ce labyrinthe. Il étudia l'os-
téogénésie du crâne, et vit que chez le fœtus il se composait de 63 parties; donc la tête est formée par le quotient
de 63/9 ou 7 vertèbres. Dans la planche IX de l'atlas du troisième volume des *Annales des Sciences naturelles pour* 1824
il a donné un plan figuratif qui nous montre la tête composée des sept vertèbres suivantes : la labiale, la nasale,
l'oculaire, la cérébrale, celles des lobes quadrijumeaux,
l'auriculaire et la cérébelleuse. Ce qui différencie le système de M. Geoffroy de tous les autres, c'est que le corps
basilaire de l'occipital est formé, suivant lui, de deux noyaux
vertébraux primitifs figurés, pl. II, fig. 7 et 8, dont la
réunion a lieu de très bonne heure, à cause de l'énergie
vitale à laquelle participent tous les organes qui avoisinent
la moelle allongée. L'étude approfondie des anencéphales
l'a conduit à ce résultat. Enfin M. Carus, dans son ouvrage
sur les parties fondamentales du squelette osseux et testacé
(1828), en compte six : trois pour le crâne et trois pour la
face; c'est cette dernière opinion que Goethe paraît avoir
adoptée dans le paragraphe auquel cette note est annexée.

Note 8, p. 117.

Le parallèle entre l'avant-bras et la jambe de l'homme,
ou pour parler d'une manière plus générale, entre la moitié inférieure des membres antérieurs et postérieurs des
mammifères, a long-temps embarrassé les anatomistes;

car, on voulait toujours retrouver le radius tout entier dans
le tibia , toutes les parties du cubitus dans le péroné, *et
vice versâ*; alors non seulement les parties osseuses, mais
encore les insertions musculaires donnaient des résultats
contradictoires. En effet, si l'on compare l'extrémité supérieure du tibia, à l'extrémité correspondante du cubitus, on
trouve entre ces deux os une analogie parfaite ; tous les deux
s'articulent par une double facette, l'un avec le fémur,
l'autre avec l'humérus ; la rotule est l'analogue de l'olécrâne;
le corps du tibia est triangulaire comme celui du cubitus ;
le triceps fémoral répond au triceps brachial; le muscle po-
plité au brachial antérieur, etc. Mais l'extrémité inférieure
du tibia n'a pas le moindre rapport avec celle du cubitus.
En effet, 1° le cubitus présente une face articulaire très
petite, tandis que celle du tibia est très large ; 2° celui-ci
s'articule avec la partie correspondante au gros orteil, qui
est l'analogue du pouce, tandis que le cubitus est en rapport avec le bord métacarpien qui supporte le petit doigt.
Nous trouvons, au contraire, une analogie complète entre
l'extrémité inférieure du radius et celle du tibia : analogie
de forme, de rapports, de fonctions. D'un autre côté, l'extrémité supérieure du radius, qui a peu de part à l'articulation du bras avec l'avant-bras, est bien représentée par la
tête du péroné, et toutes deux donnent attache à un muscle
analogue, le biceps du bras et celui de la cuisse. L'extrémité
inférieure du péroné qui constitue la malléole externe,
rappelle la forme, les connexions et le rôle que joue l'extrémité carpienne du cubitus. C'est ce qui a fait dire à
M. Cruveilhier (*Anatomie descriptive*, t. I, p. 315) : « L'extrémité supérieure du tibia est représentée par la moitié
supérieure du cubitus, et la moitié inférieure du tibia, par
la moitié inférieure du radius. Tandis que le péroné est
représenté par la moitié supérieure du radius et par la
moitié inférieure du cubitus. »

En procédant *à priori*, d'après les règles tracées par la
loi des connexions et celle du balancement des organes, on
serait arrivé au même résultat.

En effet, le cubitus s'articule avec l'humérus; donc le tibia,

s'articulant avec le fémur, analogue de l'humérus est le représentant du cubitus. D'un autre côté, l'os qui est en connexion avec le tarse et la partie du pied qui répond au gros
orteil, représentant du pouce, est nécessairement l'analogue
du radius. L'organe de préhension étant devenu une colonne
de sustentation, les mouvements de pronation et de supination sont abolis; les parties osseuses qui ne sont pas dans la
ligne du centre de gravité du membre deviennent inutiles,
s'atrophient et finissent par disparaître totalement; c'est
ce qui doit arriver, et c'est ce qui arrive en effet pour le
péroné, qui manque presqu'entièrement dans un grand
nombre d'animaux.

Note 9, p. 122.

M. Carus (*Mémoire sur la forme primitive des coquilles dans
les Mollusques acéphales et gastéropodes*), regarde la sphère
creuse comme la forme fondamentale de toute coquille.
Dans les Lépadées, et surtout dans le *L. anatifera*, cette
sphère se partage dans le sens de son axe qui est déterminé
par le canal intestinal, en trois segments, deux latéraux et
un tergal; les latéraux se subdivisent à leur tour en deux
autres, l'un plus grand, l'autre plus petit, d'où résultent
cinq coquilles en tout.

Note 10, p. 130.

Lamarck a écrit, dans sa *Philosophie zoologique*, un chapitre intitulé : *De l'Influence des circonstances sur les actions et
les habitudes des animaux, et de celle des actions et des habitudes
des corps vivants comme causes qui modifient l'organisation de
leurs parties.* Il partage avec M. Geoffroy-Saint-Hilaire l'opinion que les mêmes lois président à la formation des êtres
antédiluviens et des animaux actuellement existants. (Voyez
son *Mémoire sur les rapports de structure organique et de pa-
renté qui sont entre les animaux des âges historiques et vivant
actuellement, et les espèces antédiluviennes perdues* (*Mém. du
Museum*, t. 17, p. 209, 1829), et ses *Recherches sur les grands*

Sauriens trouvés à l'état fossile vers les confins maritimes de la Basse-Normandie, 1831.)

Note 11, p. 157.

Voici quelle fut l'origine des liaisons de Geoffroy-Saint-Hilaire avec Cuvier; c'était en 1795, ce dernier habitait en Normandie le château de Fiquainville; lui, le comte d'Héricy, propriétaire de cette habitation, le prince de Monaco et d'autres grands propriétaires de la contrée allaient chaque soir assister dans la ville voisine, Valmont, aux séances d'une prétendue société populaire où ils avaient soin qu'on ne parlât que d'agriculture. Sur ces entrefaites, le vénérable doyen de l'Académie des sciences, M. Tessier, que les persécutions révolutionnaires d'alors avaient porté dans les armées et qui s'y trouvait caché sous le titre et avec l'emploi de médecin d'un régiment, tenait garnison à Valmont; il apprend qu'on s'y réunit le soir pour des causeries sur la culture des champs, il se rend à cette réunion et finit par y parler si pertinemment des matières en discussion, qu'il est promptement reconnu pour l'auteur des articles *Agriculture* de l'Encyclopédie méthodique; il eut, pour cela, à faire à la sagacité du secrétaire de la société, M. Cuvier, qui s'en ouvrit à lui; mais les articles *Agriculture* étaient signés l'*Abbé Tessier;* c'était cette qualité d'abbé, que l'ancien usage faisait prendre aux pensionnaires tonsurés de la caisse des économats, qui l'avait rendu suspect à Paris. *Me voilà reconnu,* s'écria douloureusement le célèbre agronome, *et par conséquent perdu! — Perdu!* reprit vivement Cuvier; non, vous allez être au contraire l'objet de nos plus tendres empressements. Cet entretien aboutit à une liaison intime, et peu après, M. Tessier, le compatriote de M. Geoffroy, l'ami de sa famille et le guide de son enfance, le mit en tiers dans cette intimité. Il pria Cuvier de lui communiquer ses manuscrits et celui-ci lui répondait: « Ces manuscrits, dont vous me demandez la communication, ne sont qu'à mon usage et ne comprennent sans doute que des choses déjà ailleurs et mieux établies par les naturalistes de la capitale ; car ils sont faits sans le secours des livres et des collections .» M. Geoffroy y trouva presqu'à chaque page des faits nouveaux, des vues ingénieuses; déjà ces méthodes scientifiques, qui depuis ont renouvelé la face de la zoologie, étaient indiquées, et ces premiers essais étaient supérieurs à presque tous les travaux de l'époque ; aussi répondit-il à Cuvier : *Venez à Paris, venez jouer parmi nous le rôle d'un autre Linnée, d'un législateur de l'histoire naturelle.* Cuvier vint en effet et réalisa la prédiction de M. Geoffroy qui avait deviné son génie.

(*Extrait du discours prononcé aux funérailles de Cuvier, le 16 mai 1832, par M. Geoffroy-Saint-Hilaire, vice-président de l'Académie des sciences.*)

Note 12, p. 173.

M. Geoffroy a observé, dans la collection de M. Bredin, directeur de l'École vétérinaire à Lyon, un fœtus de cheval polydactyle. Il était âgé de huit à neuf mois : antérieurement, le pied gauche était terminé par trois doigts à peu près égaux, celui de droite par deux seulement. Une membrane, une sorte de périoste prolongé sortait du milieu des os métacarpiens et formait un diaphragme, lequel isolait les doigts; cette membrane les dépassait de six lignes. (*Ann. des sc. nat.*, t. II, p. 24. 1827.)

Note 13, p. 214.

Cette loi n'est pas générale; les cotylédons du Tilleul, des Noyers, des *Hernandia*, du *Geranium moschatum* sont divisés en plusieurs lobes bien marqués.

Note 14, p. 215.

L'*Areca alba* présente les mêmes phénomènes. Voy. de Candolle, *Organographie végétale*, Pl. 27.

Note 15, p. 216.

Cette tendance se manifeste encore dans le pétiole du *Lathyrus articulatus*, celui du *Desmodium triquetrum* et un grand nombre de plantes où le limbe avorte en partie, et se métamorphose plus ou moins, tels que les *Buplevrum*, les *Acacia* de la Nouvelle-Hollande, etc. Quelques botanistes ont été même jusqu'à considérer comme des phyllodes les feuilles du *Ranunculus lingua*.

Note 16, p. 216.

M. Brongniart a fait voir (*Ann. des sc. nat.*, 2ᵉ série, t. 1, p. 65) que dans les plantes aériennes l'épiderme des feuilles se compose d'une couche celluleuse et d'une pellicule simple, percées de stomates; tandis que la pellicule existe seule sur les plantes submergées qui ne présentent d'ailleurs jamais de stomates.

Note 17, p. 216.

Il n'est pas de plante qui démontre mieux cette vérité que le *Lotus corniculatus*; velu, petit, rabougri sur les coteaux arides; il s'élève tellement dans les bois humides qu'on l'a pris pour une espèce nouvelle (*L. altissimus*, Thuillier); enfin, il devient charnu et succulent dans les localités salines, les bords de la mer, par exemple. Le *Cerastium alpinum* des flores françaises n'est que le *Cerastium arvense* modifié par l'influence de la hauteur; car on trouve tous les passages intermédiaires entre ces deux prétendues espèces

Note 18, p. 219.

On peut citer beaucoup de faits à l'appui de cette vérité. M. de Tschudy a forcé un pied de melon à porter des fruits, soit en lui retranchant quelques racines, soit en le privant d'une partie de la sève descendante par l'enlèvement d'un anneau circulaire sur la tige. Les Pervenches fleurissent mieux dans des pots qu'en pleine terre. Dans les Indes orientales on déchausse les racines des arbres fruitiers pendant la grande chaleur, il en résulte qu'au lieu de pousser en bois et en feuilles, leurs bourgeons se développent en fleurs et en fruits. M. Bory de Saint-Vincent étant à l'île Bourbon, avait vainement cherché à se procurer des rameaux en fleurs de bambou (*Bambusa vulgaris*); il en trouva enfin sur des troncs à moitié consumés pendant l'incendie d'une habitation. La même plante était depuis 1813 dans une serre à Kœnigsberg; jamais elle n'avait fleuri. Dans l'été de 1832 on fut forcé de découvrir la serre pendant un très mauvais temps pour la réparer; la plante souffrit, puis poussa de faibles rejetons qui donnèrent des fleurs pendant cinq mois. Il est des exemples contraires : Les *Quisqualis indica, Bougainvillea insignis, Vigandia urens*, n'ont fleuri dans les serres du Jardin des Plantes de Paris que, lorsque l'habile jardinier qui les dirige, eut l'idée de les nourrir plus abondamment. Plusieurs *Bannisteria* sont dans le même cas.

Note 19, p. 220.

Dans les *Gentiana campestris* et *G. crinita* les sépales du calice sont complétement identiques avec les feuilles de la plante. Forme, couleur, grandeur, position relative, tout est semblable.

Note 20, p. 221.

Goethe semble dire dans cette phrase qu'il a vu réellement cette soudure s'opérer sous ses yeux; et cependant il n'en saurait être ainsi, car elle a lieu beaucoup trop tôt pour que nous puissions prendre la nature sur le fait : il aurait dû s'étayer de nombreux exemples de calices gamosépales qui, en restant accidentellement polysépales, prouvent qu'ils sont composés de parties originairement distinctes, mais constamment soudées, et non pas invoquer un fait dont tous les savants admettent l'existence, sans avoir jamais pu le vérifier d'une manière immédiate.

Note 21, p. 223.

Exemples : *Brugmansia bicolor, Helleborus fœtidus,* où l'extrémité des sépales du calice est rouge, tout le reste vert ; le *Rhodochiton volubile* dont le calice est rouge. Dans la *Mussœnda frondosa,* une des cinq dents du calice s'épanouit en feuille colorée.

Plusieurs espèces des genres voisins, *Pinckneya* et *Macrocnemum,* sont dans le même cas, ainsi que les *Dipterocarpus,* les *Amherstia,* etc.

Note 22, p. 224.

Dans l'*Euphorbia fruticosa,* es jeunes feuilles sont du plus beau rouge écarlate. Il en est de même du *Brownea grandiceps* où elles sont d'abord rouges au moment de leur développement, et verdissent ensuite. Quelquefois la feuille est en partie verte et en partie colorée. Exemples : *Amaranthus tricolor, Caladium bicolor* ; ou bien l'une des faces est rouge, tandis que l'autre est verte. Ex. : *Tradescantia discolor, Begonia discolor,* etc. L'analogie des bractées et des feuilles étant admise, celle des pétales et des feuilles devient incontestable, si l'on considère les bractées colorées des *Tillandsia,* des *Hydrangea,* des *Neottia speciosa, Salvia splendens, Cornus florida, Bougainvillea insignis,* etc.

Note 23, p. 225.

C'est dans les espèces des genres *Nuphar* et *Nymphœa* que ces passages insensibles se montrent de la manière la plus évidente ; il est difficile dans cette spirale continue d'organes qui se modifient peu à peu, de dire où finissent les sépales et où commencent les pétales et les étamines.

Dans les *Ornithogalum*, l'analogie des pétales avec les étamines n'est pas moins frappante. (Voyez, du reste, pour
d'autres exemples, Pl. IV. fig. 4, 5, 6, 18; et Pl. V, fig. 5,
6, 7 8 et 9.)

Note 24, p. 229.

Les organes que Goethe désigne sous le nom de nectaires
dans la *Nigella*, les Aconits et les Ancolies sont considérés
maintenant comme des pétales; et les organes colorés extérieurs qu'il appelle pétales, comme des parties du calice.
Cette fluctuation qui s'observe dans les dénominations des
différents organes d'une même plante n'est-elle pas la meilleure preuve de leur identité? Mais à ce sujet, je crois devoir exposer fidèlement la doctrine qu'un phytologiste
célèbre, M. Mirbel, a soutenue constamment, depuis le
commencement de ce siècle, opinion qui est tout-à-fait
contraire à celle que Goethe a si ingénieusement développée dans sa *Métamorphose des plantes*.

Selon notre savant compatriote, dont je vais reproduire
la doctrine avec la plus parfaite exactitude, Goethe ne s'est
pas fait une juste idée du principe d'*unité organique* dans
les végétaux, et il a cherché l'*identité* et les *métamorphoses*
là où il n'existe en réalité que des *analogies* et des *substitu-
tions*. L'*unité organique végétale* réside essentiellement et
uniquement dans l'*utricule*, petite vessie membraneuse,
close, incolore, diaphane, laquelle ayant à nos yeux le
même aspect dans l'universalité des plantes, bien que la
raison démontre qu'elle ne saurait être la même dans les
races différentes, constitue tous les types spécifiques par sa
puissance génératrice, ses innombrables métamorphoses
et ses agencements variés. Un organe, quel qu'il soit, n'est,
quand il commence à devenir perceptible pour nous,
qu'une petite masse composée d'utricules dans leur état
primitif; et alors on ne peut donner à la masse un nom
propre d'organe, avec l'entière certitude de ne jamais se
tromper; car, nonobstant sa position, qui semblerait devoir décider la question, elle s'offrira peut-être plus tard
sous des caractères tout autres que ceux qu'on attendait.

C'est qu'ici les modifications ne résultent pas uniquement de la position, mais encore de certaines causes, soit internes, soit externes, plus ou moins variables, dont plusieurs sont très bien connues. Si la petite masse utriculaire, avant qu'aucune influence particulière n'ait agi sur elle et décidé irrévocablement de son sort, est, comme beaucoup d'observations le font croire, dans un état de *neutralité*, il est croyable qu'elle pourra devenir, par l'intervention de diverses influences, une feuille ou bien un sépale, un pétale, une étamine, un ovaire, une racine, etc. ; et cela ne résultera que des modifications que les utricules auront subies; modifications qui opéreront ce que M. Mirbel appelle une *substitution* lorsque l'organe produit n'est pas celui que la position indiquait selon la marche ordinaire de la végétation. Que l'on trouve dans la nouvelle formation l'alliance de deux organes, l'un et l'autre incomplets, ce qui est assez fréquent, cette monstruosité ne signifie autre chose, sinon que des influences secondaires ont opéré simultanément, et que les forces se sont équilibrées de manière à donner naissance à un produit mixte. Sans doute il y a une certaine analogie entre tous les organes des végétaux; les physiologistes sont depuis long-temps d'accord sur ce point; mais l'analogie n'est pas l'identité. Dire que tout est feuille n'éclaircit rien. Après avoir ainsi tout confondu, il faudra bien en revenir à tout distinguer, puisque sans cela point de science.

Ce court exposé des idées fondamentales de la doctrine que M. Mirbel a reproduite, non sans quelques modifications, dans la plupart de ses écrits, et notamment dans ses deux mémoires sur le *Marchantia*, lus à l'Académie des sciences en 1831 et 1832, montre jusqu'à quel point ses opinions s'éloignent de celles de Goethe.

Note 25, p. 229.

Dans leur premier mémoire sur la famille des Polygalées, MM. Auguste Saint-Hilaire et Moquin-Tandon ont fait voir que ces appendices filiformes n'existaient que dans les espèces où la carène porte un lobe simple ou échancré, et qu'ils remplaçaient le troisième lobe qu'on retrouve dans abeucoup d'autres.

Note 26, p. 231.

Les travaux ultérieurs des physiologistes ont prouvé que le pollen ne sortait pas tout formé de l'orifice des vaisseaux spiraux. Dans son second mémoire sur les *Marchantia polymorpha* (1832), M. Mirbel a suivi la formation du pollen dans une anthère de potiron (*Cucurbita pepo*), depuis les premiers instants où la fleur est visible à l'œil armé du microscope, jusqu'à son développement parfait. Il a décrit et figuré ses différentes phases, pour ainsi dire pas à pas, et nous donnons ici les principaux résultats de ses travaux. 1° Dans le principe, l'anthère est une masse de tissu utriculaire renfermant des granules. 2° Peu de temps après, on voit de chaque côté de la ligne médiane de la masse, un groupe de quelques utricules qui ont pris plus d'ampleur que les autres, mais qui, pour tout le reste, sont semblables à elles. 3° Les granules de ces utricules se multiplient; puis leur paroi s'épaissit et se dilate de manière à se séparer un peu de la masse granuleuse qu'elle contient. 4° Quatre lames partent de la face interne de cette membrane et séparent l'utricule qui sert de matrice au pollen en quatre loges. 5° Dans chacune de ces loges, il se forme un grain de pollen, résultant de la production de deux utricules dont l'une emboîte l'autre. Celle-ci contient les granules. M. Mohl a constaté que les sporules qui remplissent l'urne des mousses se forment de la même manière; ce qui établit une singulière analogie entre les organes reproducteurs des végétaux acotylédones, et le corps fécondateur des plantes phanérogames.

Note 27, p. 231.

Goethe, dans ce passage, a probablement en vue le pollen solide des Asclépiadées et des Orchidées. Voyez sur ce sujet les mémoires de MM. R. Brown et Adolphe Brongniart.

Note 28, p. 234.

A tous ces exemples, on peut joindre les espèces du genre

Stigmatophyllon, que **M. A.** de Jussieu vient d'établir aux dépens des *Bannisteria*, et dans lesquelles cette forme pétaloïde est on ne peut mieux caractérisée.

Note 29, p. 255.

Ces apparences sont le résultat de simples soudures de la feuille avec le pédoncule de la fleur, et, à ma connaissance du moins, il n'existe point d'exemple de véritable feuille produisant des fleurs. Les organes florifères des *Xylophylla* sont des rameaux aplatis, naissant comme les autres à l'aisselle d'une feuille.

Note 30, p. 236.

Aucune plante ne prouve cette vérité d'une manière plus incontestable que le *Mayna brasiliensis*. Raddi. Son péricarpe est formé par les feuilles de la plante nullement modifiées et dont les moitiés libres se recouvrent mutuellement, tandis que leurs pointes forment les six styles qui couronnent le fruit. Le péricarpe est uniloculaire, ce qui devait être, puisque les feuilles ne sont pas repliées sur elles-mêmes. Parmi les plantes que nous avons journellement sous les yeux et qui démontrent le même fait, je citerai encore le Baguenaudier, les *Helleborus*, les *Asclepias*. Voy. pour d'autres exemples, planche IV, fig. 19, 20, 21, 22, 28, 29.

Note 31, p. 241.

Les paragraphes 87 et 88, 89 et 90 contiennent en germe toute la théorie de Lahire, développée par Dupetit-Thouars, sur la végétation. Dans le premier, Goethe insiste sur l'analogie du bourgeon avec la graine, que Dupetit-Thouars distinguait par les dénominations d'embryon fixe et d'embryon mobile; Goethe accorde des racines aux bourgeons, et Dupetit-Thouars retrouvant ces racines dans la nouvelle couche d'aubier qui se forme chaque année, ne voit dans les racines de la plante-mère que la réunion de toutes les

racines des bourgeons. Cette idée complète la théorie de
Goethe en ce qu'elle démontre l'existence de la racine sur
le compte de laquelle il ne s'explique pas dans sa métamorphose; celle-ci n'est plus un organe à part, mais une
tige modifiée par le milieu qu'elle habite, et les lois de
polarité qui régissent tous les êtres.

Note 32, p. 251.

Ce fait paraît maintenant hors de doute. Les bois très
durs comme l'ébène sont imperméables à la sève : dans les
arbres creux, la partie centrale pourrit sous l'influence des
agents physiques qui la décomposent sans que la végétation
de l'arbre soit interrompue. M. Turpin a vu dans les pays
chauds des troncs d'Acajou (*Swietenia mahagoni*) que les racines adventives du *Clusia rosea* avaient fait périr en les
étreignant fortement, et dont le bois était dur et bien conservé, quoique l'arbre fût réellement mort. Tout cela tend
à prouver que le bois parfait ne doit pas être considéré
comme une partie vivante de l'organisme.

Note 33, p. 288.

On sait maintenant que les tubercules de pommes de
terre sont des renflements de *rameaux* souterrains, et que
les véritables racines n'en portent jamais. En buttant les
pommes de terre, les agriculteurs font une heureuse application de ce principe, puisque cette opération a pour résultat
d'enterrer les branches inférieures de la plante. Voyez la
planche III : quant aux carottes, aux raves, aux radis, on
sait, grâce aux travaux de M. Turpin, que ce sont des tiges
dont le premier merithalle est renflé et qui appartiennent
à l'axe ascendant du végétal.

Note 34, p. 318.

Cette opinion est généralement répandue en Angleterre,
en Normandie, en Danemarck, et cependant il y a bien des

points à éclaircir pour mettre le fait hors de doute. 1° Est-
il certain que l'épine-vinette exerce réellement cette influence fâcheuse? 2° est-ce par ses racines qui, en se prolongeant dans le champ de blé, attirent à elles tous les sucs
nutritifs, qu'elle s'oppose à l'accroissement des céréales,
ou bien par son pollen qui, étant porté sur les stigmates
du blé, empêche la fécondation? 3° est-ce enfin, en propa-
geant les parasites dont ses feuilles sont souvent couvertes?
Telles sont les questions que M. Decandolle s'est posées dans
sa Physiologie végétale, p. 1485, sans pouvoir, vu l'état peu
avancé de la science, s'arrêter définitivement à aucune
d'elles.

Note 35, p. 320.

Il y a, dans cette observation déjà faite par quelques observateurs, quelque chose qui m'engage à l'annoter, d'a-
bord pour la confirmer et ensuite pour faire connaître l'a-
nalogie présumable qui existe entre la poussière blanche
des mouches dont parle l'auteur, et cette autre poussière
blanche qui apparaît à la surface du corps de certains individus de vers à soie, et détermine chez eux une affection
souvent mortelle. Des observations soigneusement faites,
soit en Italie, par le docteur Bassi, soit à Paris, par
MM. Audouin, Montagne et Turpin, ont démontré que cette
poussière était produite par une espèce de champignon bys-
soïde et rameux, du genre *Botrytis*, et nommé *Botrytis
Bassiana* en mémoire du docteur Bassi qui le premier a
fait connaître cette espèce de végétal, qui est aux vers à soie
ce que l'*Uredo caries* est au grain du froment.

Comme dans la poussière blanche des mouches mortes,
la poussière blanche des vers à soie, provient d'un *Botrytis* qui germe et se développe dans l'épaisseur des tissus
larvacés des vers et vient ensuite fleurir et fructifier à
l'air libre et à la surface du corps qui lui sert de territoire.
Elle est lancée à distance sous la forme d'une pulviscule
composée d'un nombre incalculable de séminules prêts
à s'ensemencer de nouveau dans le corps d'autres vers,

et de produire, en les épuisant, cette maladie mortelle que les Italiens, éducateurs de vers à soie, nomment la *muscardine*.

Note 36, p. 324.

M. Unger a parfaitement démontré, dans son ouvrage intitulé les *Exanthèmes des plantes*, que la stagnation des sucs dans les méats intercellulaires et l'engorgement de la chambre pneumatique d'un stomate, était l'origine de toutes ces productions parasites connues sous les noms d'*Uredo, Puccinia, Aecidium*, etc. (*Voy. aussi Ann. des sc. nat.* T. II. p. 193).

Note 37, p. 326.

M. Léon Dufour a constaté un fait analogue sur le *Sonchus scorzoneræformis*. Il suffit d'imprimer la plus légère secousse à la plante pour voir suinter à l'instant, surtout des angles des divisions de la feuille et des bords des écailles de l'involucre, des globules de suc laiteux. Il a renouvelé souvent cette expérience, et s'est assuré que le plus léger contact était suffisant pour produire cet effet.

Note 38, p. 327.

Suivant M. Soulange-Bodin, le *Broussonetia papyrifera* présente le même phénomène ; cet arbre est dioïque, et le matin au lever du soleil, les individus mâles sont quelquefois entourés d'un nuage de pollen: emportée par le vent, la poussière fécondante va chercher au loin l'arbre femelle, qui attend son heureuse influence.

Note 39, p. 332.

Il en existe cependant dans les *Smilax*, les *Methonica gloriosa* et *Fritillaria verticillata*. La tendance spirale se manifeste au plus haut degré dans le pédoncule de la fleur femelle du *Vallisneria spiralis* ; les tiges des vanilles, des

Oncidium, du *Tamus communis*, etc., qui sont toutes volubiles. ;

Note 40, p. 351.

Les principales sources de Carlsbad sont : 1° Le *Sprudel*
(le Bouillon), qui sort d'une cavité dans laquelle l'eau est
poussée par intervalles alternativement avec du gaz ; ce phénomène s'explique, en réfléchissant que les cavités intérieures finissent par se remplir de gaz acide carbonique,
celui-ci comprime la surface du liquide et s'échappe alors
par les mêmes canaux. La température de l'eau est de 59° à
60° R. 2° Le *Neubrunnen*, 48° à 50° R. 3° Le *Mühlbrunnen*, 45° à
47° R. 4° Le *Theresienbrunnen*, 42° à 45° R. Enfin 5° le *Schloss-
brunnen*, qui disparut en 1809 pour reparaître spontanément
en 1823. Berzelius a publié, dans les *Ann. de Chimie et de
Physique*, t. xxviii, l'analyse de ces eaux, qui présentent
toutes la même composition. Il a trouvé, dans 1000 parties
d'eau, 5, 45927 parties salines, savoir : sulfate de soude,
2, 58713 ; carbonate de soude, 1, 26237 ; muriate de
soude 1, 02852 ; carbonate de chaux 0, 50860 ; fluate de
chaux 0, 00320 ; phosphate de chaux 0, 00022 ; carbonate
de strontiane 0, 00096 ; carbonate de magnésie 0, 17834 ;
phosphate basique d'alumine 0, 00032 ; carbonate de fer
0, 00362 ; carbonate de manganèse 0, 00084 ; silice
0, 07515. L'eau laisse dégager du gaz acide carbonique,
mêlé seulement de quelques traces d'azote. Leur pesanteur
spécifique est à + 18° C. de 1004, 975.

Note 41, p. 367.

Une même idée semble, en général, avoir présidé aux
observations géologiques de Goethe ; c'est une idée synthétique qui, négligeant les détails, embrasse l'ensemble des
faits. Si quelquefois il est forcé de descendre aux particularités, c'est toujours dans la vue de les faire venir à
l'appui de l'idée fixe qu'il semble poursuivre sans cesse.
Une telle manière de travailler décèle un esprit grand et
vaste, un cerveau large et fortement organisé. Cette mé-

thode peut amener à des résultats féconds en conséquences;
il est même nécessaire que, de temps à autre, des hommes
doués d'un esprit synthétique s'emparent des faits isolés
consignés dans les divers écrits de détail et les rattachent à
l'ensemble de la science pour laquelle, sans cela, ils pourraient être entièrement stériles ou même perdus.

L'idée de Goethe était sans doute belle; elle avait quelque chose de vrai, mais il ne possédait pas tous les éléments nécessaires pour la féconder et lui faire porter tous
les fruits qu'elle était capable de donner. Il n'avait point assez observé, il n'avait point assez la pratique de la géologie; cependant si nous tenons compte de l'état de la science
au moment où il écrivait, nous serons frappés de l'exactitude de ses observations et de la perspicacité de son génie
qui s'élançait dans l'avenir. Un homme organisé comme
l'était Goethe, parcourant des régions et des montagnes formées de ces roches d'origine ignée auxquelles, pour s'entendre, on laisse encore le nom peu logique de roches primitives, ne pouvait rester long-temps sans voir les différences qu'elles présentent dans leur structure et dans la
proportion et la combinaison de leurs principes élémentaires. Il dut encore être frappé des formes que les roches
affectent dans leur ensemble. C'était trop peu de signaler
ces phénomènes; il voulut essayer de les expliquer. C'est
pour rendre compte de ces généralités géologiques qu'il a
écrit son article sur la *Géologie en général* (p. 339) sa *Lettre
à M. Léonhard, datée de Weimar* 1807 (p. 362); son mémoire sur la *Configuration des grandes masses inorganiques*
(p. 410). Ses explications, beaucoup trop succinctes, ne sont,
en quelque sorte, qu'indiquées; mais, quelque brièves
qu'elles soient, l'idée de l'observateur perce dans toute
son étendue. Un grand génie est comme le diamant qui
montre tout ce qu'il est dans ses plus petites parties. L'auteur ne s'occupe pas de chaque modification éprouvée par
la roche, mais il prend tout de suite son essor; il entrevoit
une grande et vaste opération de la nature, mais une opération unique à laquelle a présidé une action de laquelle
dépendent les modifications qu'il a signalées. Le granit

est, pour Goëthe, le type primitif des roches qui, toutes, lui sont postérieures; c'est son point de départ. Les autres roches plutoniques ne sont, à ses yeux, que du granit modifié par cette force intérieure. Ainsi donc, les trois éléments constitutifs du granit, le mica, le quarz, le feldspath, sont, dans la roche type, en proportion bien égale, mais peu à peu ces proportions diminuent, le mélange devient moins intime, la texture varie; un des éléments devient prédominant, un autre disparaît; mais suivant Goethe, pour lequel du reste ce doit être une conséquence forcée, on ne doit voir qu'un système unique de formation dans toutes ces nuances, c'est une seule époque géologique. Cette idée, prise abstractivement, est grande et belle; la science qui s'en est emparée en a fait une application plus exacte, et en a tiré bon parti : mais Goethe en a poussé les conséquences trop loin. Pour lui, les roches primitives, ou du moins tous les granits, ne sont que de simples modifications d'une même roche; modifications contemporaines, simultanées (*gleichzeitig*), et non successives et survenues à des époques différentes (*nachzeitig*). Il explique de la même manière les filons de silex corné (*Hornstein*) qui se trouvent dans les roches granitiques. Il y a du vrai et du faux dans cette manière de voir. Sans doute une partie des roches granitoïdes et de leurs modifications peuvent être contemporaines, le fait même est bien probable; car, lorsque la matière granitique s'épancha hors du sol, elle devait être à l'état d'un liquide ou au moins d'une pâte incandescente, où tous les éléments, mêlés et confondus, se séparent dans le refroidissement, par suite de l'action des affinités chimiques à peu près comme la lave qui s'échappe du cratère d'un volcan. Elle nous apparaît d'abord comme une substance homogène, visqueuse, enflammée, et cependant il se forme dans son intérieur par suite du refroidissement et de l'action dont nous venons de parler, des cristallisations et des amas de minéraux de diverses natures, tels que l'olivine, le péridot, etc. Nul doute qu'il n'en fut de même pour les diverses roches qui dérivent immédiatement du granit, tels que pegmatite, leptinite, peut-être même

syénite, etc. Mais encore faut-il établir une distinction pour
le granit de seconde époque qui, épanché sur le plus ancien et même sur d'autres roches d'époque intermédiaire,
exclut toute idée de contemporanéité avec le granit ancien.
Quant aux roches porphyriques, eurites, porphyroïdes, etc.,
roches trappéennes, il est impossible de voir en elles une
création simultanée. La texture et la position géognostique,
les caractères minéralogiques, tout en elles présente une trop
grande différence pour qu'on puisse leur appliquer la théorie
de Goethe. Goethe n'a point assez tenu compte de l'action
du feu sur les roches, non plus que de l'action des substances minérales, émanant de l'intérieur du globe à l'état
gazeux, qui viennent modifier la texture et l'aspect des roches d'une manière si frappante; car il est certain qu'une
foule de produits géognostiques doivent leur existence à ces
deux causes, qu'elles aient agi simultanément ou isolément.
L'observation a déjà signalé un grand nombre de ces produits de roches modifiées en place et après coup, et plus
les observations se multiplieront, plus aussi les faits de ce
genre deviendront nombreux. Ainsi, il est maintenant bien
connu et bien constaté que les dolomies, les gypses et les
gisements de sel doivent leur existence à des gaz qui sont
venus agir sur les roches, ou bien à des phénomènes
de nature volcanique. Tout récemment, on a constaté
que des roches porphyriques n'étaient que des roches
arénacées qui avaient subi l'action du feu (*Bull. soc. géol.*,
t. VII, p. 170).

Il est donc évident que, si l'on ne peut nier la formation
simultanée de plusieurs roches granitiques, cette simulta-
néité ne doit point être trop généralisée, car on se trouverait en contradiction manifeste avec les faits. C'est faute
d'avoir assez tenu compte des épanchements successifs des
roches ignées et d'avoir vu les dislocations que leur impulsion au dehors a pu causer dans les roches solides, que
Goethe n'a pu se rendre compte de la véritable origine des
filons ou veines de silex corné qu'il a observés dans le granit.
La description donnée des échantillons 30, 31 et 33 (p. 349),
ne permet pas d'y voir autre chose qu'une roche brisée par

une force partant du centre; celle sans doute qui, soulevant
la matière des hornsteins, l'a injectée dans les vides
formés par les fissures. C'est aussi de cette manière que
s'explique tout naturellement la présence du calcaire em-
pâté dans le granit, qu'il a brisé; ou bien il faudra admettre des cavités survenues par une cause quelconque et
remplies par le carbonate de chaux suspendu dans les eaux
thermales, et qu'elles laissent déposer aussitôt que leur
température vient à baisser. L'origine de l'échantillon n° 39
semble ne point présenter de doute à cet égard, puisque
l'auteur dit que ce calcaire est lié à l'existence des sources
thermales. Les concrétions et les incrustations de Carlsbad
rendent ces explications assez vraisemblables.

Une expression dont le sens est difficile à saisir, c'est celle
qui est rendue par transformation finale (*Auslaufen*); elle
a par elle-même un sens très vague, et ne peut se comprendre qu'en suivant le raisonnement de Goethe, qui voit
le granit se modifier sous toutes les formes observées par
lui, jusqu'à ce qu'enfin la puissance qui a présidé au phénomène ait perdu son intensité; aussi tout cela pour lui
étant simultané, il n'y a point de transition d'action, la
modification sur laquelle s'arrête l'action étant nécessairement une transformation qui indique la fin d'une époque.
Mais, dès que la nature de la roche vient à changer, il y voit
une transition, c'est-à-dire une autre puissance qui vient
remplacer la première, ou peut-être un mode d'action
nouveau auquel passe le premier; mais il ne semble pas
qu'on puisse voir par là qu'il ait réellement compris un
passage de roche à un autre, car il ne pourrait se concevoir
sans intermédiaire, c'est-à-dire sans une modification insen-
sible, or ce n'est point du tout ce que Goethe a voulu dire.

Telles sont les réflexions auxquelles nous conduit la
lecture de la lettre à M. Léonhard, et les tentatives d'explication sur un des points les plus obscurs de la géologie de
Goethe. Elles doivent laisser sans doute beaucoup à désirer,
car s'il est difficile d'apprécier un fait géologique sur des
échantillons, il l'est encore bien plus de le faire sur l'indication des échantillons. Nous voyons, en général, dans

tout ce que Goethe a écrit sur la géologie, que s'il y a quelque chose à critiquer, ce sont les idées théoriques; car, quant aux faits, ils semblent bien observés et constatés avec la précision qu'on doit attendre d'un esprit aussi lucide que le sien.

CLÉMENT-MULLET,
Secrétaire de la Société de géologie.

Note 42, p. 383,

M. Delcros, officier supérieur au corps des ingénieurs géographes militaires, qui s'est occupé avec tant de succès de l'application du baromètre à la mesure des hauteurs, a bien voulu, à ma prière, discuter ces observations barométriques. Nous communiquons ici ses réflexions, certains que nous sommes qu'elles doivent profiter à la science.

Goethe a négligé plusieurs précautions importantes qui auraient donné à ses mesures un caractère d'exactitude qui leur manque. 1° Il ne dit point si les deux baromètres ont été comparés; 2° si les températures données sont celles des baromètres ou de l'air; 3° Si les échelles thermométriques sont celles de Réaumur ou centigrades; 4° A quelles températures étaient les baromètres, ou s'ils ont été réduits préalablement à une température normale. Cependant on peut adopter les hypothèses suivantes comme étant celles qui réunissent le plus de probabilité en leur faveur. Nous supposerons donc : 1° que les baromètres sont comparés et corrigés de leurs différences; 2° que les températures données sont communes aux baromètres et à l'air; 3° que les échelles thermométriques sont de Réaumur.

Ceci admis, nous allons comparer entre elles les moyennes générales de toutes les observations des quatre jours sans avoir égard à leur correspondance horaire, afin d'obtenir un résultat aussi exact que possible. En procédant ainsi, nous avons, en millimètres et avec l'échelle thermométrique centigrade :

Au couvent de Tepel $712^m,203$ à $+15,2^c$. Air $+15^o,2$.

A Iéna.   .   .   . $756^m,831$ à $+18,7^c$. Air $+18^o,7$.

En calculant ces données d'après les tables d'Oltmanns-Delcros, on trouve, pour la hauteur du baromètre de Tepel sur celui d'Iéna. . . . . 513^m, 2

Or la hauteur du baromètre d'Iéna au-dessus de la mer est. . . . . . 146^m, 7

Ce chiffre est celui donné par l'Herta (390 pieds); et nous l'adoptons de préférence à celui de Goethe qui avait admis 374 pieds 4 pouces.

La hauteur du couvent de Tepel sur la mer est donc. . . . . 639^m, 9

hauteur qui, réduite en pieds français, donne. . . . . 1969^p. 8^{po}.

Goethe avait trouvé. . . . . . 1976^p. 0^{po}.

Différence. . . . . 6^p. 2^{po}.

Cette détermination cadre fort bien avec celle qui se trouve consignée dans *l'Orographie de l'Europe*, p. 373. Elle est de ce même Aloïs David dont Goethe critique les résultats, et donne pour la hauteur de la cathédrale de Tepel au-dessus la mer. 1968^p. 0^{po}.

Reste à savoir si les dénominations de couvent et de cathédrale ont été prises pour désigner la même station, ou si elles indiquent deux stations différentes dont la hauteur pourrait ne pas être la même. Cependant la concordance est si frappante, que la première de ces deux suppositions présente quelque probabilité.

Note 43, p. 384.

Ce gaz est de l'acide carbonique. Son dégagement est si abondant, qu'il forme à la surface de l'eau une couche de sept à huit pieds d'épaisseur; la température de l'eau varie entre 9° 50 et 10° 50 R. Suivant Reuss, la composition chimique est la suivante :

Sulfate de soude,	o, 353
Chlorure de soude,	o, 047
Carbonate de chaux,	o, 436
Carbonate de magnésie,	o, 060
Carbonate de fer,	o, 034
Silice,	o, 189
Extractif résineux,	o, 057
Extractif gommeux,	o, 016

Note 44, p. 425.

La ruine appelée communément le temple de Jupiter Serapis n'est point celle d'un édifice consacré exclusivement au culte religieux: c'était un de ces établissements d'eaux minérales si communs autrefois dans le golfe de Naples, selon Sidoine Apollinaire, et où le temple n'était qu'un accessoire analogue aux chapelles qui se trouvent chez nous dans presque tous les grands établissements publics. Ce fait, qui est maintenant assez généralement connu, a été mis hors de doute par un de nos plus habiles architectes, M. Caristie, qui s'est occupé pendant long-temps de la restauration de cet édifice. Nous nous joignons à Goethe et à tous les amis des arts pour hâter de tous nos vœux la publication de ses beaux et importants travaux.

Pour expliquer la présence des coquilles perforantes dans les colonnes de ce temple, on a eu recours à plusieurs explications, et la société de géologie de Paris ayant discuté cette question dans une de ses séances, nous ne croyons pouvoir mieux faire que de présenter le résumé de ces hypothèses en nous aidant du *Rapport sur les travaux de la société pendant l'année* 1831, lu à la séance du 6 février 1832, par M. Desnoyers.

Ces hypothèses peuvent se ranger sous quatre chefs principaux :

1° Spallanzani a émis une opinion qui n'a point trouvé de partisans ; il pensait que les colonnes ayant séjourné dans la mer avaient été perforées par les pholades avant d'être employées à la construction de l'édifice ; le fait seul que ces colonnes sont toutes percées à la même hauteur suffit pour réfuter cette hypothèse.

2° On a supposé que les eaux de la Méditerranée se sont élevées jadis à la hauteur où l'on trouve maintenant les trous des pholades. Goethe démontre que cette opinion est inadmissible, quoiqu'elle ait été soutenue par Ferber et Breislack.

3° L'explication due à Goethe a été adoptée avec quelques modifications par Desmarets, Pini et Daubeny. Elle est sujette à deux graves objections. 1° L'enfouissement du temple jusqu'à la hauteur de dix pieds par des matières volcaniques est une pure supposition et non pas un fait mis hors de doute par l'ensemble des témoignages historiques. 2° Il n'existe aucun exemple de pholades vivants dans d'autres eaux que celles de la mer. Je considère comme une simple variante l'opinion de ceux qui pensent que le lac ne s'était pas formé accidentellement, mais qu'on avait établi à dessein une piscine dans cet endroit.

4° La quatrième hypothèse réunit tant de présomptions en sa faveur, qu'elle a été adoptée par le plus grand nombre de géologues, tels que MM. Forbes, Lyell, Hoffmann, Babbage, Roberton, Underwood, Elie de Beaumont et Desnoyers, et par M. Caristie. Ils pensent que, vers le quinzième siècle, le temple s'est abaissé ainsi que la contrée environnante au-dessous du niveau de la mer, tandis que depuis il s'est graduellement ou brusquement relevé. Si les savants sont d'accord pour admettre cette donnée générale, ils ne le sont pas quand il s'agit des détails ; voici la version la plus généralement admise.

Ruiné par les Goths dans le sixième ou septième siècle, cet édifice aurait été rempli en partie de cendres par l'éruption de la Solfatare en 1198. En 1488 un grand trem-

blement de terre qui ruina Pouzzole la plongea sous les eaux
avec d'autres édifices de la côte qui sont encore sous la mer.
Des sédiments marins auraient achevé de les combler jusqu'à une hauteur de dix pieds. Alors les modioles lithopha-
ges (*Mytilus lithophagus. L.*) les perforèrent sur une hauteur
de six pieds environ, à partir du fond de la mer jusqu'à la
surface. Loffredo, qui vivait en 1530, affirme qu'à cette époque la mer baignait toute la plaine basse dite la *Straza* dont le
temple fait partie. Sur toute la côte, M. Elie de Beaumont a observé, et MM. Roberton, Forbes, Lyell et Underwood ont recueilli des coquilles subfossiles identiques avec celles qui vivent actuellement dans la Méditerranée; ce sont : par exemple,
Spondylus gaderopus, *Citherea decussata*, *Arca tetragona*,
Chama gryphoïdes, etc. M. Underwood a, de plus, rapporté
des débris de marbre, de poteries dont les cassures sont couvertes de serpules; un tronçon de colonne était même perforé
aux deux extrémités. Le fait d'un abaissement est donc incontestable, il n'est pas moins certain que le temple a été sou-
levé de nouveau; suivant quelques uns, l'éruption du
Muonte Nuovo, qui eut lieu le 20 novembre 1538, produisit
une oscillation en sens inverse de la précédente, et souleva
le temple au-dessus du niveau de la mer. L'édifice n'aurait
donc été sous l'eau que pendant cinquante ans environ,
ce qui s'accorde merveilleusement avec l'opinion de Spallanzani, qui, d'après la profondeur des trous creusés par
des pholades, crut pouvoir avancer qu'elles n'avaient dû
travailler que pendant l'espace de quarante à cinquante ans
environ. M. Babbage pense que le temple s'est abaissé graduellement. Il me paraît fort douteux qu'il ait été subitement relevé ; je suis plutôt tenté de croire à des oscillations,
résultant d'abaissements et d'élévations alternatifs et lents.
Voici sur quoi je me fonde : La planche de Goethe et l'ensemble de son mémoire démontrent évidemment qu'en
1787 époque à laquelle il observa le monument, sa base
était élevée au-dessus du niveau de la mer. Celle-ci ne pouvait donc pas refluer dans les canaux souterrains, et inon-
der la cour intérieure. Or, à l'heure qu'il est, le pavé
du temple est à un pied au-dessous du niveau de la

mer; les cours sont remplies d'eau au point qu'on ne peut les parcourir qu'à l'aide de grandes planches jetées çà et là. Tous les observateurs modernes font mention de ce fait que M. Caristie constate de son côté; par conséquent le temple s'est abaissé de nouveau depuis 1787, et l'on serait en droit d'admettre des oscillations lentes et alternatives de cette partie du littoral méditerranéen.

Je ne crois pas davantage qu'il soit nécessaire de supposer que des cendres volcaniques ont rempli la cour intérieure jusqu'à la hauteur de dix pieds; il suffit, pour expliquer cet enfouissement de se rappeler ce qu'on observe tous les jours autour des monuments ruinés; leurs débris, en s'accumulant à leurs pieds, exhaussent peu à peu le niveau du sol, au point qu'ils disparaissent quelquefois sous leurs propres ruines. Pour retrouver le sol antique, on est toujours forcé de creuser plus ou moins profondément; c'est ce qui est arrivé lorsqu'on déblaya le pied des colonnes du temple. Que si cette explication est sujette à quelques difficultés, elle présente au moins l'avantage de ne pas appeler à son aide un phénomène insolite, exceptionnel, véritable *Deus ex machinâ*, mais de s'appuyer sur un fait constant, nécessaire, et qu'on peut vérifier partout.

Au moment de mettre sous presse, nous sommes heureux de voir notre opinion confirmée par celle d'un savant astronome napolitain, M. Capocci; dans la séance du 15 mai 1837, M. Arago a présenté le résumé des observations de ce géomètre : elles prouvent que depuis le commencement du siècle, le temple s'est de nouveau graduellement abaissé de dix-huit pouces. Cette observation vient confirmer pleinement les idées que la lecture du mémoire de Goethe comparée aux récits des voyageurs modernes nous avait suggérées.

TABLE

DES MATIÈRES.

Pages.

Introduction.. 1

De l'expérience considérée comme médiatrice entre l'objet et le
sujet... 3

But de l'auteur... 15

Anatomie comparée.. 21

Introduction générale à l'anatomie comparée basée sur l'ostéologie.. 23

    I. De l'utilité de l'anatomie comparée et des obstacles qui s'op-
        posent à ses progrès.................................. Ibid.

    II. De la nécessité d'établir un type pour faciliter l'étude de
        l'anatomie comparée................................. 25

    III. Du type en général............................... 27

    IV. Application du type général à des êtres individuels..... 29

    V. Du type ostéologique en particulier................. 34

    VI. Composition et division du type ostéologique.......... 36

    VII. De la méthode suivant laquelle il faut décrire les os
        isolés.. 40

    VIII. De l'ordre qu'on doit suivre dans l'étude du squelette et
        des observations à faire sur chaque partie......... 50

Leçons sur les trois premiers chapitres de l'introduction à l'anatomie comparée.. 61

    I. Des avantages de l'anatomie comparée et des obstacles qui
        s'opposent à ses progrès........... .... Ibid.

30

Pages.

II. De la nécessité de construire un type pour faciliter l'étude de l'anatomie comparée............................ 66

III. Des lois de l'organisme qu'on doit prendre en considération dans la construction du type................. 71

De l'existence d'un os inter-maxillaire à la mâchoire de l'homme comme à celle des animaux......................... 78

Additions... 87

Histoire des travaux anatomiques de l'auteur................... Ibid.

I. Origine de mon goût pour l'anatomie. — Collections de l'Université d'Iéna. — Travaux théoriques et pratiques.. 94

II. Pourquoi le Mémoire sur l'os inter-maxillaire a paru d'abord sans être accompagné de dessins............. 98

III. Des descriptions détaillées écrites, et de ce qui en résulte... 102

IV. Écho tardif et hostile vers la fin du siècle............ 104

V. Elaboration ultérieure du type animal.............. Ibid.

VI. De la méthode à suivre pour établir une comparaison réelle entre diverses parties isolées................. 108

VII. Peut-on déduire les os du crâne de ceux des vertèbres, et expliquer ainsi leurs formes et leurs fonctions.... 110

Ostéologie comparée.. 114

Os appartenant à l'organe de l'audition................... Ibid.

Radius et cubitus... 117

Tibia et péroné... 119

Les Lépadées 125

Taureaux fossiles... 127

Les Tardigrades et les Pachydermes décrits, figurés et comparés par le docteur Dalton............................ 136

Les squelettes des Rongeurs décrits, figurés et comparés par le docteur Dalton.................................... 143

Principes de philosophie zoologique discutés en mars 1830, au sein de l'Académie des sciences, par M. Geoffroy-Saint-Hilaire.... 150

Principes de philosophie zoologique, etc. (Suite et fin.)........ 160

Pages.

Botanique... 183

Histoire de mes études botaniques......................... 185

La métamorphose des plantes............................. 209

   Introduction. .... *Ibid.*

   I. Des feuilles séminales............................ 212

   II. Formation d'un nœud à l'autre des feuilles caulinaires.... 214

   III. Passage à l'état de fleur......................... 218

   IV. Formation du calice.............................. 219

   V. Formation de la corolle........................... 222

   VI. Formation des étamines........................... 225

   VII. Nectaires...................................... 226

   VIII. Encore quelques mots sur les étamines... 230

   IX. Formation du style.................. 232

   X. Des fruits....................................... 234

   XI. Des enveloppes immédiates de la graine............... 238

   XII. Récapitulation et transition...................... 239

   XIII. Des bourgeons et de leur développement.......... 240

   XIV. Formation des fleurs et des fruits composés......... 242

   XV. Rose prolifère................................. 246

   XVI. OEillet prolifère.............................. 247

   XVII. Théorie de Linnée sur l'anticipation.............. 248

   XVIII. Récapitulation.............................. 251

Additions...................................... 256

     Incident heureux.............................. *Ibid.*

     Destinée du manuscrit.......................... 260

     Destinée de l'opuscule imprimé.................. 264

     Découverte d'un écrivain antérieur.............. 271

     Trois critiques favorables...................... 278

     Autres surprises agréables...................... 279

Travaux postérieurs sur la métamorphose des plantes.......... 283

Influence de l'écrit sur la métamorphose des plantes, et développe-

   ment ultérieur de cette doctrine........................ 296

Observations sur la résolution en poussière, en vapeur et en eau.. 515

Pages.

De la tendance spirale................................. 329

Problèmes.. 334

GÉOLOGIE... 337

De la géologie en général et de celle de la Bohême en particulier.. 339

Carlsbad... 343

    Catalogue des roches de Carlsbad et de ses environs... 359

    Lettre à M. de Léonhard........................... 362

Marienbad considéré sous le point de vue géologique.......... 370

    Catalogue des roches de Marienbad................. 372

    Observations barométriques........................ 382

    Devoirs et droits du naturaliste................... 383

    Catalogue des roches altérées par le gaz qui se dégage de
    la source du Marienbrunnen...................... 384

Le Kammerberg près d'Eger............................. 386

Additions.. 398

Le Wolfsberg... 400

Terrains offrant des traces d'anciennes combustions.......... 402

Luisenburg... 407

De la configuration des grandes masses inorganiques.......... 410

Le temple de Jupiter Sérapis, problème d'architecture et d'histoire naturelle....................................... 425

Notes du traducteur.................................... 433

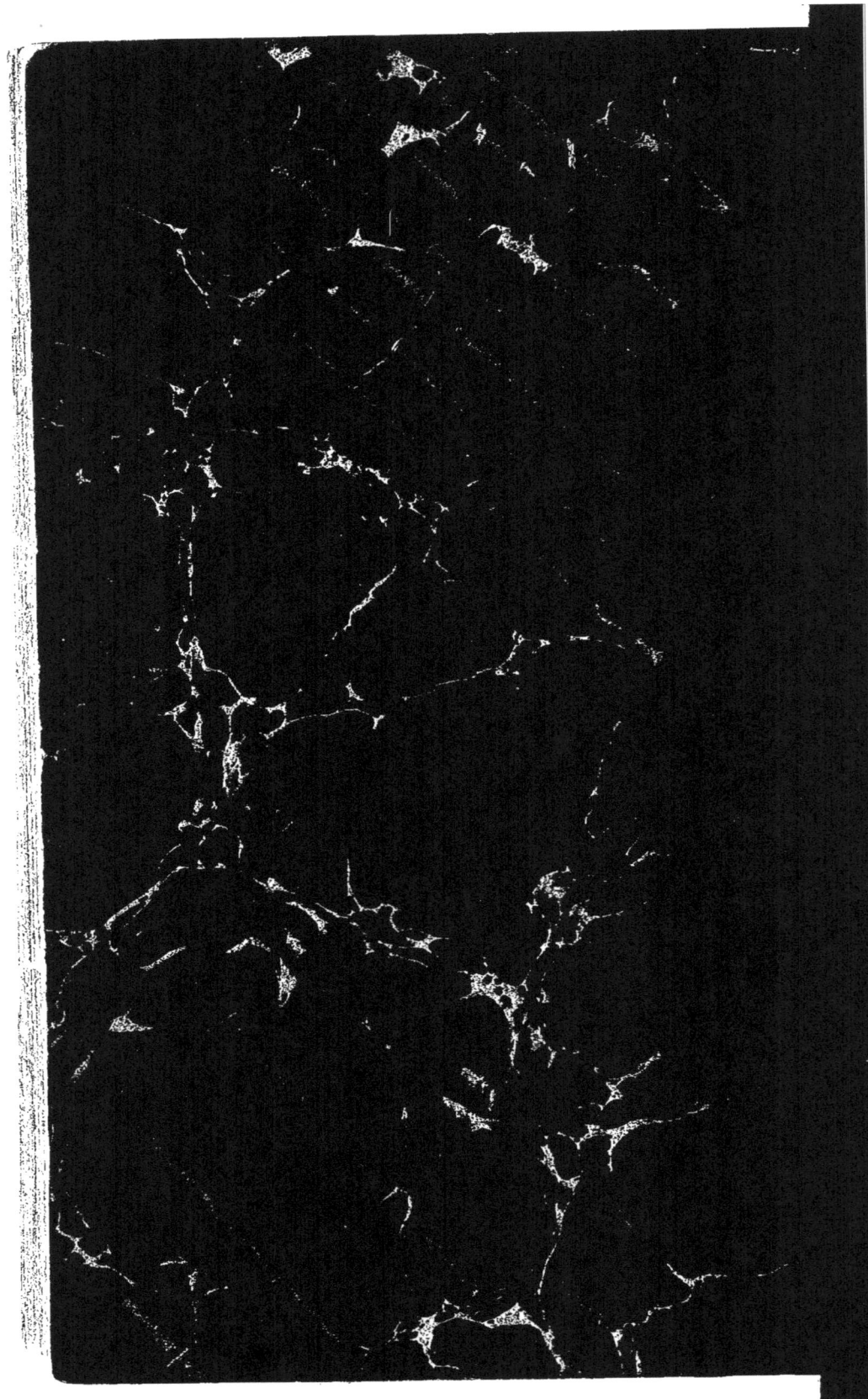

www.ingramcontent.com/pod-product-compliance
Lightning Source LLC
Chambersburg PA
CBHW031613210326
41599CB00021B/3164